KAMPFPANZER LEOPARD 2

ENTWICKLUNG
VARIANTEN
EINSATZ

Wolfgang Schneider

Motor
buch
Verlag

Einbandgestaltung: Sven Rauert unter Verwendung von Bildern aus dem Archiv der Krauss-Maffei Wegmann GmbH & Co. KG sowie einer Abbildung auf der Rückseite der US Army Europe (Markus Rauchenberger).

ISBN 978-3-613-04653-5

1. Auflage 2024

Sie finden uns im Internet unter www.motorbuch-verlag.de

Lektorat: Joachim Kuch
Innengestaltung: WS – WerbeService Linke, 76185 Karlsruhe
Druck und Bindung: Conzella, 85609 Aschheim-Dornach
Printed in Germany

Inhalt

Vorwort

Auch über 40 Jahre nach der Einführung der ersten Serienfahrzeuge ist der *Leopard 2* nach wie vor einer der leistungsfähigsten Kampfpanzer weltweit. Dies wurde möglich durch die kontinuierliche technische Anpassung sowie dank entscheidender Kampfwertsteigerungen. Letztere ergaben vor allem in den entscheidenden Bereichen des Schutzes einerseits und der Waffenleistung andererseits gravierende Leistungsverbesserungen. Salopp ausgedrückt erweckt der Umstand, dass auch die neuesten Varianten des Systems nach wie vor unter dem Begriff *„Leopard 2"* laufen, den Eindruck, als hätte sich wenig geändert. Rasch wird der Leser erkennen, dass es sich völlig anders verhält.

Über diesen modernen deutschen Kampfpanzer erschienen zahlreiche Publikationen, meist sehr illustrativ mit interessanten Abbildungen. Wichtige Aspekte kamen darin aber häufig oft zu kurz, wie etwa die Beschreibung der wechselnden taktischen Erfordernisse oder die Bereiche Ausbildung und Bedienung.

Bedingt durch meine langjährige Erfahrung als Panzeroffizier, war ich von Beginn an eng in die Fortentwicklung dieses Kampfpanzers einbezogen. Nach der Verwendung als Kompaniechef wurde ich eine Zeitlang im *Truppenversuchskommando Leopard 2* eingesetzt, später im damaligen *Spezialstab ATV* der Panzertruppenschule. Als Stellvertretender Bataillonskommandeur bereitete ich in Lüneburg die (erfolgreiche) Teilnahme am internationalen Panzerschießwettbewerb CAT vor. Nach der Verwendung als Bataillonskommandeur in Celle wurde ich in den Bonner Führungsstab des Heeres berufen und später zum Dezernatsleiter Panzertruppe in Munster ernannt. Diese Aufgabe umfasste die Planungen und die Koordination der Kampfwertsteigerungen zu den *Leopard*-Ausführungen *A5* und *A6* sowie zur neuen Mehrzweck-Munition DM11. Später kam die Entwicklung des Führungs- und Waffeneinsatzsystems IFIS hinzu. Langjährig betreute ich als Leiter die *Working Group „Combat Development"* der *Leopard*-Benutzerstaaten (LEOBEN).

Wegen der Breite des abzudeckenden Zeitraums und der Fülle an Material stellte sich für das Buch die Frage, wie detailliert welche Gesichtspunkte behandelt werden sollten. Um den Leser nicht unnötig zu überfordern (oder gar zu verwirren), habe ich bereits in anderen Publikationen ausführlich behandelte Themen eher kurz dargestellt und mich bei den Aspekten Beschreibung und Nutzung des Panzers auf die aktuellen Varianten konzentriert. In der Bundeswehr sind dies die Fahrzeuge der *A6*- und der *A7*-Reihe (demnächst *A8*); im internationalen Bereich werden auch noch *A4* und *A5* eingesetzt.

Ferner kam es darauf an, die Herausforderungen (und auch durchaus Meinungsverschiedenheiten) bei den notwendigen Anpassungen sowohl der taktischen als auch besonders der waffenseitigen Modernisierungen sachgerecht darzustellen, was in bisherigen Veröffentlichungen eher zu kurz kam. Auch die Schilderung der wechselhaften *Leopard*-Ausstattung der damals noch zahlreichen Panzerbataillone der Bundeswehr (mit Masse bekanntlich aufgelöst) lag mir am Herzen.

Aufgrund der immensen Fülle an wichtigen Details und Informationen habe ich dem Verlag eine Konzentration auf den Bereich „Kampfpanzer" vorgeschlagen. Die Themenbereiche „Familienfahrzeuge" (Berge-, Pionierpanzer) werden zwar angesprochen, sollen aber ggf. in einem gesonderten Werk eingehender vorgestellt werden.

Bedanken möchte ich mich für die große Unterstützung beteiligter Industriefirmen (siehe Quellenangaben), an erster Stelle bei Krauss-Maffay-Wegmann (KMW) und Rheinmetall Defence (Rhm), sowie bei mehreren Kennern der Materie und Autoren zahlreicher Publikationen über Technik und Einsatz von Heereswaffensystemen für die Möglichkeit, von ihnen erstellte Fotos zu nutzen. Zu nennen sind Walter Böhm (WB), Günter Oestreicher (GO) und Ralph Zwilling (RZ). Ein besonderer Dank geht an den Panzerkameraden Frank Lobitz (FL), der in der Projektleitung *Leopard 2* – sozusagen in der Jetztzeit – „unterwegs" ist und Lesern in tiefschürfenden Sachbüchern bereits mehrfach seine große Expertise zur Verfügung gestellt hat. In ausführlichen Gesprächen hat er mich sozusagen auf den aktuellsten Stand gebracht!

Im Frühjahr 2024
Wolfgang Schneider

Der Weg zum Leopard 2

Die Ausgangslage

Anders als nach dem 1. Weltkrieg, bei dem es vorrangiges Ziel der Alliierten war, die Großmacht Deutsches Reich dauerhaft zu zerschlagen, war die Lage nach dem 2. Weltkrieg eine völlig andere. Im Osten war eine neue Großmacht entstanden, die – zusammen mit den vereinnahmten osteuropäischen Staaten – binnen kurzer Zeit eine bedrohliche Militärallianz bildete und expansive Ambitionen verlautbarte. Ergebnis war eine neue, komplexe Bedrohungslage; der „Kalte Krieg" war geboren!

Damit war es u. a. dringend erforderlich, auch den westlichen Teil des geteilten Nachkriegs-Deutschlands in eine Militärallianz einzubinden. Rasch musste hierfür eine neue deutsche Armee aufgestellt werden, im Wesentlichen zunächst ausgestattet mit US-Gerät in allen Bereichen zu Lande, in der Luft und zur See.

Nur so war es möglich, zügig die neue Bundeswehr aufzubauen. Dies ist in zahlreichen Publikationen zur Genüge thematisiert worden. Bezogen auf die Panzertruppe schuf die Ausstattung mit US-Kampfpanzern *M47* und *M48* eine brauchbare Grundlage für eine taktisch-technische Ausbildung und somit das Fundament für eigene Anschauungen und erste konzeptionelle Zukunftsüberlegungen. Dies war dringend erforderlich, weil die Einsatzdoktrinen und auch Fahrzeugkonzepte noch starr mit den gerade gemachten Kriegserfahrungen verhaftet waren. Sich verändernde Bedrohungen und technologisch absehbare Fortschritte fanden zum Teil nur ungenügende Berücksichtigung.

Man strebte „ausreichenden" ballistischen Schutz an und begnügte sich mit Kalibersteigerungen der Hauptwaffe. Lediglich die britische Panzertruppe war auf signifikante Schutzsteigerung bedacht, freilich mit dem Manko geringerer Beweglichkeit. Angeregt vom Erfolg des PzKpfw *Panther*, strebte man auf deutscher Seite ein „ausgewogenes" Fahrzeugkonzept an. Man hoffte durch ein höheres Maß an Beweglichkeit die Trefferwahrscheinlichkeit durch feindliche Waffen deutlich abzusenken. Dies führte bekanntlich zur Entwicklung des Kampfpanzers Leopard (später *Leopard 1* genannt). Auch diese ist hinreichend dokumentiert worden.

Noch wenig Berücksichtigung fand die seit 1943 signifikant gestiegene Bedrohung durch Hohlladungsgefechtsköpfe (HL) sowie neue unterkalibrige Kanonenmunition. Besonders die HL-Munition läutete in den Augen vieler das „Ende" der Ära

*Der in den 60er Jahren entwickelte **LEOPARD** genügte den damaligen Ansprüchen, hatte einen hinreichenden ballistischen Schutz und eine sehr gute Beweglichkeit. Die 105-mm-Kanone war ein deutlicher Fortschritt gegenüber den bisherigen 90-mm-BK vom M47 und M48. Auch war er einer der ersten Typen, die tiefwaten und auch unter Wasser fahren konnten.*

Nicht nur in der Truppe war er beliebt!

des Kampfpanzers ein, drastisch verstärkt durch die Erfahrungen des Koreakriegs und der Nahostkriege 1967 und 1973, wo die israelischen Panzer zum Teil hohe Verluste durch sowjetische Panzerabwehr-Lenkflugkörper der ersten Generation zu verzeichnen hatten.

Hinzu kamen in den 60er-Jahren erste Erkenntnisse von innovativen neuen sowjetischen Kampfpanzern mit fortschrittlichen Schutzkonzepten sowie mit deutlich höheren Waffenkalibern jenseits der 105-mm-Bewaffnung auf westlicher Seite. Detaillierte Kenntnisse darüber waren damals noch nicht vorhanden, jedoch ging man auch bei den Versuchstypen jenseits des *Leopard 1* davon aus, dass es unumgänglich war, neuartige Panzerungstechnologien zu entwickeln.

„Unterbrochen“ wurden deutsche Konzeptideen zunächst im August 1963 durch das deutsch-amerikanische Regierungs-

Der MBT/KPz 70 war durchaus ein innovativer Prototyp mit einer 3-Mann-Besatzung, und zwar nur im Turm. D.h. auch der Fahrer – links vorn – war in einer Art Kabine untergebracht, die die Turmschwenkbewegung nicht „mitmachte“, so dass er stets in Fahrtrichtung blickte. Das kurze Waffenrohr verdeutlichte die eher zu geringen V0-Werte verschossener Patronenmunition.

Blicke von oben auf das Turmdach des KPz 70 (im Deutschen Panzermuseum in Munster) mit der Fahrerluke vor der Waffenstation und der Kommandantenluke vor den beiden Zieleinrichtungen.

abkommen zur gemeinsamen Entwicklung eines einheitlichen, sozusagen standardisierten Kampfpanzers (später *MBT 70* benannt). Von Beginn an waren jedoch die technischen Forderungen – basierend auf unterschiedlichen taktischen Vorstellungen – sehr unterschiedlich. Hinzu kam, dass die amerikanische Seite deutsche technische Ansätze und Lösungen (z.B. das dem amerikanischen Continental- überlegene deutsche MTU-1500-PS-Triebwerk) ablehnte und auch auf eine eigene Bewaffnungslösung beharrte (mit *Shillelagh*-Flugkörperoption). Dem schlossen sich auch zum Teil Techniker und Beschaffer auf deutscher Seite an, mit der Begründung, man würde die damals vorhandenen Fertigungsprobleme bei hochleistungsfähigen Glattrohren womöglich nicht in den Griff bekommen.

Von US-Seite als großen Vorteil angepriesen wurde die Wirkungsreichweite von 2000 m (sollte später auf 3000 m gesteigert werden). Der IR-gesteuerte Flugkörper (FK konnte prinzipiell auch aus der Fahrt verschossen werden, was jedoch die Treffaussicht aufgrund der langsamen Fluggeschwindigkeit deutlich minderte. Eher mäßig waren die ballistischen Werte der sonstigen, konventionellen Munition (APDS, HEAT, Sprengmunition), die nur V_0-Werte von unter 700 m/sec aufwiesen! Und dies, obwohl sie eine eher große Treibladung aufwiesen, was beim Abschuss sekundenlange gewaltige Qualmentwicklung hervorrief und die Sicht massiv einschränkte. Schoss der leichtgewichtige Spähpanzer *Sheridan* damit, warf es das Fahrzeug spektakulär vorn in die Höhe.

Ein weiterer Aspekt muss erwähnt werden. Strategisch und operativ sahen sich die NATO-Streitkräfte mit einer gewaltigen feindlichen Kräftekonstellation konfrontiert, im Verhältnis 1:5 und mehr. Dies bedeutete, dass zur Verteidigung aufgestellte

Die US-Armee betrachtete auch eine Zweirohrlösung als MBT 70A3.

gepanzerte Verbände mit hohem Munitionsaufwand in möglichst kurzen Zeitphasen den angreifenden Feind bekämpfen mussten. Ein Panzerbataillon stand in einem Verteidigungsraum von rund 5 km Breite in so genannten *Gedeckten Aufstellungen*. Näherte der Feind sich auf die damaligen Hauptkampfentfernungen von 1500 m, fuhren die vorn eingesetzten zwei Panzerkompanien (je 17, später 14 Wagen) in Stellung und eröffneten überfallartig das Feuer. Begleitende Raketenjagdpanzer bekämpften zeitgleich Ziele auf größeren Entfernungen. Danach wichen diese Kräfte – wegen des unverändert bestehenden Feindrucks – in rückwärtige Stellungsbereiche aus, und das Gleiche wiederholte sich. Bereitgehaltene Reserven (dritte Kampfkompanie des Verbands bzw. ein weiteres Kampfbataillon der Brigade nutzten sich ergebende Gelegenheiten, offene Flanken des Feindes zu attackieren, dies alles in der Hoffnung, seine erste operative Staffel zum Stehen zu bringen.

Daraus folgt, dass man Panzerbewaffnungen benötigte mit eher hoher Schussfolge, also eher keine langsam fliegenden Flugkörper. Hinzu kam, dass die normalen Sichtentfernungen in Mitteleuropa – dies ergaben auch NATO-Studien aus dieser Zeit – eher unterhalb von 3 km liegen. Ein weiterer Aspekt ist, dass der Feind jegliche Feuereröffnung, also auch mittels FK-Abschüssen, sofort erkennt und entsprechend reagiert.

Dies alles war versierten Taktikern in der Panzertruppe klar. Somit machte aus deutscher Sicht eine FK-Hauptwaffe wegen zu geringer Feuerfolge und mangelhafter sonstiger Geschossleistung wenig Sinn.

Nicht unerwähnt bleiben sollten durchaus innovative technische Lösungen, wie ein automatischer Geschosslader, hydropneumatische Laufwerkfederung, autonome MK-Waffenstation auf dem Turm, passiver Restlichtverstärker usw. Die genannten Auffassungsunterschiede und die erfolgversprechende *Leopard 1*-Einführung führte – nicht überraschend – Anfang 1970 zum Ende dieses Vorhabens.

Bereits Jahre zuvor – als dies absehbar war – begannen erste Experimental-Untersuchungen, damals auch unter der Bezeichnung „vergoldeter Leopard“ bekannt. Diese umfassten u.a. erste Feuerleitrechnerkonzepte, Kommandanten-Periskope und alternative Beobachtungseinrichtungen, neue Getriebe- und Antriebskonzepte usw.

Nach Ende des *MBT 70*-Programms wurde seitens des Verteidigungsministers – ganz und gar nicht unverhofft – entschieden, die Experimentalentwicklung unter der Bezeichnung *Leopard 2 K* fortzuführen. Ausschlaggebend war das zunehmende Interesse aus dem Ausland am durchaus erfolgreichen *Leopard* (*1*) sowie die Zufriedenheit der Truppe. Diese Entscheidung führte zu einer Reihe hitziger Debatten zwischen der Truppengattung einerseits und den beim *MBT 70* maßgeblich involvierten Entwicklern und Angehörigen des BWB (Bundesamt für Beschaffung). Im Gespräch waren daher eine Zeitlang durchaus zwei alternative Waffenlösungen mit der *Shillelagh*-Waffe und einer von Rheinmetall noch nicht fertig entwickelten 120-mm-Glattrohrkanone, bei gleichem Fahrgestell mit bereits verfügbarem Triebwerk. Diese Option sollte

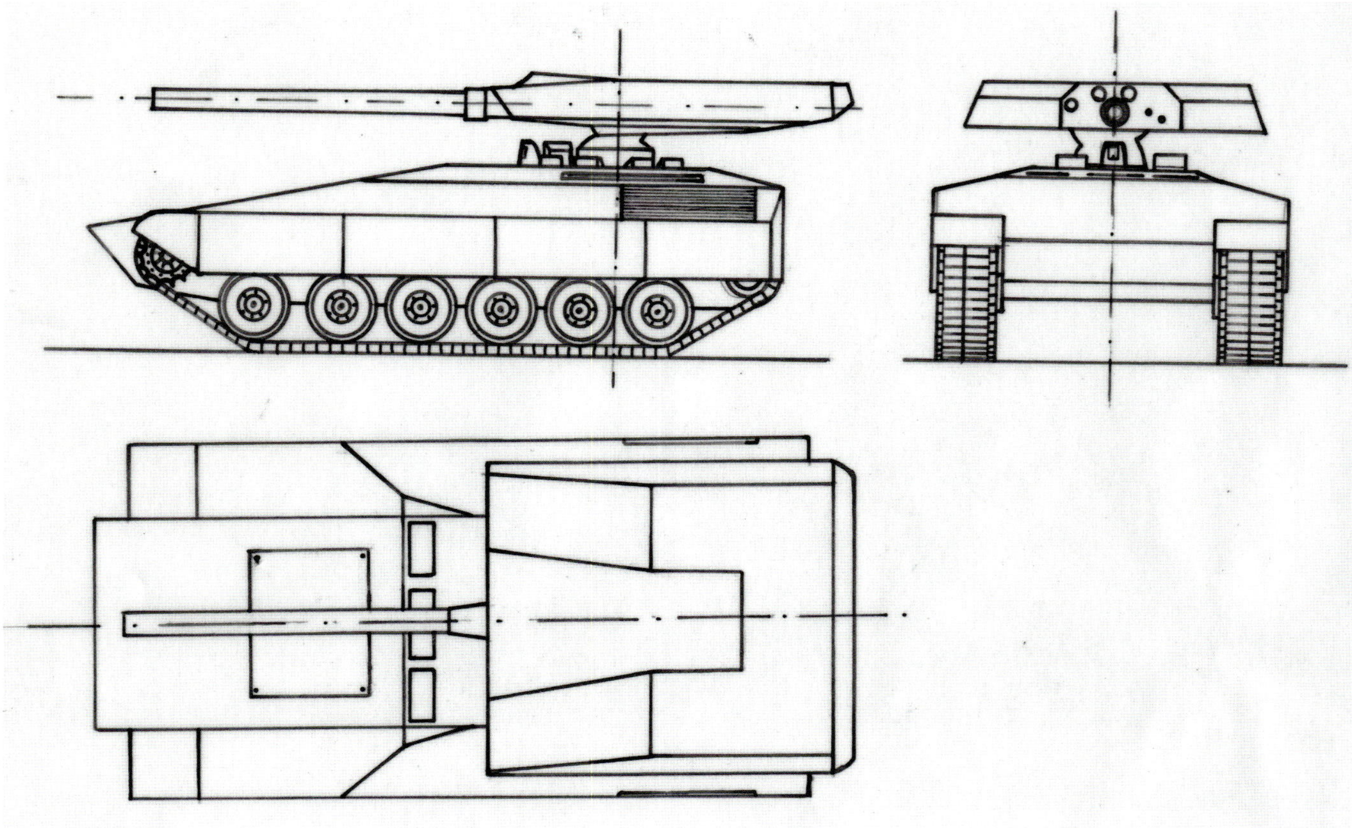

Skizze von den damaligen Scheitellafetten-Überlegungen.

auch den Kritikern an den eher überhöhten *MBT-70*-Entwicklungskosten von über 830 Millionen DM in die Parade fahren... Eine sehr informative Erläuterung des *MBT/KP7 70*-Projekts hat Walter J. Spielberger in seinem 1995 im Motorbuch Verlag erschienenen Buch „Waffensysteme Leopard 1 und Leopard 2“ zusammengestellt.

Weitere lästige Querschüsse kamen ab 1972 von deutscher und britischer Seite, daher gelang es nicht, bis 1986 *Leopard* (!)- bzw. *Chieftain*-Nachfolgeprojekt unter dem Begriff *KPz 3/MBT 80* ins Leben zu rufen. Unter anderem strebte man Kasematten- und Scheitellafetten-Lösungen an, da man bei Turmpanzern keinen ausreichenden Schutz erwartete. Ergebnis war Jahre später von deutscher Seite der Bau zunächst von zwei Prototypen mit BK-Doppelrohr-Kasematten-Einbau, später noch von fünf Gefechtsfeld-Versuchsträgers (GVT) mit BK-Attrappen und *Talissi*-Laser-Emitter zur Erprobung der Bekämpfungstaktiken. Beim Richtvorgang – unterstützt durch einen Feuerleitrechner – fixierte der Richtschütze das Zielkreuz auf

Die beiden Fotos zeigen die beiden Doppelrohr-Versuchstypen, links den VT-1 mit zwei 105-mm-Zugrohr von 1975, rechts mit zwei 120-mm-Glattrohr-Kanonen (im Bestand WTS Munster bzw. WST Koblenz) aus dem Jahr 1977.

Oben: Schrägobenfoto vom VT-1 im Panzermuseum mit der offenem Kommandantenkabine, sowie rechts davon die Fahrer- und Richtschützenplätze.
Links: Hier ein werbewirksames Foto vom VT-2 im Gelände (MAK).

Foto von den im September 1975 in Munster erfolgten Truppenversuche mit dem VT 1-2 und dem GVT 04. Dieses Foto des VT in teilgedeckter Stellung zeigt auch deutlich einen weiteren Nachteil gegenüber einem Panzer mit schwenkbarem Turm.

das Ziel: sobald die Fahrtrichtung der höhenstabilisierten Kanonen deckungsgleich waren, wurde ein Schuss (links oder rechts) ausgelöst (Zieldeckungsprinzip). Die taktischen Versuche bestätigten die Skepsis der Truppengattung an der sinnvollen Handhabung und der Trefferwahrscheinlichkeit beim Schießen aus der Fahrt (mittels „Wedeln“!). Die spätere, exorbitant hohe Treffwahrscheinlichkeit des *Leopard 2* aus voller Fahrt bestätigte im Nachhinein den Nonsens dieses Experiments. Nach Ende dieser Zwischenepisode konnte die Entwicklung des neuen Kampfpanzers beginnen.
Nicht unerwähnt bleiben soll, dass es schon in den 60er-Jahren vielversprechende technologische Perspektiven gab für rechnergestützte und vollstabilisierte Waffenanlagen, neue Geschoss- und Schutztechnologien, nachtkampffähige Ziel- und Beobachtungssysteme und Ähnliches. Dies wurde von fortschrittlich denkenden Entwicklern vorangetrieben, musste jedoch noch traditionell denkenden Militärs und Technikern nahegebracht werden. Dies sollte sich in den Folgejahren als eher große Herausforderung erweisen!

Neuer Panzer oder Weiterentwicklung?

Spätere Veröffentlichungen erweckten den Eindruck, in der zweiten Hälfte der 60er-Jahre sei zielstrebig in Richtung der späteren Variante *Leopard 2* entwickelt worden. Dies war eher nicht der Fall! Vielmehr glaubte man, den *Leopard* (*1*) so „weiterentwickeln“ zu können, dass er künftigen Anforderungen entsprechen würde. Angesichts der unstrittig vorhandenen Schutzdefizite war dies von Beginn an dubios, denn die Anbringung deutlich höherer Schutzkomponenten erfordert nun einmal signifikant höhere Volumina, einher gehend mit zusätzlicher Gewichtsbeaufschlagung! Auch der Einbau eines damit erforderlichen größeren Triebwerks war ohne gravierende Wannenvergrößerung und maßgebliche Laufwerkveränderungen nicht denkbar. Hinzu kam die bereits vom Militär angestrebte Einrüstung einer 120-mm-Bordkanone. Dies lief unzweifelhaft auf eine völlig neue Turmkonstellation hinaus. Eine „Vergoldung“ des *Leopard* (*1*) wäre sofort an ihre Grenzen gestoßen. In einer in Auftrag gegebenen Studie stellte die Firma Porsche am 6. Juli 1965 den zu erwartenden Umfang zusammen. Man wurde aber gezwungen, Kompromisse einzugehen (10-Zylinder-Triebwerk von Daimler-Benz, Einbau einer automatischen Ladevorrichtung, Erhöhung des Panzerschutzes am Turm durch („Schildkröten-“) Formänderung u.a.). Besonders letztere Maßnahme hätte sich sehr bald als wirkungslos erwiesen, angesichts der Durchschlagsleistungen der neuen KE-Geschosse. Hinzu kam, dass seitens der Truppengattung auch ein deutlich höherer Wannenschutz angestrebt wurde und man einer Drei-Mann-Besatzung (Wegfall des Ladeschützen) skeptisch gegenüberstand.

Eine besondere Herausforderung war die Entwicklung einer 120-mm-Glattrohrkanone mit hoch beschleunigten flügelstabilisierten Fluggeschossen (deutlich mehr als 1500 m/sec im Vergleich zur APDS der 105-mm-Zugrohrkanone mit 1430 m/sec) und einem kurzzeitigem Rohrinnendruck von ca. 5400 bar. Die mit dieser Leistungssteigerung verbundene, deutlich höhere erosive und besonders thermische Beaufschlagung der Rohrinnenoberfläche erforderte das Aufbringen einer Hartchromschicht. Rheinmetall musste anfänglich einen niederländischen Galvanisierungsbetrieb damit beauftragen, mit eher mäßigen Ergebnissen. Hinzu kam das Erfordernis, die Rohlinge fertigungstechnisch bereits mit hohen Innendruckbelastungen über längere Zeitphasen zu formen (Kaltreckung bzw.

Dieses Foto zeigt deutlich den Übergang von bisherigen drallstabilisierten unterkalibrigen Geschossen (APDS) (Gewicht: 2,75 kg) zu den neuen flügelstabilisierten KE-Pfeilen, hier rechts dargestellt für das Kaliber 105-mm (4 kg).

Autofrettage bei einem Konstruktionsdruck von 7100 bar), um die strukturelle Festigkeit signifikant zu erhöhen; vergleichbar dem Schmiedeprinzip von Stichwaffen. Selbst in heutiger Zeit stoßen Rohrwaffenhersteller an ihre Grenzen. Auch der Erwerb von Fertigungslizenzen hilft da wenig weiter. Nach wie vor haben es z. B. US-amerikanische, israelische oder südkoreanische Fertiger nicht geschafft, hochwertige 120-mm-Waffenrohre L/55 herzustellen!

Dies war damals der Grund, warum ein Großteil der nach und nach entstehenden Versuchstypen und Prototypen zunächst mit 105-mm-Zug- und dann auch Glattrohrkanonen ausgerüstet wurde – bis Anfang der 70er-Jahre Rheinmetall die geschilderten fertigungstechnischen Erfordernisse bei der 120-mm-Rohrvariante „in den Griff" bekam.

Stellt sich im Nachhinein die Frage, weshalb es zur Fertigung derart vieler technisch unterschiedlicher Versuchsvarianten kam (ähnlich wie auch zuvor beim *Leopard 1*). Die Gründe dafür sind vielschichtig. Ein Gesichtspunkt ist die Tatsache, dass es eine ganze Reihe von Firmen mit potentieller Panzer-Fertigungskompetenz gab, somit ein solides Konkurrenzdenken herrschte. Deshalb wurden unterschiedliche Gruppierungen mit Versuchsanordnungen und dgl. beauftragt, in der Hoffnung, möglichst viele innovative Anstöße zu generieren, also einen Ideenwettbewerb zu befördern. Freilich kamen dabei auch von vorn herein abwegige Ansätze heraus (z. B. ein *Leopard 1*- Prototyp mit Einschieß-MG, also ohne Entfernungsmesser). Ein weiterer Grund war schlicht die noch mangelhafte Erfahrung sowohl von Seiten des Bedarfsträgers als auch der Techniker. Viele kompetente Entwickler waren von den Siegermächten „abgegriffen", Unterlagen über zukunftsweisende technische Lösungen aus den Firmenbeständen entwendet worden. So war es nicht erstaunlich, dass nach dem Krieg in Ost und West Kampfpanzer entstanden mit 1:1-Übernahmen deutscher Technik, wie z. B. der amerikanische *M47* als weitgehende Kopie des *Panther II* („baugleicher" Zeiss-Entfernungsmesser, Kanonenstabilisierung, Schaltlenkhebel-Funktion usw.). Auch war es so nachvollziehbar, dass ältere Panzerleute unverändert auf der Forderung nach einem „bewährten" optischen Entfernungsmesser bestanden, da sie dem Laser-Funktionsprinzip misstrauisch gegenüberstanden.

Holzmodell der Studie „Eber"

Nach den Erfahrungen mit der Fertigung des *Leopard* (*1*) und den Auswertungen der 1967 von den Israelis erbeuteten sowjetischen *T-54* erhöhte sich die Kompetenz der eingebundenen Personen rasch. Immer mehr Systemtechniker, Komponentenhersteller und auch nachwachsende technik-affine Militärs waren in der Lage, zum einen voranbringende Forderungen zu stellen, zum anderen technische Möglichkeiten und deren Grenzen besser einzuschätzen. Bereits erwähnt habe ich die waffenseitig angestrebten Leistungssteigerungen. Schwieriger war es, die Traditionalisten vom Drang nach immer „dickeren" Panzerungen abzuhalten und sich mit (in immer mehr Einzelversuchen zu Tage geförderten) neuartigen Panzerschutztechniken (multiple Komponenten, metallurgische Neuerungen und dgl.) zu befassen.

Die üblichen Projektbesprechungen von Vertretern der Industrie, der militärischen Bedarfsträger sowie der „Beschaffer" verliefen in dieser Zeit alles andere als harmonisch und aufeinander abgestimmt! Es gab deutliche Meinungsklüngel, Blockaden und auch offene Streitereien. Bereits im Vorfeld gab

Foto vom Prototyp „Keiler" sowie eine damalige Farbzeichnung.

Nach Ende der Erprobungen wurde ein ***KEILER*** *(mit eigenwilligem Dreifarbanstrich) in den Bestand der WTS Koblenz aufgenommen. Der Testeinbau der Dachlafette war entfernt worden (siehe Dachplatte).*

es Absprachen zuhauf, wurden Auffassungen höherer Hierarchien plump durchgesetzt, gegensätzliche Meinungen beiseite gefegt, usw.

Einen Durchbruch bewirkte ein Vertrag über eine Experimentalentwicklung (im Nachgang des *MBT/KPz 70*-Vorhabens) vom 7. November 1968, ausgestattet mit zunächst 25 Millionen DM, vereinbart u. a. mit der Krauss-Maffei-Fahrzeug-GmbH und anderen Firmen (DB, ZF, Voith, Behr, AEG und Teves). Der Firma Krauss-Maffei wurde die Gesamtkoordination zugewiesen aufgrund der sehr guten Organisation der *Leopard 1*-Fertigung. Zuvor und parallel dazu waren wertvolle Erkenntnisse gesammelt worden durch die Verwendung verfügbarer *KPz-70*-Fahrgestelle (Lenk-/Getriebeeinbauten, Triebwerkanpassungen, Drehstabfederungs-Optionen, neuer 3-Mann-Turm, Unterbringung des Fahrers in der Wanne, Lauf- und Stützrollen-Normen. Studienbegriffe wie „Eber“ (MinDir *Eberhardt* vom BWB) für eine FK-Version und dann noch „*Keiler*“ (für Version *Kanone*) wurden von beteiligten Firmen pressewirksam zur Schau gestellt. Diese praktischen Untersuchungen und konzeptionelle Testeinbauten liefen zunächst unter dem Namen „*Leopard 2 K*“ (für *Kanone*) und bildeten faktisch eine Vorstufe zu den späteren konkreten *Leopard 2*-Entwicklungen.

Nach Ende dieses deutsch-amerikanischen „Projekts“ und angesichts der parallel im Hintergrund schon angelaufenen – mehr oder minder hilfreichen – nationalen experimentalen Untersuchungen entschied Anfang der 1970er-Jahre der damalige Verteidigungsminister Helmut Schmidt, die angelaufenen Entwicklungen, mit der Planung von zehn Prototypen, nunmehr unter der Bezeichnung „Leopard 2“ durchzuführen. U. a. wegen der unverändert bestehenden Unsicherheit über die Hauptbewaffnung (Kanone, oder doch Flugkörper-fähige Waffe? – Leopard 2 FK) wurde die Fertigung weiterer sieben Prototypen beauftragt. Die industrielle Gesamtkoordination lag bei Krauss-Maffei. Dieses ganze Hin- und Her verdeutlicht auch, dass zu diesem Zeitpunkt es von Seiten der Truppengattung, also des Bedarfsträgers, noch keine abgestimmten taktischen, geschweige denn taktisch-technischen Forderungen gab! Dies erstaunt vor allem mit Blick auf die Erfahrungen der Israelis im Krieg 1967 und dem Erscheinen des neuen Superpanzers der UdSSR, des *T-64*. All dies unterstrich eindringlich das Erfordernis nach deutlich höheren, innovativen Anstrengungen im kampfentscheidenden Feld des Schutzes, und in der Konsequenz auch nach deutlich höherer Waffenleistung. Die später – also nachträglich – gestellte Frage, ob man sich mit dieser Vielzahl an (leicht gewichtigen) Prototypen nicht „verzettelt“ hätte, greift freilich zu kurz. Unstrittig ist, dass mit den unterschiedlich konfigurierten (später zum Teil umgebauten) Prototypen wertvolle Erfahrungen gesammelt werden konnten und diese Erkenntnisse laufend Eingang fanden in die Verstetigung von Forderungsanpassungen und dann auch schlüssigen Begründungen.

Episode am Rande: regelrecht gestritten wurde seitens des Militärs und der Industrie, ob es denn „zweckmäßig“ sei, den neuen Kampfpanzer ebenfalls *Leopard* (*2*) zu nennen. Für jedermann erkennbar war doch, dass es sich um zwei völlig unterschiedliche Systeme handelte! Ausschlaggebend war hier der Erfolg des *Leopard 1*, besonders auch in der internationalen Wahrnehmung, sowie die Absicht, potenziell konkurrierende Entwicklungen in den USA und Großbritannien auf Distanz zu halten. Auch war 1969 die Gemeinschaft der *Leopard*-Benutzer-Staaten ins Leben gerufen worden (LEOBEN), was Wachstumspotenzial für die Zukunft versprach… und dies sollte sich bewahrheiten.

Erkenntnisse aus den Prototyp-Erprobungen

Ein genauerer Blick auf die seit Anfang der 70er-Jahre gebauten Prototypen zeigt, dass der Begriff „Prototyp" durchaus irreführend ist, denn keiner besaß eine Seriennähe. Sie dienten zumeist speziellen Untersuchungen einzelner Baugruppen und waren zum Teil nicht einmal aus Panzerstahl gefertigt, wohl um Kosten einzusparen.

Als allererstes montierte Krauss-Maffei vier Fahrgestelle und zwei Türme, anschließend weitere vier Fahrgestelle, von denen die ersten fünf Fluss-Stahlwannen bekamen. Bis Mitte November 1971 waren die Türme 3 bis 8 fertig, weiterhin alle Türme mit 105-mm-BK. Das Fahrgestell PT 3 ging Ende Mai 1972 zur Erprobung an die Erprobungsstelle 41 (E 41) in Meppen. Ein erstes Komplettfahrzeug (PT 2/T 1) wurde Ende Juni 1972 öffentlich dem Auftraggeber vorgestellt und ging anschließend zur E 91 nach Trier. Alle Fahrgestelle – mit Ausnahme von PT 11 und PT 17 – wiesen ein 7-Rollen-Laufwerk mit Drehstabfederung auf, die anderen beiden ein Laufwerk mit 6 Rollen und Hydrop-Federung.

Bei den meisten Fahrgestellen wurde das MTU-Triebwerk PT 873 Ka501 verbaut; bei PT 07, 09, 15 und 17 das BR 873. Dieses 12-Zylinder Viertakt-Vorkammer-Mehrstoff-Dieseltriebwerk von MTU mit einem Hubraum von 47,6 l entwickelte bis zu 1100 kW (1500 PS) bei einer Drehzahl von 2600 U/min. Das Gewicht des Triebwerkblocks beträgt 3025 kg (2590 kg leer).

Dieses Fahrzeug (T 02 nunmehr auf PT 15) befindet sich immer noch in Trier. Deutlich zu sehen ist die Guss- Stahlkonstruktion an der Unterkante der Walzenbremse. (R. Strack WTD 41)

Die Verwendung hydropneumatischer Laufwerksfederungen haben sich als problematisch erwiesen, wegen der thermischen Lastwerte bei anspruchsvollen Gelände-/Wellenparcours-Fahrten. (KMW)

Durchweg verwendet wurden das Renk-Getriebe HSWL 354 und das neue ZF-Seitenvorgelege TK 1342. Unterschiede gab es zum Teil bei den Laufrollen (geschmiedet oder gegossen), den Kettenbolzen (hohl oder voll), sowie bei der Elektrik. Ein PT 12 wurde nicht gebaut. Nach den Kälteerprobungen wurden ab PT 10 auch andere Frontscheinwerfer-Befestigungen verbaut.

Geländefoto vom PT 11 mit 120 mm-BK (erkennbar am vorn und hinten abgerundeten Rauchabsauger). (KMW)

Gravierende Unterschiede gab es auch bei den insgesamt 17 Türmen. So wurden die ersten fünf sowie die T 11 und 12 aus Fluss-Stahl, die übrigen zehn aus Panzerstahl gefertigt. Ab Turm T 11 wurde die 120-mm-BK eingebaut, zuvor die 105-mm-Waffe (jedoch anders als bei den beiden Erprobungstypen in der Glattrohrversion). Bei T 08 und T 10 wurde eine kürzere Rohrlagerung getestet (später verworfen). Eine Besonderheit stellte der T 11 mit einer 20-mm-MK in Scheitellafette auf dem Turmdach dar. Durchgehend wurde noch der optische Entfernungsmesser EMES 12 eingebaut (mechanisch mit der Hauptwaffe gekoppelt, Sicht durch den E-Messer und zusätzlich ein Laser-E-Messgerät). Seriennah war das auch beim *Leopard 1A4* verwendete Kommandantensichtgerät PERI R 12 (primärstabilisiert und mit IR-Sichtkanal). Die Türme 11 und 16 erhielten das primärstabilisierte Nacht-, Ziel- und Beobachtungsgerät NZG mit Restlichtverstärkung von Zeiss-Eltro, die Türme 12 und 17 das konkurrenzierende PNZG von AEG-Telefunken, ebenfalls primärstabilisiert und mit Restlichtverstärker. Die ersten zehn Türme wurden mit dem FERO Z12 A1, die übrigen mit dem TZF 1A Okular ausgestattet (jeweils turmfest eingebaut). Zukunftsweisend bei den Türmen 16 und 17 war der Einbau eines internen Prüfsystems (RPP), das die Elektronik überwacht und Störungen anzeigt.

Problematisch erwies sich die Forderung nach dem Einbau des

Links im Bild die ausgebaute Waffenstation, rechts dieses Fahrzeug mit dem T11 (Station abgebaut) im Depot der Lehrsammlung der Panzertruppenschule.

optischen Basis-E-Messers auch deshalb, weil damit letztlich eine Optimierung des Turmgehäuses in Form und Größe blockiert wurde! Begründung für die beharrliche Forderung war ebenso, dass ja ein Laser-Signal aktiv ist und somit vom Feind aufklärbar…! Dass das Messergebnis ungleich präziser ausfällt, fast verzugslos durch die Feuerleitanlage verarbeitet werden kann und somit die Treffwahrscheinlichkeit – oh Wunder – signifikant erhöht, musste einer ganzen Reihe von Panzerleuten erst mühsam vermittelt werden.

Gewohnt rückständig war die Verwendung eines IR-/Weißlicht-umschaltbaren Zielscheinwerfers.

Mit den Prototypen wurden umfangreiche technische Erprobungen durchgeführt, ab September 1973 auch an der Panzertruppenschule.in Munster. Dort wurde auch ein mit zusätzlichem Personal ausgestattetes *Truppenversuchskommando Leopard 2* gebildet, das bis 1982 bestand.

Zu den Besonderheiten zählte die bisweilen unterschiedliche Wannen- und Turmzusammensetzung. So trafen in Munster zunächst die Typen PT 10/T 07 und PT 16/T 09 ein, im Folgejahr PT 06/T05, PT 08/T 06, PT 14/T 13, PT 15/T 15, später noch PT 13/T 08. Fünf weitere Fahrzeuge befanden sich zu intensiven Versuchen in den Erprobungsstellen. Je zwei Fahrzeuge gingen zu Klimaerprobungen von Februar bis März nach Shilo (Kanada) sowie von April bis Mai nach Yuma (USA), wo sie extrem kalter bzw. heißer Witterung ausgesetzt waren.

Im Zuge der 1973/74 erneut mit den USA getroffenen Absprachen über die Entwicklung eines neuen gemeinsamen Kampfpanzers wurde der PT 07 an die USA übergeben und in Aberdeen erprobt. Es gab zwar diesmal kein formales Regierungsabkommen, jedoch die beiderseitigen Absichtserklärungen (MoU, *Memorandum of Understanding*) auf ein gemeinsames Vorhaben hin zu arbeiten. Hierfür wurde auch ab 1974 eine Kommission gebildet, die sich regelmäßig traf. In der Auswertung des vom US-Heer verfassten RfP (*Request for Proposal,* Angebotsanfrage) ergaben sich von den bisherigen deutschen Vorstellungen abweichende Forderungen für einen neuen *XM 1 MBT*. Entscheidend war die Forderung nach deutlich höherem Schutz sowohl gegen Wucht- als auch HL-Geschosse. Dies machte schon damals mehr als Sinn, auch im Bezug der beginnenden Einführung des neuen sowjetischen *T-64* in die Gruppe der Sowjetischen Streitkräfte in Deutschland (GSTD) und des Serienfertigungsbeginns des *T-72*, beide

Auch der T 05 war für den Einbau der Waffenstation ausgelegt (nicht realisiert) und wurde – auf einem späteren PT-Fahrgestell 1976 sozusagen aus Marketinggründen an Schweden übergeben. Das Fahrzeug befindet sich jetzt dort im Museum in Strangnes.

Dieses romantische Frontalfoto vom späteren 120-mm-Prototypen verdeutlicht die limitierende Verengung der vorderen Turmfront durch den Einbau des optischen Entfernungsmessers!

Bild vom PT06/T06 mit 105-mm-BK in voller Fahrt auf dem TrÜbPlatz in Munster.

mit 122-mm-Glattrohrkanonen bewaffnet. Dies gab u. a. den Ausschlag für den deutschen Bedarfsträger, sich – endlich – von der unsinnigen 50-Tonnen-Gewichtsobergrenze zu verabschieden. Festgelegt wurde MLC-60.

Unter großem Zeitdruck wurden in bekannter Firmenkonstellation zwei weitere Prototypen 19 und 20 sowie ein dritter Turm T 21 in Auftrag gegeben, unter dem eher irreführenden Namen *Leopard 2AV*. AV steht für Englisch *Austere Version*, zu Deutsch „abgemagerte Ausführung".

Bis zu deren Auslieferung wurde der Prototyp 14 gravierend leistungsgesteigert (PT 14 mod) und erhielt u. a. erstmalig eine so genannte *Waffennachführanlage* in Verbindung mit einer elektrischen (statt hydraulischen) Richtanlage. Technisch ein großer Fortschritt! Bei den bisherigen Kampfpanzern (*Leopard 1* und auch den ersten Prototypen *Leopard 2* gab es die so genannte *Turm- und Waffenstabilisierung* zum Schießen (und Treffen) auch aus der Fahrt. Dies stellte in den 60er-Jahren den Einstieg in den Feuerkampf aus der Bewegung dar. Jedoch verliefen die Bewegungen der Zieloptiken in Azimuth und Ele-

Der PT10 (hier noch mit Turm 07) hatte vorn auf der Wanne die Besonderheit einer Rohrzurrung, die von der Truppe als unzweckmäßig bewertet wurde.

Ein späteres Foto des PT10 – festgefahren in der Truppenerprobung – hier mit dem Turm 06 ausgestattet, von der Besatzung mit „OBELIX" benannt.

Endgültig „Platz gefunden" hat der PT10 (nun mit Turm 17) im französischen Panzermuseum in Saumur.

1974 kam mit dem PT14 und dem T13 ein mit der 120-mm-BK bewaffneter Prototyp nach Munster.

In den sehr intensiven Truppenerprobungen wurden alle relevanten Tests durchgeführt, wie hier zum Beispiel das behelfsmäßige Entladen von einem Waggon mit dem PT14.

vation insbesondere bei unebenem Gelände noch sehr „störend". Zumeist nutzte man die Stabilisierung nur zur Zielauffassung, der Schuss wurde dann doch häufig im Stand nach kurzem Halt ausgelöst. Der *PT 14 mod* bildete gewissermaßen den Ausgangspunkt für den *Leopard 2*.

Bei der Waffennachführung werden die Zieloptiken „primär"-stabilisiert, was wegen der deutlich geringeren Gewichte und somit bewegungstechnisch geringerer Stoßbelastungen ungleich präziser ist. Auch in sehr durchschnittenem Gelände verharrt das Zielkreuz beeindruckend ruhig auf dem ange-

Auch der PT14 ist „im Besitz" der Lehrsammlung PzTrSchule.

Bei den später stattgefundenen Vergleichserprobungen in Yuma wurde hier der PT13 mit T17 am 15. September 1975 einer ausländischen Besuchsgruppe vorgeführt. Auf dem Dach befindet sich eine Box für Prüf- und Testschaltungen.

richteten Ziel. Fährt der *Leopard 2* etwa in eine Senke, wobei das sich „anhebende" Gelände das Ziel vermeintlich verdeckt, nimmt der Richtschütze einfach die Hand vom Richtgriff und wartet, bis das Ziel wieder „auftaucht". Das Zielkreuz ist allenfalls marginal verschoben! Hinzu kommt, dass bei der sekundär stabilisierten Bordkanone der Schuss nur „freigegeben" wird, wenn der Feuerleitrechner nicht eine unvermutet heftige Bewegung des Panzers registriert (z. B. wenn er jäh durch ein Loch fährt oder eine Kette mit einem Felsen kollidiert). Diese Blockierung ist so kurz, dass sie der Richtschütze kaum wahrnimmt. Dies und die übrige Qualität der Richtanlage erklären die unerreichten Trefferleistungen des *Leopard 2*.
Sehr leistungsfähig ist auch die Vorhaltberechnung zum Bekämpfen fahrender Ziele. Der Richtschütze hält das Zielkreuz mittels Höhen- und Seitenrichten brav auf das Ziel und drückt einen Vorhaltschaltknopf am Richtgriff. Von ihm unbemerkt, verändert sich im erforderlichen Maß die Azimuth-Stellung des Turmes, und das Ziel wird verlässlich getroffen. Beim US-amerikanischen *Abrams* musste zunächst mitgerichtet werden, dann ruckte das Zielkreuz in die erforderliche Vorhaltposition; als Nächstes musste der Richtschütze per Richtbewegung das Zielkreuz wieder auf das Ziel bringen. Veränderte sich die Fahrgeschwindigkeit des Zielfahrzeuges, musste er den Vorgang erneut starten.
Der Vollständigkeit halber sei noch herausgehoben, dass der Feuerleitrechner selbstredend auch die per Laser-Impuls (ebenfalls Tasterwippe am Richtgriff) gemessene Entfernung zum Ziel sofort verarbeitet und entsprechende Richtkorrekturen in der Elevation der Kanone vornimmt, ohne dass der Richtschütze nachrichten muss.

Größere Diskussionen ergaben sich auch hinsichtlich des so genannten Querwind-Sensors (hinten auf dem Turmdach). Die gemessenen Seitenwindwerte wurden ebenfalls vom Feuerleitrechner verarbeitet mit Korrekturkommandos für die Turmstellung. Blickte man bei starkem Wind durch die stabilisierte Optik, konnte man erkennen, wie sich das Zielkreuz deutlich zur Seite (und auch phasenweise zurück) bewegte. Dies erweckte bei Laien den Eindruck, es sei wichtig, diese Einflüsse auszugleichen. Seitens des Bedarfsträgers gab es durchaus einzelne Befürworter, bezogen auf in der Vergangenheit gewonnene Erfahrungen von windbezogenen Seitenabweichungen bei damaligen Geschossen. Hierzu sei angemerkt, dass diese Projektile großvolumiger waren und mit geringeren V_0-Werten verschossen wurden. Der Munitionsfertiger Rheinmetall wies darauf hin, dass schon die zu erwartende 1. Generation der neuen, wesentlich schlankeren KE-Penetratoren wegen des geringeren Durchmessers und auch der höheren V_0 deutlich weniger windempfindlich sein würden. Hinzu kam – und dies erwies sich als durchaus problematisch –, dass die Querwindwerte direkt am Sensor häufig deutlich anders ausfielen als auf der übrigen Strecke zum Ziel. Ausschlaggebend zugunsten der Einrüstung war aber wohl die zwingende Forderung der Amerikaner!
Später haben sich die erwähnten Zweifel bestätigt; ab dem 2. Baulos entfiel dieser Sensor. Mittlerweile können Querwinde wesentlich präziser und auch über die gesamte Flugdauer per Laserstrahl gemessen werden.
Bei den Erprobungen legten die Versuchsträger insgesamt 80.624 km zurück (Straße 41.283 km, Gelände 39.331 km) und gaben insgesamt 18.844 Schuss ab (105 mm: 7284, 120 mm: 11.560).

Der PT 14 mod, wie er heute in der WTS in Koblenz ausgestellt ist.

Über den Leopard 2AV zur Serienreife

Im Zuge der ersten Absprachen mit den US-Streitkräften und der neuen MLC-60-Gewichtsbegrenzung wurde der Weg geebnet zu neuen, weiterführenden Schutzkonzepten. Dies ließ sich schon äußerlich an der Bauweise der AV-Prototypen erkennen. Eine detaillierte Festlegung der Schutztechnologie war zu diesem Zeitpunkt noch nicht „möglich“, sicher auch deswegen, weil sich beide Seiten nicht in die Karten blicken lassen wollten. Zu diesem Zeitpunkt (1977) war – basierend auf der Schottpanzer-Erfahrungen beim *Leopard 1A3/A4* – schon eine Reihe von Untersuchungen und auch Versuchen angelaufen, so dass eine erste Generation einer Mehrschichtkomponenten-Panzerung in die Serienproduktion gehen konnte. Verglichen mit gleich „dicken“ Massivstahl-Einbauten weisen Mehrschichtpanzerungen insbesondere gegen HL-Wirkkörper eine deutlich höhere Schutzwirkung auf. Man spricht hier von RHA-Äquivalent(wert)en. RHA steht für *Rolled Homogeneous Armour;* zu Deutsch: massiver Walzstahl. Dies wurde in den Folgejahren und auch bei späteren Kampfwertsteigerungen weiterentwickelt (und leistungsgesteigert). Relativ einfach möglich wurde dies durch die Tatsache, dass sowohl in Turm und Wanne der eigentliche Schutz in Gehäuse eingesetzt wird, deren Seitenwände lediglich den so genannten *Grundschutz* gegen kleinerer Kalibertreffer und Splitterwirkung darstellen. Beim Einbau modernerer Schutzkomponenten muss lediglich das Gehäusedach entfernt und anschließend wieder adaptiert werden. Dieses Verfahren wurde bei späteren Kampfwertsteigerungen intensiv angewandt. Überaus positiv wirkte sich nunmehr auch die Lagerung eines Teils der Kanonenmunition in einem abgeteilten Schutzbunker im Turmheck auf.
Aber auch dieses neue deutsch-amerikanische Gemeinschaftsprojekt stand, wenig überraschend, unter keinem günstigen Stern. Die Amerikaner behielten sich vor, später ggf. eine 120-mm-Hauptwaffe einzurüsten, und die Triebwerkfrage blieb unverändert kritisch. Mutmaßlich sollte die US-Industrie

Bild von dem Turbineneinbau.

nicht dazu gedrängt werden, einer Lizenzfertigung des deutschen Motors zuzustimmen. Deutscherseits kam gleichermaßen der Einbau eines Turbinenantriebs nicht infrage. Letzterer stellte sich für die US-Panzertruppe später in mehreren militärischen Konflikten, in Nahost wie in Afghanistan, als gravierendes Problem heraus: zum einen wegen des signifikant höheren Kraftstoffverbrauchs, zum anderen wegen der extrem hohen Staubbelastung in heißen Wüstengebieten. Viele Fotos zeigen vermummte Besatzungen, die am Ende eines Einsatztages stundenlang die Filter ausschlagen mussten. In extremen Lagen (Sandsturm) setzten sich die Filter im Betrieb zu und das Triebwerk schaltete sich wegen Überhitzung einfach ab. Auch der Fahrbetrieb selbst warf Probleme auf. Geht der Fahrer bei einem „normalen“ Dieseltriebwerk vom Gas, verlangsamt sich das Fahrzeug. Beim Turbinenantrieb – besonders bei abschüssigem Gelände – tritt dieser Effekt nicht ein. Der Fahrer muss andauernd auf die Bremse treten. Dies hatte bei den Vergleichserprobungen später in der Schweiz in einem Fall verheerende Folgen, als bei einem *Abrams* nach längerer Bergab-Passfahrt die großen Scheibenbremsen versagten und regelrecht verglühten – der Panzer stürzte in Folge einen tiefen Abhang hinab. Die Schweiz entschied sich aber auch aus einer Vielzahl anderer Gründe für den *Leopard 2.*

Bemerkung am Rande: Der ab 1978 eingeführte sowjetische *T-80U* verfügt bekanntlich ebenfalls über einen Turbinenantrieb. Interessanter Weise befindet sich auf der Spitze der beiden Lenkhebel je ein Druckknopf, mit dem der Fahrer schlicht Schubumkehr einleiten kann mit bequemer Abbremswirkung. Es gibt für vieles eine Lösung. Ein späterer Versuchseinbau einer AVCO-Lycoming-Turbine AGT 1500 in einen *Leopard 2*-Prototypen 1977/78 bestätigte die geschilderten Probleme.

Mitte 1974 gab es dann von deutscher Seite – sozusagen als kurzes Intermezzo – Überlegungen, zwei Prototyp-Konstruktionen anzugehen. Die eine – *Leopard 2 mod* – orientierte sich an den Erfordernissen der US-Seite im Bezug auf den *XM 1* mit höheren Schutznormen, Entfall optischer E-Messer und Zielscheinwerfer, Munitionsvorratsbunker mit 15 Patronen im Turmheck und andere marginale Details.

Als Irrweg erwiesen sich die Studien hin zu einem *Leopard 2/3* mit nur teilweise schwenkbarem Turm (plus-minus 90°) sowie Fahrerstand im Turm. Auch gab es unverändert Widerstände von amtlicher Seite gegen eine elektronische Steuerung von Waffe und Zieloptronik, mit Zweifeln an Präzision und Zuverlässigkeit. In der Nachbetrachtung lassen sich solche technikfeindlichen Einschätzungen kaum mehr nachvollziehen.

Angesichts des enormen Zeitdrucks wurde im Herbst 1974 dann (zum Glück) über die finale Konfiguration der beiden AV-Prototypen entschieden, zunächst noch mit 105-mm-Bordkanone mit späterer Einbauoption 120-mm. In beeindruckend kurzer Zeit wurden sie bis Anfang 1976 gefertigt und zu-

Der Turm 21 wurde nach Rückkehr aus den USA für den Einbau und Tests einer vollelektrischen Turmrichtanlage genutzt.

Der PT19 mit T19 – noch mit 105-mm-BK – von vorn und hinten zeigt deutlich die völlig neue Turm-Konfiguration ohne die beiden E-Messerausblicke vorn oben am Turm. (KMW)

nächst firmenintern getestet, in Vorbereitung der vorgesehen Vergleichserprobungen in der USA. Diese fanden Ende 1976 statt, auch mit der britischen 120-mm-Zugrohr-Kanone und der amerikanischen 105-mm-Zugrohr-Kanone u. a. mit XM-774 DU-Munition. Die Rheinmetall-Waffe ging als klarer Sieger hervor. Eine vereinbarte gemeinsame Entscheidung über eine 120-mm-BK zum 15.01.1977 kam nicht zustande und wurde von Seiten der USA auf Jahresende 1977 „verschoben".

Da mittlerweile die Zweifel überwogen, zum einem – wie auch immer gearteten – gemeinsamen Vorhaben mit den Amerikanern zu kommen, wurden bereits vor Rückkehr der PT 19 und 20 aus den USA mit den Türmen T 20 und T 21 (noch mit Feuerleitanlage AEG/Hughes, später mit FLER-H-2 von AEG-Telefunken) weitergehende interne Truppenversuche durchgeführt. Technische Festlegungen zur Serienreifmachung waren seit November 1976 im Gange. Konkrete Maßnahmen zur Serienvorbereitung liefen bereits im Mai 1977 an. Vom Februar 1978 bis Januar 1979 wurden mit den letzten PT 19/20/21 kombinierte technische und taktisch/logistische Nachversuche durchgeführt. Die Erklärungen der Technischen Einführungsreife bzw. Truppenverwendbarkeit fielen in diesen Zeitraum.

Der große Zeitdruck ergab sich aus mehreren Umständen. In Gesprächen auch mit den anderen Bündnispartnern war von einem neuen „Superpanzer" die Rede, der den neuen sowjetischen Modellen gewachsen sein würde. Es hieß, Deutschland wolle „die Nase vorn" haben und die amerikanische Konkurrenz ausbooten. Intern baute sich so ein übergroßen Druck auf, die weiterhin bestehenden unterschiedlichen Ausstattungsauffassungen und zum Teil fragwürdigen Einschätzungen im Zaun zu halten. Hier gilt es festzustellen, dass es das Verdienst einiger weniger, sehr kompetenter Persönlichkeiten in Bonn, Köln (in Abstimmung mit Munster) und Koblenz war, „querschießende" Klugschwätzer auszubooten. Hätten diese Handvoll rund um die Uhr arbeitenden Fachleute nicht die Rückendeckung des Ministers erfahren, hätte es weder zeitnah einen neuen Kampfpanzer gegeben noch wäre das Ergebnis derart überragend ausgefallen.

Hier der AV-Prototyp mit Turm 20 und der AEG-Variante des EMES 13 mit zwei parallelen Ausblicken…

...hier mit Schutzkappe, z.B. bei Unterwasserfahrt.

Die herausfordernden, unter großem Zeitdruck angelaufenen Maßnahmen zur Serienreifmachung sollte die Konstruktionsfirma Porsche – sozusagen neutral – mit den Wettbewerbern Krauss-Maffei, Krupp MaK und Thyssen-Henschel und turmseitig mit Wegmann abstimmen. Dies erwies sich später als nicht so „dringend", weil es sehr früh – mit Duldung des Auftraggebers – gemeinschaftliche Absprachen gab. Dies war nur bedingt eine Missachtung des Wettbewerbsgedankens. Es ergab sich einfach die Erfordernis, auf allen Feldern zusammenzuarbeiten, auch um die durchaus brutalen Terminforderungen einhalten zu können. Zu einem lupenreinen „Ausschreibungsprinzip" kam es also nicht; letztlich wurden zwei Konzerne mit der Koordination und Durchführung der Serienfertigung beauftragt, nämlich Krauss-Maffei sowie Krupp-MaK im Verhältnis 55 zu 45 %.

Die technischen Veränderungen hin zum Serienstand sind anschaulich erläutert im Leopard 2-Buch des hauptverantwortlichen Koordinator im BWB, LBDir Paul-Werner Krapke (erschienen 1986 im Verlag E.S. Mittler & Sohn GmbH).

Im Frühjahr 1977 startete eine vergleichende Erprobung der Hughes-Feuerleitanlage AC/KAE (EMES 15) und einer von AEG-Telefunken noch mit passiven Korrelations-E-Messer ausgestatteten Anlage. Auch wegen der sofortigen Verfügbarkeit fiel am 3. Juni 1977 die Entscheidung zugunsten der Hughes-Variante. Nicht zu bewältigen war die zeitgerechte Fertigung des Wärmebild-Zielgeräts (WBG), auch weil die endgültige Entscheidung zugunsten der WBG-Version Zeiss/ Texas Instruments erst am 5. März 1979 fiel. Dies hatte zur Folge, dass in die ersten 200 Fahrzeuge des 1. Produktionsloses übergangsweise ein Bildverstärker-Gerät (PZB 200) verbaut wurde. Die Zielbekämpfung erfolgte etwas umständlich mit Hilfe eines Monitors unterhalb des FERO-Einblicks, also nicht per Umschalten durch das HZF wie beim WBG.

Da ab 1977 elf XM 1-Vorserienmodelle in Fertigung gingen und die Planung von einem Serienstart 1980 ausging, wurde der Bundeswehr pressewirksam am 24. Oktober 1979 der erste *Leopard 2* (viertes Serienfahrzeug) offiziell übergeben. Dies erfolgte, obwohl die endgültigen Seriendetail-Festlegungen (K-Stands-Festlegungen) bei weitem noch nicht abgeschlossen waren. Zuvor waren am 2. September 1978 ein erstes Fahrgestell und in der ersten Jahreshälfte 1979 drei vorgezogene Serienfahrzeuge ausgeliefert worden. Im Zuge der Un-

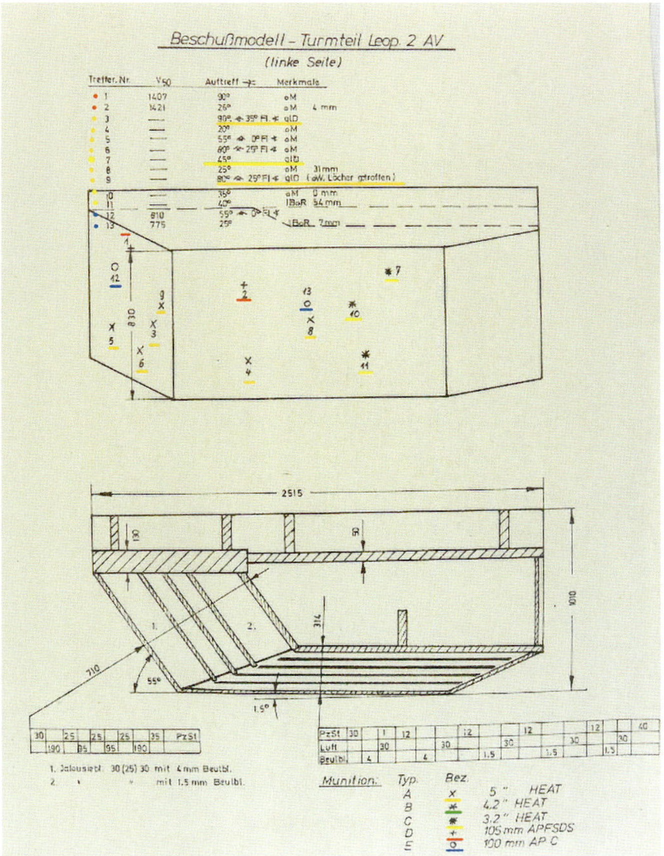

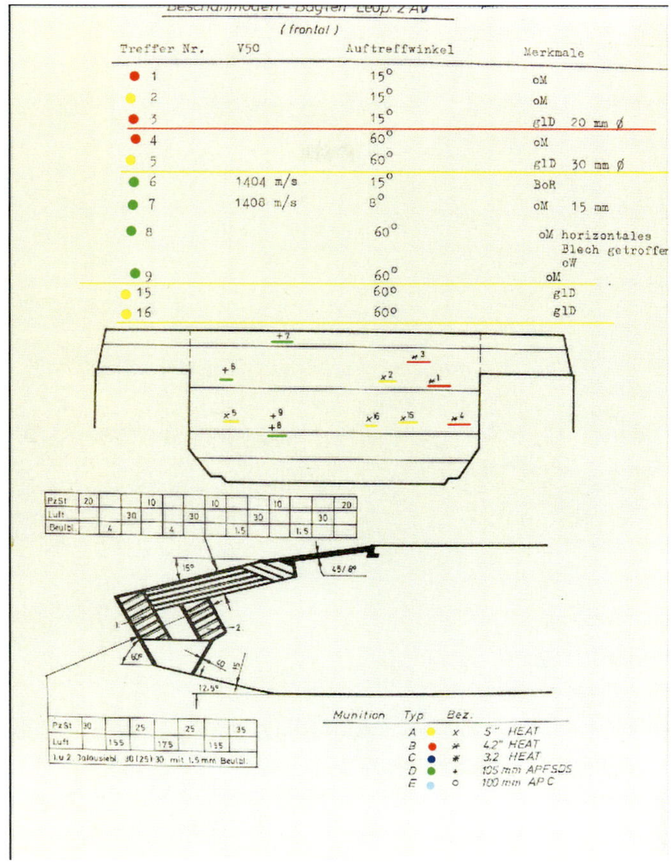

Durchgeführt wurden auch – damals geheime – Beschussversuche gegen die Turm- und Wannenvorderseiten. Diese zeigten, dass der Schutz gegen HL-Wirkkörper zwingend zu erhöhen war!

Spätere Aufnahme des PT19. Im Turm 21 ist jetzt die 120-mm-BK eingebaut, und die AEG-EMES-Variante wurde gegen das Hughes HZF ausgetauscht.

Nahaufnahmen vom PZB 200, links von vorn – Schutzkappe zur Seite geschwenkt – und rechts von oben.

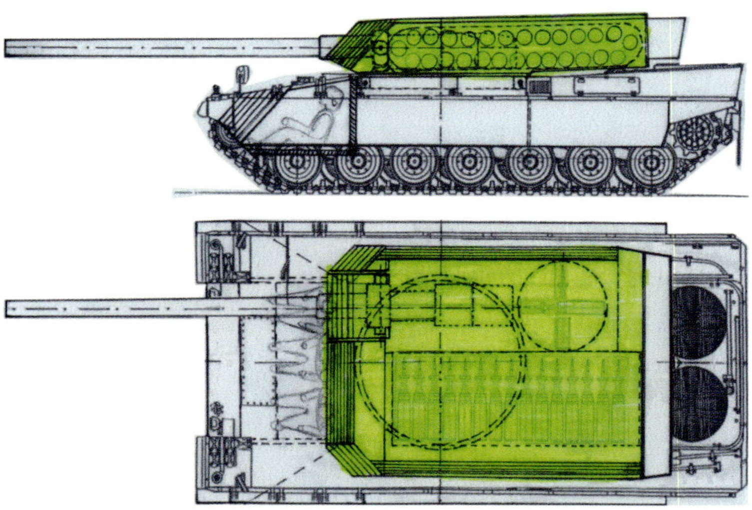

Durchaus beachtenswert waren damalige Überlegungen ein Ladermodul im Turm neben einer seitlich versetzten Kanone einzubauen und die Platzierung der 3-Mann-Besatzung nebeneinander in der Wanne. In heutiger Zeit gibt es erneut ähnliche Konzeptvorschläge! (Rhm)

tersuchungen durch WTD, Industrie und die Truppe konnten dann erst die Erkenntnisse für endgültige konstruktive Anpassungen getroffen werden. Diese waren jedoch von vornherein geplant und stellten einbautechnisch kein Problem dar. Zeitdruck war auch aufgekommen wegen der frühen Entscheidung des niederländischen Parlaments zugunsten des *Leopard 2* am 2. März 1979.

Technische Beschreibung der ersten Baulose des Leopard 2

Für die Bundeswehr waren zunächst 1800 *Leopard 2* vorgesehen. Die Fertigungsplanung lief zunächst bis 1987. Da von vornherein Anpassungen und Modernisierungen absehbar bzw. in Planung waren, erfolgten Auftragsvergabe und Fertigung in fünf Baulosen. Bereits erwähnt wurde der verspätete Zulauf des WBG, so dass erst die späteren 380 Fahrzeuge des **1. Loses** (später als *Leopard 2A0* bezeichnet) damit ausgerüstet werden konnten. Fast alle Rüststandsanpassungen der beiden Folgelose wurden noch teilweise beim 1. Los vorgenommen.

Der folgende Text erwähnt aus Platzgründen nicht alle Details, zumal viele Einzelheiten auch in der jeweiligen Fotostrecke aufscheinen.

Ab März 1982 startete der Bau des **2. Loses** (450 Stück). Verschiedene Änderungen verbesserten die Standfestigkeit zahlreicher Baugruppen und Teilsysteme. So wurden neue Halterungen für die Kanonenmunition eingebaut (wie sie auch für den US-KPz *M1A1* Abrams eingerüstet wurden). Optimierungen an der Fahrzeugelektronik wurden vorgenommen, Schalter geändert und Manometer eingebaut. Zwei Trittschutzbleche auf dem Triebwerksblock verhinderten versehentliche Beschädigungen am Lenkgestänge und an den Kabelsteckern

Eines der ersten Serienfahrzeuge, noch mit einem Blendschutzstopfen vor dem FERO-Ausblick. Dieses Los 1-Fahrzeug wurde Ende 1979 auf dem Firmengelände von Krauss-Maffei in München vorgestellt. „Speziell" ist die Truppenteilbezeichnung 3./PzBtl 184 (von der Firma so aufgetragen), obwohl dieser Verband gar keine LEOPARD 2 erhielt. (KMW)

Draufsicht eines der ersten in Munster eingetroffenen Panzer. Das Los 1 ist hier eindeutig identifizierbar am Querwindsensor hinten auf dem Turmdach, dem noch nicht höher gesetzten PERI und der FlaMG-Ringschiene auf der Kdt-Luke sowie den großen Antirutschflächen.

bei geöffneter Triebwerkraum-Abdeckung. Drehregelknöpfe wurden ausgetauscht, um bei Dunkelheit Verwechselungen zu verhindern, usw. Die FlaMG-Ringschiene an der Kommandantenluke entfiel, der Munitionsbunker im Turm wurde konstruktiv überarbeitet und die Prüfbarkeit der Waffennachführanlage (WNA) mit dem rechnergestützten Panzerprüfsystem (RPP) verbessert.

Einige Änderungen ließen sich von außen erkennen, so der Wegfall des Querwindsensors. Ferner versetzte man die Tankeinfüllstutzen an beiden Wannenseiten von hinten nach vorn in die Nischentanks, was die Betankungszeiten wesentlich verkürzte. Das Kdt-PERI wurde zwecks besserer Rundumsicht um 5 cm höher gesetzt. Hinten links am Turm wurde ein Außenbordsprechstellen-Stecker abgebracht, der eine Verbin-

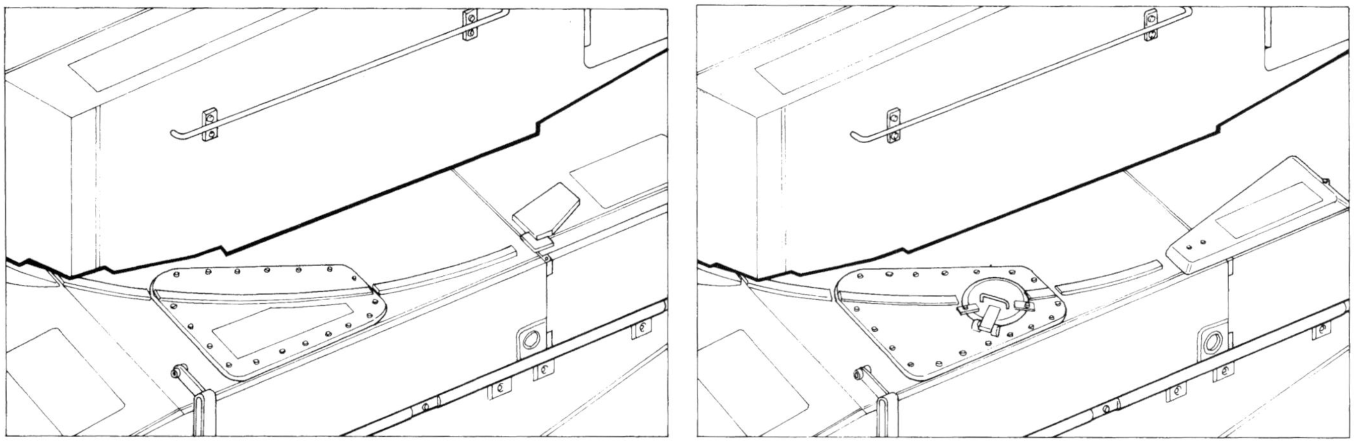

Skizzen vom Tankeinfüllstutzen (rechts) bzw. links noch wie beim Los 1 und (ab Los 3) dahinter die größere Abdeckung des ABC-Anlageneinlasses.

dung mit der Besatzung bei geschlossenen Luken ermöglichte – etwa bei der Einweisung eines zu dekontaminierenden Panzers durch ABC-Abwehrsoldaten. Ferner vergrößerte man die Hutze der ABC-Schutzbelüftungsanlage. Die nun längeren Abschleppseile wurden jetzt gekreuzt am Fahrzeugheck angebracht und die zuvor quergerippten Abgasgrätings erhielten ringförmige Rippen.

Das ab November 1983 gefertigte **3. Los** (300 Stück) war mit dem 2. fast identisch, äußere Unterscheidungsmerkmale gab es nicht. Beide Lose erhielten die Versionsbezeichnung ***A1***, das 1. Los wurde nach den Anpassungen zu ***A2***. Diese Änderungen zogen sich bis Mitte 1987 hin.

Ab Ende 1984 wurde das **4. Los** (300 Stück) gefertigt. Eine wesentliche Neuerung bildete die neue Fahrzeugfunkanlage SEM 80/90 mit kürzeren Antennen. Die bereits werksseitig mit dem neuen Fleckentarnanstrich ausgelieferten Panzer erhielten eine modifizierte Abgasanlage und eine verbesserte Feststellbremse. Eine in Brusthöhe angebrachte, verstellbare Stütze gab dem Richtschützen besseren Halt, wenn er während der Fahrt – besonders in schwierigem Gelände –, durch das Zielfernrohr beobachtend, den Feuerkampf führt. Bis zur weiteren Rüststandsangleichung wurde diese Variante mit ***A3*** benannt.

Im ab Ende 1985 in Produktion gegangenen **5. Los** (370 Stück) gelangte ein digitalisierter Feuerleit-Rechnerkern (DigBall) zum Einbau, damit die Ballistikdaten neuer Munitionsarten deutlich einfacher adaptiert werden konnten. In den bisherigen so genannten Hybridrechnern wurde der jeweilige Aufsatzwinkel quasi mechanisch durch eine Art Kurvenscheibe (für jede Munitionssorte gesondert) im Rechner sensiert und als Korrekturkommando auf den Höhenrichtantrieb übertragen. Die erwünschte präzise Tefferlage hängt von einer gan-

Ab dem 2. Baulos befindet sich rechts hinten seitlich am Turm ein Steckanschluss für eine Außenbordsprechstelle. Oberhalb ist auch der Antennenfuß sichtbar für die alte Funkgeräte-Generation SEM 25/35.

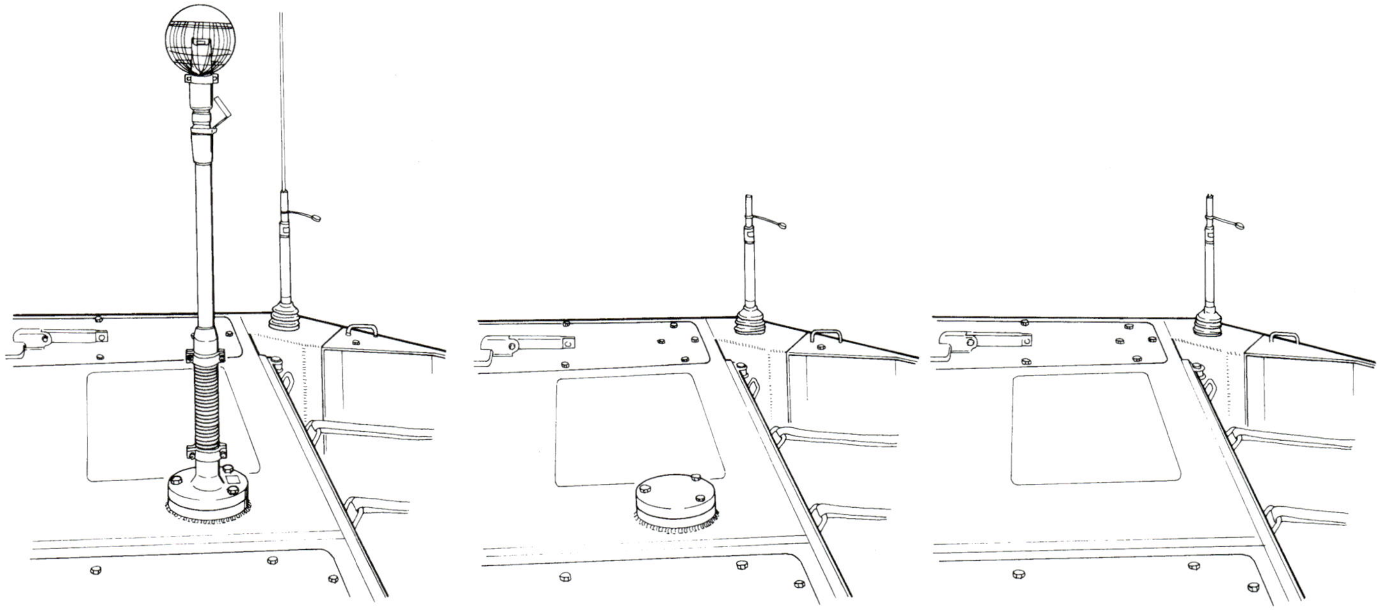

Skizzenfolge links mit Querwindsensor, mittig nach Abnahme mit Kappenverschluss (Version A2) und rechts nach Entfall bei den späteren Baulosen.

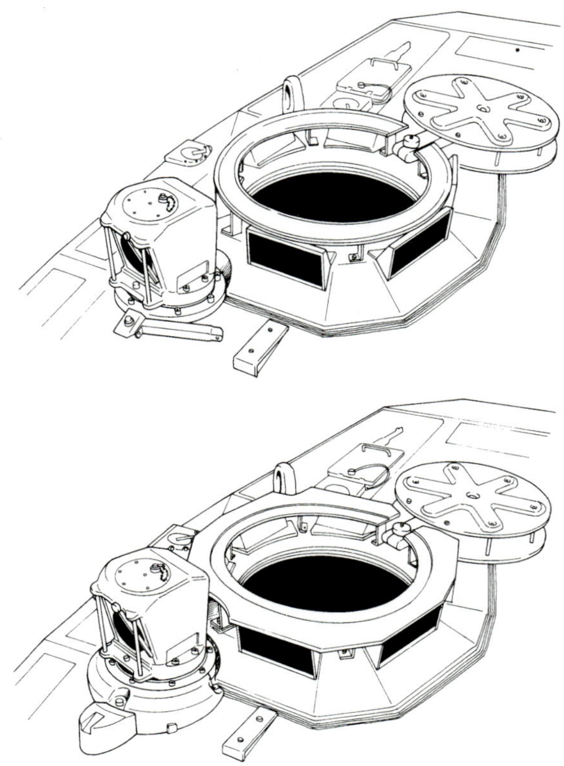

Oben: Höhenversatz PERI und Entfall FlaMG-Ringschiene beim Kdt.
Links: Detailansicht des Querwindsensors auf einem Panzer des Panzerbataillons 84.

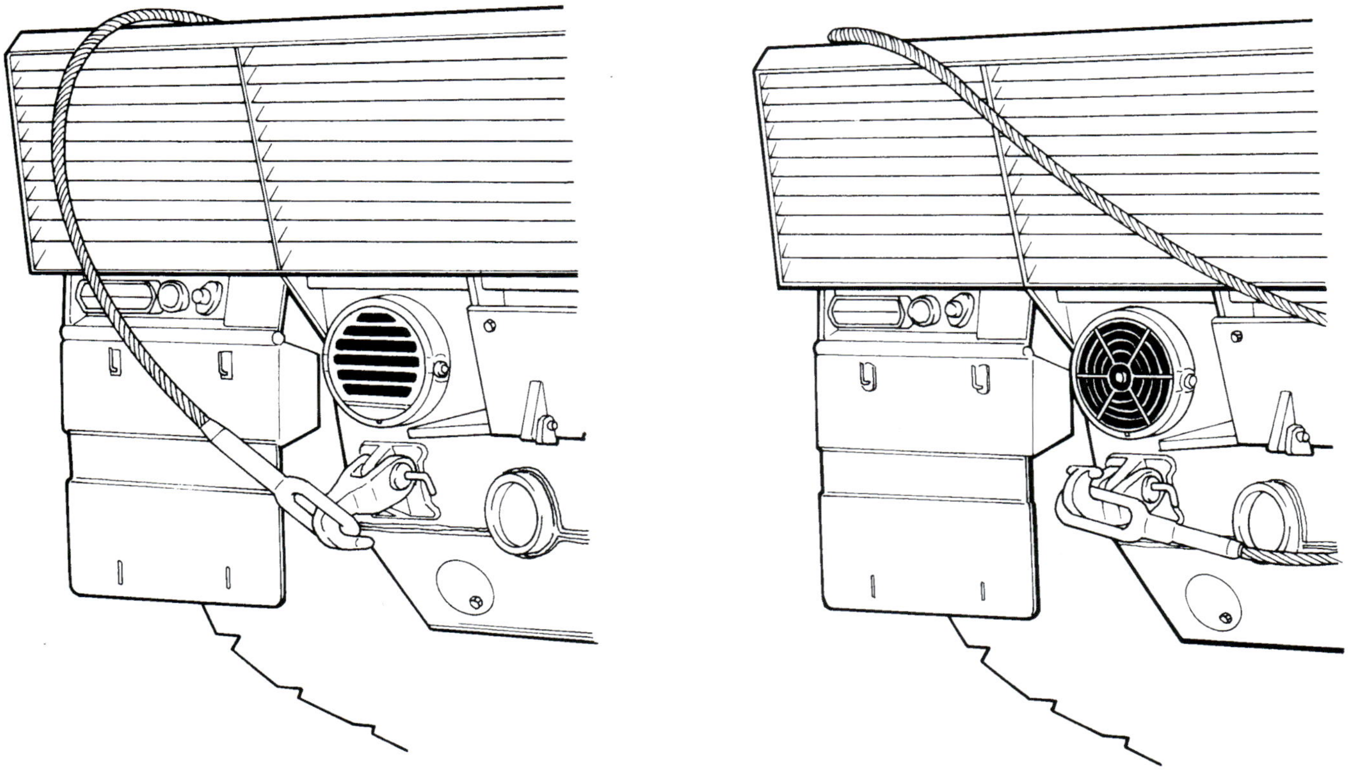

Die Unterschiede bei den Abgasgrätings zwischen den Losen 1 und 2 und die Neuanbringung der Abschleppseile.

Fahrzeug des Bauloses 4 mit dem neuen Dreifarb-Tarnanstrich. (KMW)

Fire Control Systems, for example the powerful Fire Control System for the German Main Battle Tank LEOPARD 2

KRUPP ATLAS ELEKTRONIK

Zeitgenössische „Werbeanzeige" aus 1980 für die schon zu damaligen Zeiten bahnbrechende Qualität der Feuerleitanlage des neuen Panzers. Die orangenen Baugruppen bestehen vorn und oben aus den Zieloptiken mit den darunter liegenden Einblicken für RS und Kdt, sowie den Bediengeräten und hinten im Turm dem Feuerleitrechner, den PERI- und Elektronik-Einheiten und der Zentralverteilung.

Panzer des 5. Bauloses, nunmehr ohne die Munitionsladelukenöffnung. (KMW)

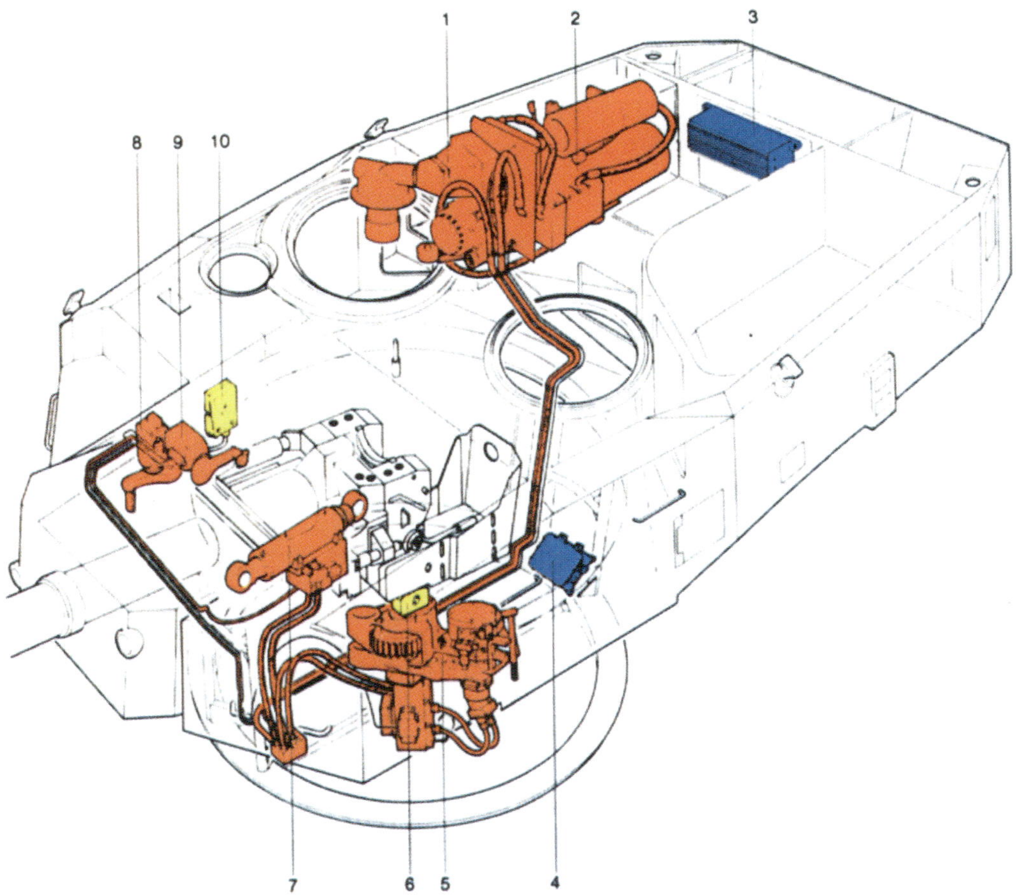

Schemaskizze der WNA, die zur Verarbeitung der oben genannten Rechnerdaten über eine hohe Präzision verfügen muss. Hinten rechts im Turm befindet sich das (damals noch hydraulische) Kraftaggregat, die Höhen- und Seitenrichtantriebe (7 und 5), die Stellungsgeber Höhe (10) und Seite (6) sowie (blau) die Elektronikanteile.

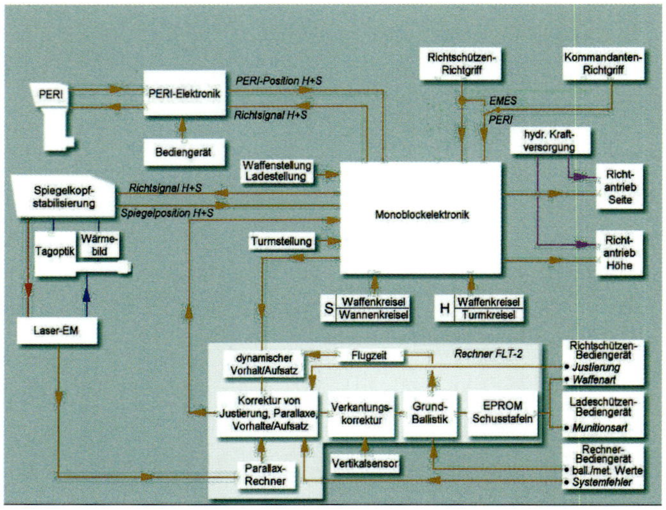

Diese Skizze verdeutlicht die Komplexität der Feuerleitanlage. Diese immer digitaler werdenden Baugruppen erfordern ständige technologische Anpassungen und Austausch veralteter Komponenten. (Rhm)

zen Reihe Faktoren ab. Allein schon die unterschiedlichen Visierlinien des Waffenrohres und des Zielgeräts verlangen eine Parallaxenkorrektur. Die früher angewandte Punktjustierung (z. B. auf 1000 m) wirkt sich auf deutlich niedrigere oder höhere Zielentfernungen negativ aus. Ein Vertikalsensor berechnete jetzt auch die Verkantung des Panzers. Weiterhin mussten Geschossflugzeit, Temperatur- und System(fehler) -werte verarbeitet und die durch den individuellen Justiervorgang ermittelten (unterschiedlichen) Winkeldaten angepasst werden. Hinzu kam die Verarbeitung benötigter Vorhaltwerte. Diese Werte werden durch den Leitrechner als Steuerimpulse an die Waffennachführanlage (WNA) übertragen zur Korrektur der Zielmarke. All dies erfolgte sozusagen vom Richtschützen „unbemerkt". Des Weiteren wurde eine Schnittstelle für den Anschluss von Schieß- und Duellsimulatoren eingebaut, außerdem eine Brandunterdrückungsanlage, die den Schutz der Besatzung weiter erhöhte. Auf der Basis der Diana-Beschussversuche (später erläutert) entfiel die Munitionsladeluke links an der Turmseitenwand. Bei älteren Panzern wurde die-

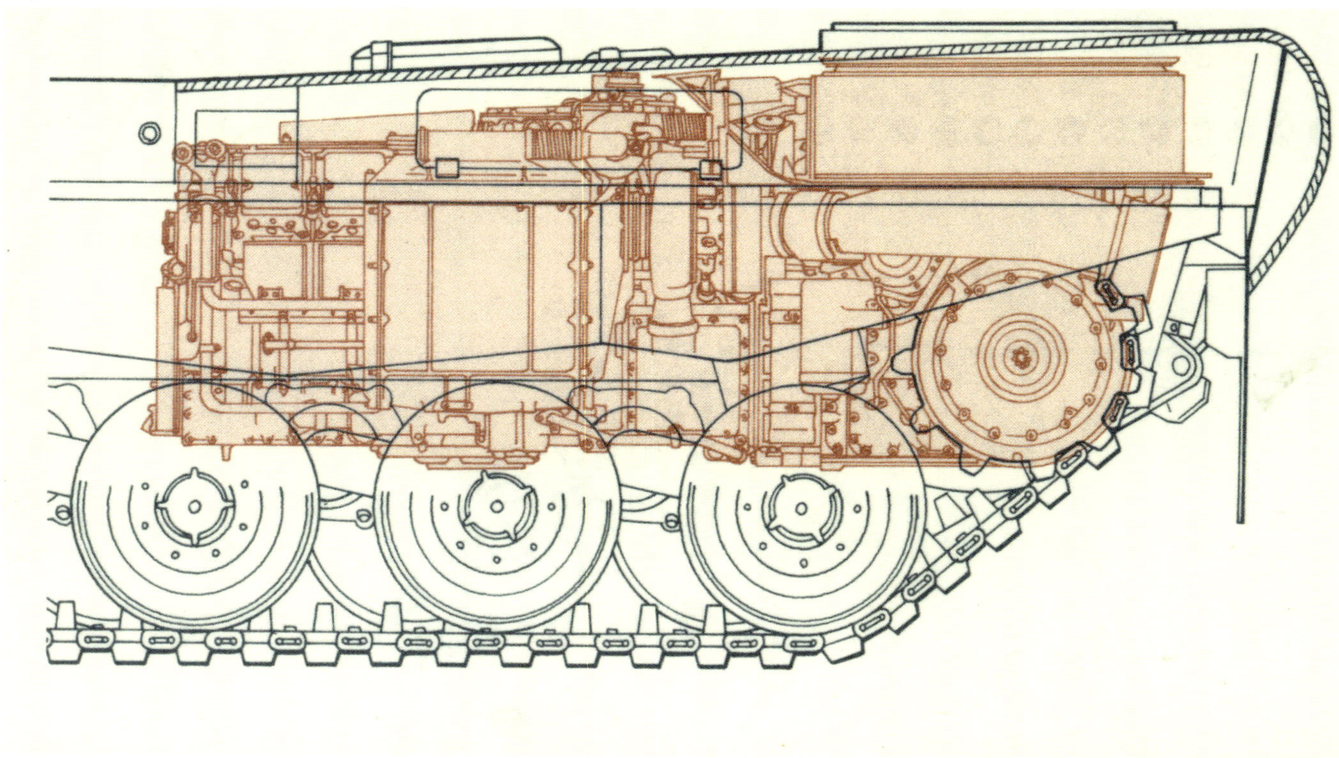

Oben und rechts: Diese Skizzen verdeutlichen eindrucksvoll die kompakte bauliche Auslegung der Triebwerk-/ Getriebebaugruppe.

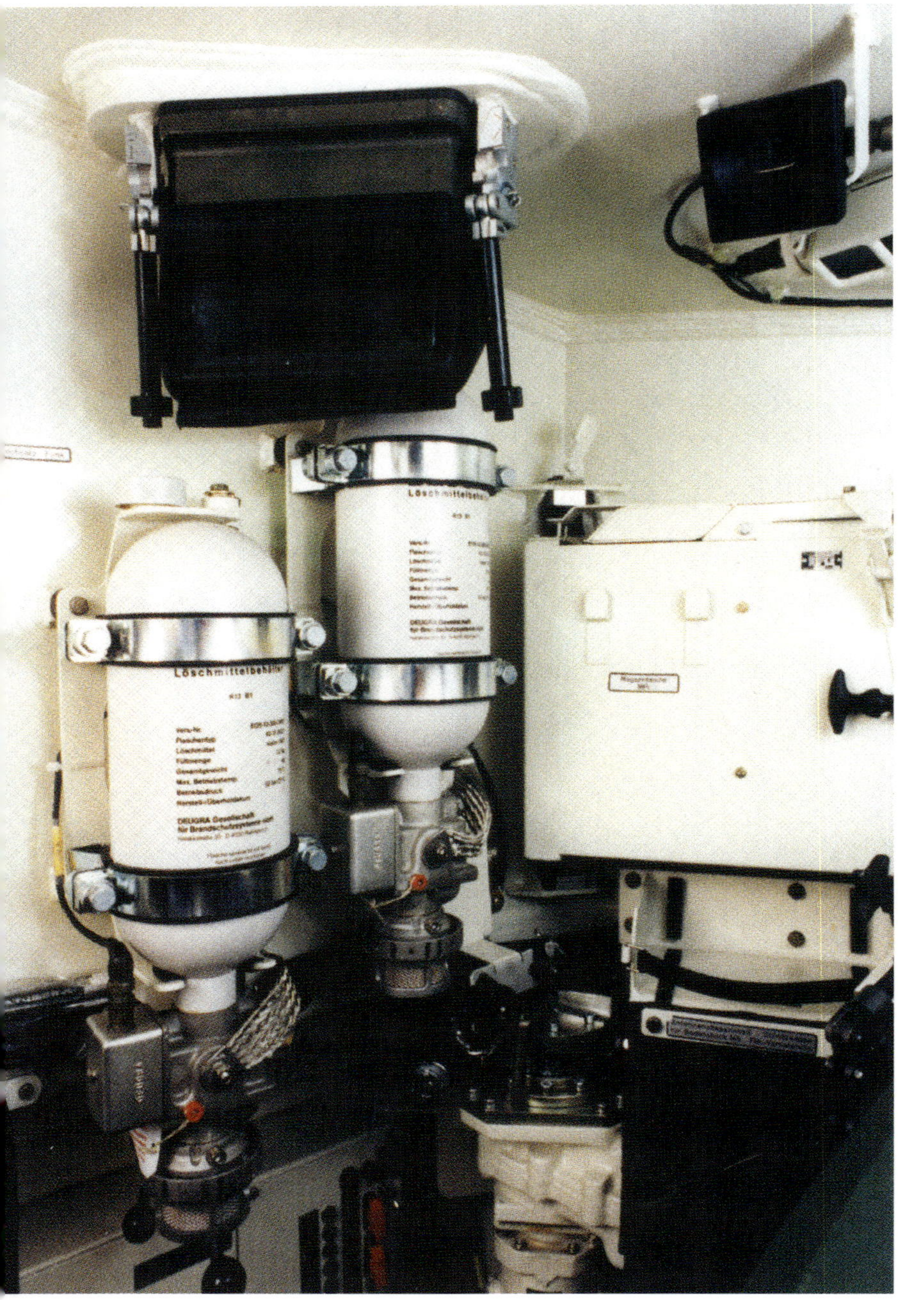

Oben: Durch die Munitionsladeluke war das Aufmunitionieren sehr kommod, stellte aber bei Beschuss eine nicht akzeptable Gefährdung für die Turmbesatzung dar.

Links: Blick auf die Löschmittelbehälter der BUA. Oben am Turmdach befindet sich rechts neben dem LS-Winkelspiegel einer der vier Infrarot-Detektoren. (Kidde-Deugra)

se zugeschweißt. Ab diesem Los wurden auch die Stützrollen zur besseren Kettenführung geringfügig versetzt. Ab diesem Rüststand lautete die Versionsbezeichnung nunmehr ***A4***. Bis 1992 wurden die bisherigen Los-Fahrzeuge nach und nach auf Stand A4 gebracht.

Anfang 1988 beginnend, folgten drei weitere Lose (**6. Los** mit 150, **7. Los** mit 100 und **8. Los** mit 75 Fahrzeugen). Diese Fahrzeuge (vom 6. Los nur 76) erhielten den verbesserten Panzerschutz der nächsten Entwicklungsgeneration („B-Schutz“) und auch (reparaturfreundlichere) schwere Kettenblenden. Des Weiteren wurden eine optische Warnanlage beim Kraftfahrer sowie eine verbesserte Abstützung des FERO eingerüstet und der MG-Kasten über der Kanone versetzt. Das 8. Los bekam weiter verbesserte Kettenschürzen und eine Feldjustier-Baugruppe (bei älteren Panzern nachgerüstet).

Für die ab 1994 beginnenden Kampfwertsteigerungen auf Stand ***A5,*** später ***A6*** wurden vorrangig zunächst die Panzer der Lose 6 (54 Fahrzeuge), 7 und 8 genutzt, nach Erhöhen der Stückzahl auch andere Los-Fahrzeuge. 108 Panzer von Los 1 (aus der Erstausstattung der Panzerbataillone 23 und 83) wurden 1995/96 an Spanien übergeben. Zuvor hatten diese Ver-

Fahrzeug des 6. Bauloses mit verbesserten Kettenschürzen mit Schutzkappen anstatt Führungsschienen. (KMW)

bände und auch die Panzerlehrbrigade 9 in Munster jüngere Fertigungslose erhalten.

Ab 1999 erfolgte die Umrüstung des Teils der in der Bundeswehr verbleibenden *A4* auf eine Stickstoff-Feuerlöschanlage (statt auf Halon-Basis). Diese Panzer wurden („eigentlich) mit der Versionsbezeichnung ***A4A1*** versehen, die aber in der Truppe nicht „benutzt“ wurde.

Der Vollständigkeit halber sei noch die Variante ***A4A2*** angesprochen, die Kommandeurspanzer-Ausführung mit Funkgerät SEM93.

Von den 1800 *Leopard 2A4* der Baulose 1 bis 5 wurden nach und nach insgesamt 1522 an andere Nutzerstatten sowie an die Industrie abgegeben. 65 wurden für die Kampfwertsteigerung auf *A6* verwendet.

Anpassen der taktischen Einsatzgrundsätze

Bereits mit Einführung der ersten Panzer in die Truppe musste man sich der Herausforderung stellen, die bisherigen, auf dem *M48* und dem *Leopard 1* beruhenden Einsatzgrundsätze zu überdenken. Es hatten sich große Unterschiede in wichtigen Bereichen ergeben, wie Beweglichkeit im Gelände und Erstschuss-Treffwahrscheinlichkeit. Der damalige an der Panzertruppenschule bestehende Spezialstab ATV (Ausbildung, Truppenversuche und Vorschriften) – Vorläufer der späteren Gruppe Weiterentwicklung – stürzte sich mit großem Elan in diese Aufgabe. Vor Neufassung der damaligen Vorschriften „Der Panzerzug“ bzw. „Die Panzerkompanie“ wurden erste Ausbildungshinweise vorab an die Truppe verteilt. Erst Ende 1992 kam die auch an den *Leopard* „angepasste Vorschrift „Der Kampfpanzer“ in die Truppe. Außerdem wurde an einem neuen, angepassten Konzept für die Panzerschießausbildung gearbeitet. Dazu muss man wissen, dass bislang von einer Munitionsmenge von 90 Patronen Kanonenmunition in der damals 15-monatigen Wehrdienstzeit ausgegangen wurde! Hauptgrund war, dass die Besatzung geschult werden musste, so rasch wie möglich (spätestens mit dem zweiten Schuss) zu treffen, demnach Techniken der so genannten Richtkorrektur zu lernen und Handlungssicherheit zu bekommen bei der Bekämpfung fahrender Ziele. Dies ist der Tatsache geschuldet, dass der Bekämpfungsvorgang deutlich länger dauerte und die Trefferlage sich nicht mit der eines primärstabilisierten Laser-E-Messers des *Leopard 2*, einer deutlich rasanterer Geschossflugbahn usw. vergleichen ließ.

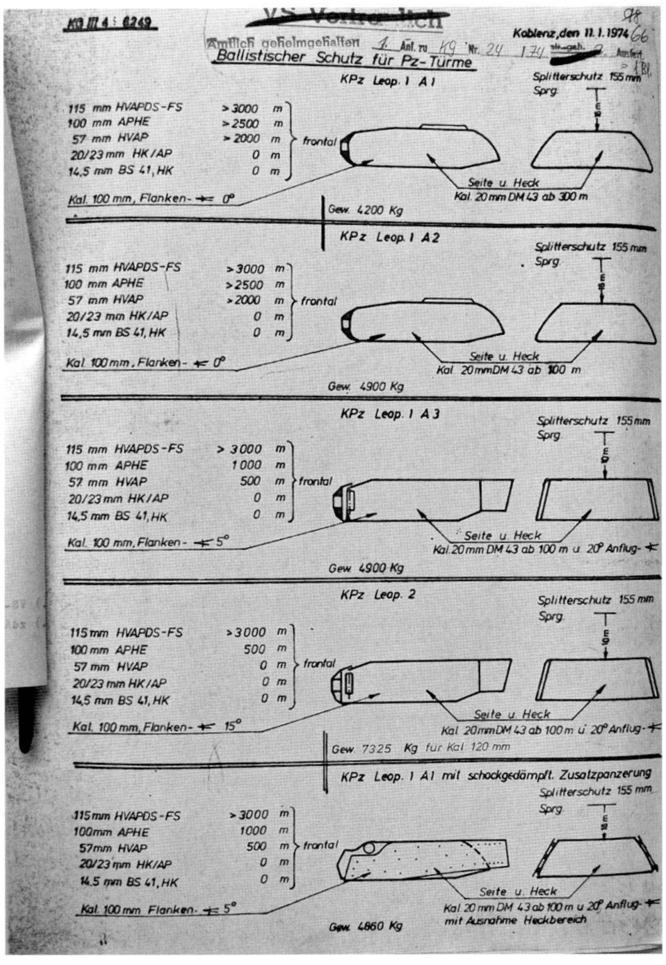
KG III 4 : 6249
VS-Vertraulich
Koblenz, den 11.1.1974
Amtlich geheimgehalten 1 Anl. zu KG Nr. 24 174 ... Ausfert.
Ballistischer Schutz für Pz-Türme

KPz Leop. 1 A1
115 mm HVAPDS-FS >3000 m
100 mm APHE >2500 m
57 mm HVAP >2000 m
20/23 mm HK/AP 0 m
14,5 mm BS 41, HK 0 m
frontal
Kal. 100 mm, Flanken- 0°
Splitterschutz 155 mm Sprg.
Seite u. Heck Kal. 20 mm DM 43 ab 300 m
Gew. 4200 Kg

KPz Leop. 1 A2
115 mm HVAPDS-FS >3000 m
100 mm APHE >2500 m
57 mm HVAP >2000 m
20/23 mm HK/AP 0 m
14,5 mm BS 41, HK 0 m
frontal
Kal. 100 mm, Flanken- 0°
Splitterschutz 155 mm Sprg.
Seite u. Heck Kal. 20 mm DM 43 ab 100 m
Gew. 4900 Kg

KPz Leop. 1 A3
115 mm HVAPDS-FS > 3000 m
100 mm APHE 1000 m
57 mm HVAP 500 m
20/23 mm HK/AP 0 m
14,5 mm BS 41, HK 0 m
frontal
Kal. 100 mm, Flanken- 5°
Splitterschutz 155 mm Sprg.
Seite u. Heck Kal. 20 mm DM 43 ab 100 m u. 20° Anflug-
Gew. 4900 Kg

KPz Leop. 2
115 mm HVAPDS-FS >3000 m
100 mm APHE 500 m
57 mm HVAP 0 m
20/23 mm HK/AP 0 m
14,5 mm BS 41, HK 0 m
frontal
Kal. 100 mm, Flanken- 15°
Splitterschutz 155 mm Sprg.
Seite u. Heck Kal. 20 mm DM 43 ab 100 m u. 20° Anflug-
Gew. 7325 Kg für Kal. 120 mm

KPz Leop. 1 A1 mit schockgedämpft. Zusatzpanzerung
115 mm HVAPDS-FS >3000 m
100 mm APHE 1000 m
57 mm HVAP 500 m
20/23 mm HK/AP 0 m
14.5 mm BS 41, HK 0 m
frontal
Kal. 100 mm Flanken- 5°
Splitterschutz 155 mm Sprg.
Seite u. Heck Kal. 20 mm DM 43 ab 100 m u 20° Anflug- mit Ausnahme Heckbereich
Gew. 4860 Kg

Dieser bereits Anfang 1974 vom Beschaffungsamt herausgegebene Ergebnisbericht bisheriger Untersuchungen zeigt deutlich, dass das Schutzniveau des LEOPARD 1 insbesondere auch gegenüber HE-Munition in keiner Weise ausreichend war. Mit der Variante A3 (Schottpanzerung) verbesserte sich dies zwar um mehr als 50%, aber tendenziell waren die LEOPARD 2-Werte (damals perspektivisch gesehen) nicht zu erreichen.

Ein erster Ansatz reduzierte die zu verschießende Munitionsmenge auf 48 Patronen. Die später verfügbaren Schießsimulatoren (ASPT) gab es noch nicht, mit denen die Turmbesatzung dann zunächst alle erforderlichen Handgriffe und Abläufe einüben und vor dem Scharfschießen sozusagen eine Grundbefähigung aufbauen konnte. Nach deren schrittweisen Einführung wurde die Schussmenge auf jährlich 24 reduziert. Wichtiger Hinweis: verschossen wurde in der Ausbildung fast ausschließlich erheblich preiswertere Übungsmunition ohne hohe Rohrbelastung. Für den rechnergestützten Ablauf der Zielbekämpfung war es gar nicht nötig, Gefechtsmunition zu verwenden.

Stieß die „Reformierung“ der Schießausbildung zügig auf positive Resonanz, verhielt es sich mit der Anpassung der taktischen Einsatzgrundsätze anders. Nach wie vor zögerten viele „ältere“ Ausbilder und taktische Führer, sich von überholten Abläufen zu verabschieden (Vorgehen im Gelände unter gegenseitiger Überwachung, stationäre Stellungswahl usw.). Hilfreich war die Einführung so genannter Duellsimulatoren (AGDUS), bestehend aus einem im Kanonenrohr befindlichen Laser-Emitter und Sensoren an den Turmseiten. Damit wurde rasch jedem klar, wie gefahrbringend Verharren in einer Stel-

Diese beiden Skizzen vom T-72B verdeutlichen neue innovative Verbesserungen des ballistischen Schutzes, jedoch nur in den Turm- und Wannenfrontbereichen.

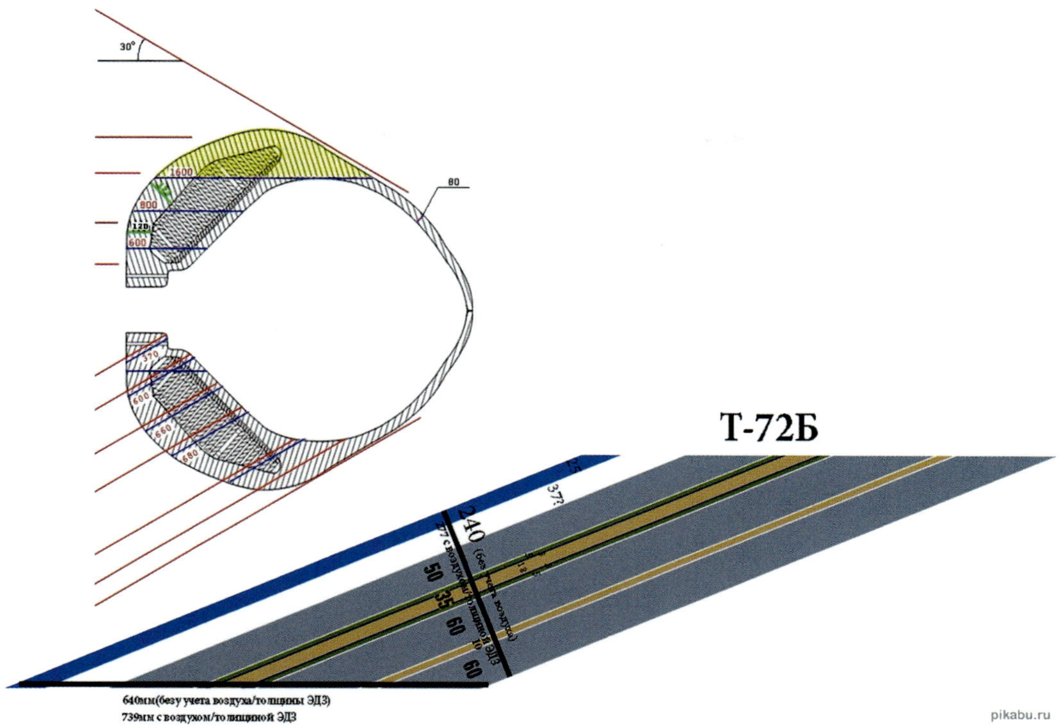

lung oder zu langsames, zögerliches Bewegen im Gelände ist. Exponieren und Bewegungen im freien Sichtfeld müssen auf kürzest mögliche Phasen begrenzt werden! Langsam setzten sich diese schon im 2. Weltkrieg gewonnen Erkenntnisse wieder auf neuem Niveau durch, auch begünstigt durch die Einsatzerfahrungen der israelischen Armee.

Es würde den Rahmen dieses Werkes „sprengen", die taktischen und operativen Fortentwicklungen seit den 70er-Jahren im Detail darzustellen. Diese sind ausführlich im 2023 aktualisierten Standardwerk „Panzertaktik" des Autors behandelt. Auf den Bereich „Bedienung" geht das nachfolgende Kapitel ein.

Immer anspruchsvollere Schießwettbewerbe beförderten diese neue Einsatzprofile zusätzlich. Eine völlige Kehrtwende ergab sich in den frühen 80er-Jahren angesichts der Bedrohung durch die neuen sowjetischen Kampfpanzer *T-64*, *T-72* und *T-80* mit deutlich leistungsfähigerer 122-mm-Bewaffnung. Aber es sollte sich auch erweisen, dass deren ballistischer Schutz signifikant höher war als noch bei den Vorgängern *T-54/55* und *T-62*. Diese Erkenntnisse ergaben sich nach und nach durch 1983 beginnende intensive technische Untersuchungen, als die Bundeswehr zwei im zweiten Libanonkrieg erbeutete *T-72* samt Munition erhielt. Ein Jahr später wurde auch ein *T-64* verfügbar. Die US-Streitkräfte (oder der US-Geheimdienst) hatte einen sowjetischen Panzerfahrer „anwerben" können. Dieser in der Zentralgruppe der sowjetischen Truppen in der CSSR stationierte Soldat fuhr während einer Übung bei Nacht und Nebel im Bayerischen Wald über die Grenze und wurde dort samt Panzer von amerikanischen „Kameraden" in Obhut genommen. Die auch vom Spezialstab ATV der Panzertruppenschule 1984 durchgeführten intensiven Versuche hinsichtlich Handhabung, Bedienung und Qualität der Waffenanlage sowie natürlich Fahrversuche mussten wir unter strengster Geheimhaltung durchführen. Hierzu wurde jeweils der gesamte Platz Munster-Nord komplett abgesperrt, jegliche anderweitige Übungstätigkeit untersagt, ebenso Geländefotos vom Panzer und dgl.

Wieder ein Jahr darauf „erhielten" wir einen *T-80U*, der von Weißrussland aus den Weg in den Westen gefunden haben soll. Dies für uns hoch interessanten Versuche ergaben eine Fülle von Erkenntnissen zur sachgerechten Einschätzung der Leistungsfähigkeit dieses Panzertyps, seiner Stärken und Schwächen (z. B. in Bezug auf die Optronik und Feuerleiteinrichtungen sowie weniger gut geschützte Fahrzeugbereiche, darunter der Lademechanismus).

Sehr viele neue Erkenntnisse erbrachten 1983 durchgeführte – selbstredend streng geheime – Beschussversuche eines aus der Serie entnommenen *Leopard 2* mit allen damals verfügbaren Panzer- und Artilleriegeschützen sowie Hohlladungswaffen. Sie liefen unter dem Decknamen „Diana". Aufgrund all dieser Ergebnisse kamen wir zur Erkenntnis, dass die 105 mm-BK des *Leopard 1* auf den gewohnten Kampfentfernungen nicht mehr die erwünschte Trefferwirkung erzielen konnte. Auf unserem Vorschlag hin versandte das Heeresamt einen streng ge-

Foto vom LEOPARD 1 VT mit 120-mm-Kanone mit Abdeckungen für den Auspuffbereich, um Aufklärung durch WBG zu erschweren. (KMW)

Bild vom auch A6 genannten Versuchstypen mit 120-mm-Waffenturm auf dem Fahrgestell des LEOPARD 1, nunmehr im Bestand der Lehrsammlung.

Draufsicht auf einen Versuchstypen mit Zwei-Mann-Turm.

Modellfoto des Flachturmkonzepts. (KMW)

heimen Ausbildungshinweis an die entsprechend ausgerüsteten Bataillone. Darin hieß es,, eine verlässliche Trefferwirkung bestünde nur noch auf deutlich geringere Entfernungen unterhalb der damaligen Hauptkampfentfernungen von 1000 bis 1500 m. Ebenfalls sei vom altbekannten Bekämpfungsmuster abzuweichen, zunächst die Feindziele gegenüber frontal unter Feuer zu nehmen. Vielmehr sollte aus größerem Seitenwinkeln heraus (sozusagen „über Kreuz") gewirkt werden, um aus dem sehr gut geschützten Frontalbereich des Sowjetpanzers (ca. plus minus 15°) „heraus" zu kommen. Die späteren Überlegungen, auch für die 105-mm-BK eine KE-Munitionsvariante zu entwickeln verliefen durchaus erfolgversprechend, wurden aber im Licht der Reduzierung der *Leopard 1*-Flotte nach 1990 vorzeitig beendet. Auch Versuche mit einem 120-mm-Waffenturm auf *Leopard 1* wurden bald abgebrochen.

Ergänzend sei erwähnt, dass bereits ab 1983 eine Reihe von Studienaufträgen an die Industrie vergeben wurden, in denen Möglichkeiten für weitere Kampfwertsteigerungen zu untersuchen waren, auch mit 2-Mann-Turm sowie Flachturmkonzepten mit automatischem Lader. Die Untersuchungsergebnisse ergaben wertvolle Hinweise für die späteren KWS-Einstufungen. Gleichwohl wurde schon im Oktober 1984 jeglicher Zeitdruck für die Entwicklung eines Nachfolgepanzers (auch *Leopard 3* benannt) herausgenommen und auf spätere Zeitpunkte „verschoben" (nicht vor 1999). Dennoch wurden die Arbeiten an einer TaF für einen *„PzKW 2000"* begonnen, die bis Ende 1988 dauerten. Man dachte eine 2-Mann-Besatzung (plus 2 Mann Wechselbesatzung) an und ließ das Waffeneinbaukonzept (Turm bzw. Scheitellafette) zunächst offen. Gefordert war weiterhin eine großkalibrige BK, z. B. vom Kaliber 140 mm. Der dann auf einem *Leopard 2*-Fahrgestell gebaute Versuchsträger (VT 2000) wies eine Reihe technisch zukunftsweisender Innovationen auf in den Bereichen Zielaufklärung und -bekämpfung, digitale BUS-Systeme, Integration FüWES und dgl.). Er zeigte bei den Erprobungen ab 1990 in Munster aber einige Grenzen auf, etwa was die (zu hohen) Anforderungen an die Besatzung betraf. Daher und dem Wandel der Bedrohungseinschätzungen nach dem Mauerfall geschuldet, wurde das Projekt im Januar 1992 beendet.

Dennoch blieb die Bundeswehr bei der Vorstellung, ab 2015 einen neuen Kampfpanzer einzuführen! Während der Verwendung im Führungsstab des Heeres (FüH) fiel mir die Aufga-

Bilder vom Flachturm-Versuchsturm. Die vergleichende Position später neben einem LEOPARD 2-Serientyp zeigt die geringere Bauhöhe.

be zu, bis 1996 ein Taktisches Konzept (TaK) für das Projekt „Neue Gepanzerte Plattformen“ (NGP) zu erstellen. Wie der Name andeutet, wurden mehrere Plattform-Varianten konzipiert (PF A zur Bekämpfung schwer gepanzerter Ziele, PF B für das übrige Zielspektrum - mit Absitzkomponente – und PF C mit Wirkanteilen zur Kampfunterstützung wie Flugzielbekämpfung, Pionieraufgaben, Bergetätigkeit usw.). Daraus wurde eine Art Ideenwettbewerb generiert. 1996 stellten die damaligen vier deutschen Panzerbauer ihre durchaus interessanten Konzeptideen dar. Zuvor wurden in einer Besprechung 1995 in Waldbröl (FüH und Nutzerseite) jegliche Überlegungen für eine Kampfwertsteigerung III (KWS III) beendet. Nicht verwunderlich, dass daraus nach 1998 das Projekt „NGP“ in „Nicht gebauter Panzer“ umbenannt wurde. Amüsanter Weise werden nun – 25 Jahre später – derartige Überlegungen wieder angestellt beim deutsch-französischen Projekt „MGCS“.

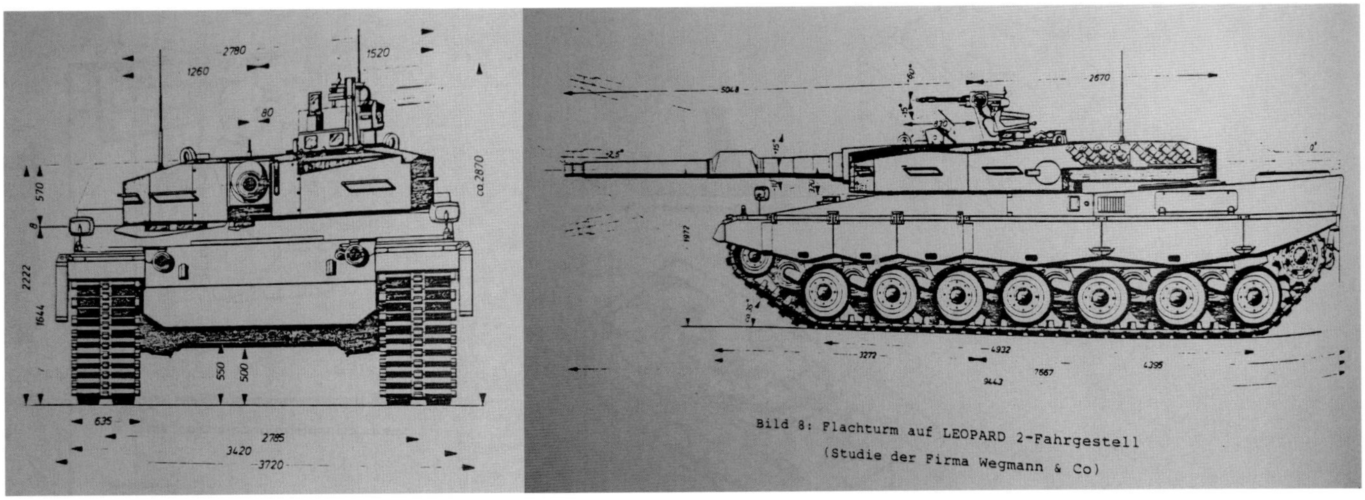

Damalige Skizzen des Flachturmkonzepts der Firma Wegmann.

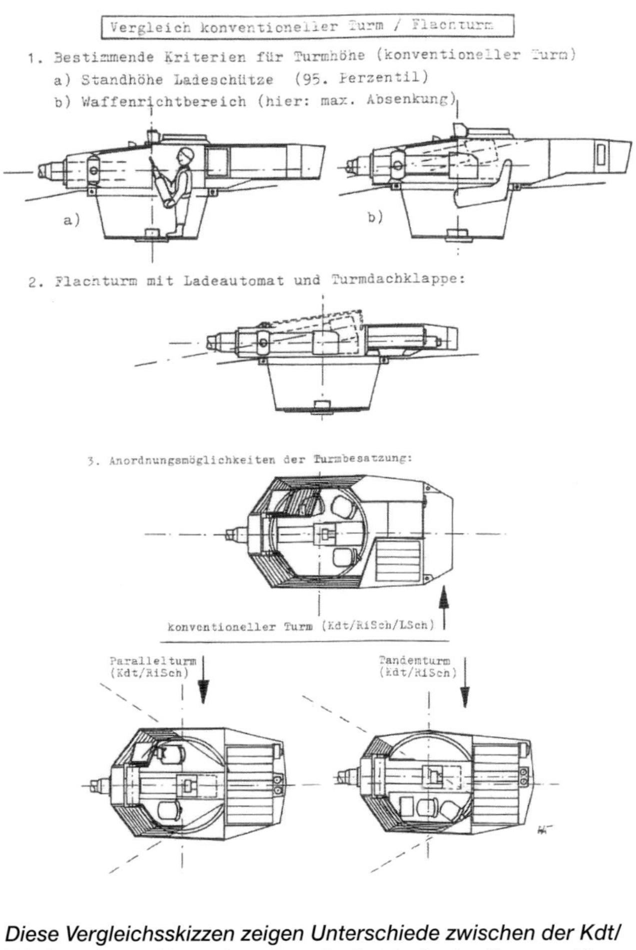

Diese Vergleichsskizzen zeigen Unterschiede zwischen der Kdt/RS-Anordnung hintereinander oder beidseits der Kanone. Ein schutztechnisch gravierender Mangel war die Turmdachschutzklappe, die erforderlich war, damit die Kanone auch nach unten gerichtet werden kann.

Spätestens nach den genannten aufschlussreichen Begutachtungen kamen die Verantwortlichen zur Erkenntnis, es sei unerlässlich, die nunmehr mit unbestimmter Dauer in Nutzung befindlichen *Leopard 2* in den wichtigen Bereichen Schutz und Wirkung deutlich zu verbessern! Umgehend entstanden Konzepte für die erforderlichen Kampfwertsteigerungen. Zusammen mit der Industrie wurde ein dreistufiges Konzept entwickelt. Die Stufe KWS I umfasste die Bereiche Feuerkraft und Führbarkeit, die KWS II zielte auf eine deutliche Steigerung der Überlebensfähigkeit. Die deutlich weiter in die Zukunft gerichtete KWS III betraf eine neue 140-mm-Bordkanone.
Modernisierungen der panzerbrechenden 120-mm-Geschosse waren von vornherein beim Hersteller Rheinmetall auf den Weg gebracht worden, eingedenk der wachsenden fertigungsseitigen Erfahrungen. So wurde die anfangs gefertigte DM13 schon 1983 übertroffen durch die Zwischenlösung DM23, bevor ab 1987 die Serienfertigung der DM33 LKE I (leistungsgesteigerte KE) startete, die mit einer V_0 von 1650 m/sec etwa doppelt so wirksam wie die DM13 war. Aufgrund der geschilderten Erkenntnisse wurde allen eingebundenen Verantwortlichen klar, dass der Verwirklichung eines massiv gesteigerten ballistischen Schutzes höhere Priorität einzuräumen war!
An dieser Stelle sei herausgehoben, dass sich die Zusammenarbeit bei den KWS-Planungen ungleich konstruktiver und ergebnisorientierter entwickelte, als damals auf dem Weg zur Serienreifmachung des *Leopard 2*. Seinerzeit war der Bedarfsträger innerhalb des im Ministerium verorteten Führungsstab des Heeres hierarchisch deutlich höher angesiedelt als heute. Innerhalb des Referates FüH VI 5 Kampf waren wir in der Lage, gegenüber dem Beschaffungsamt auf „Augenhöhe" die Interessen der unteren Ebenen in Köln und Munster sachgerecht zu vertreten und auch direkt mit der Industrie zu sprechen. Es

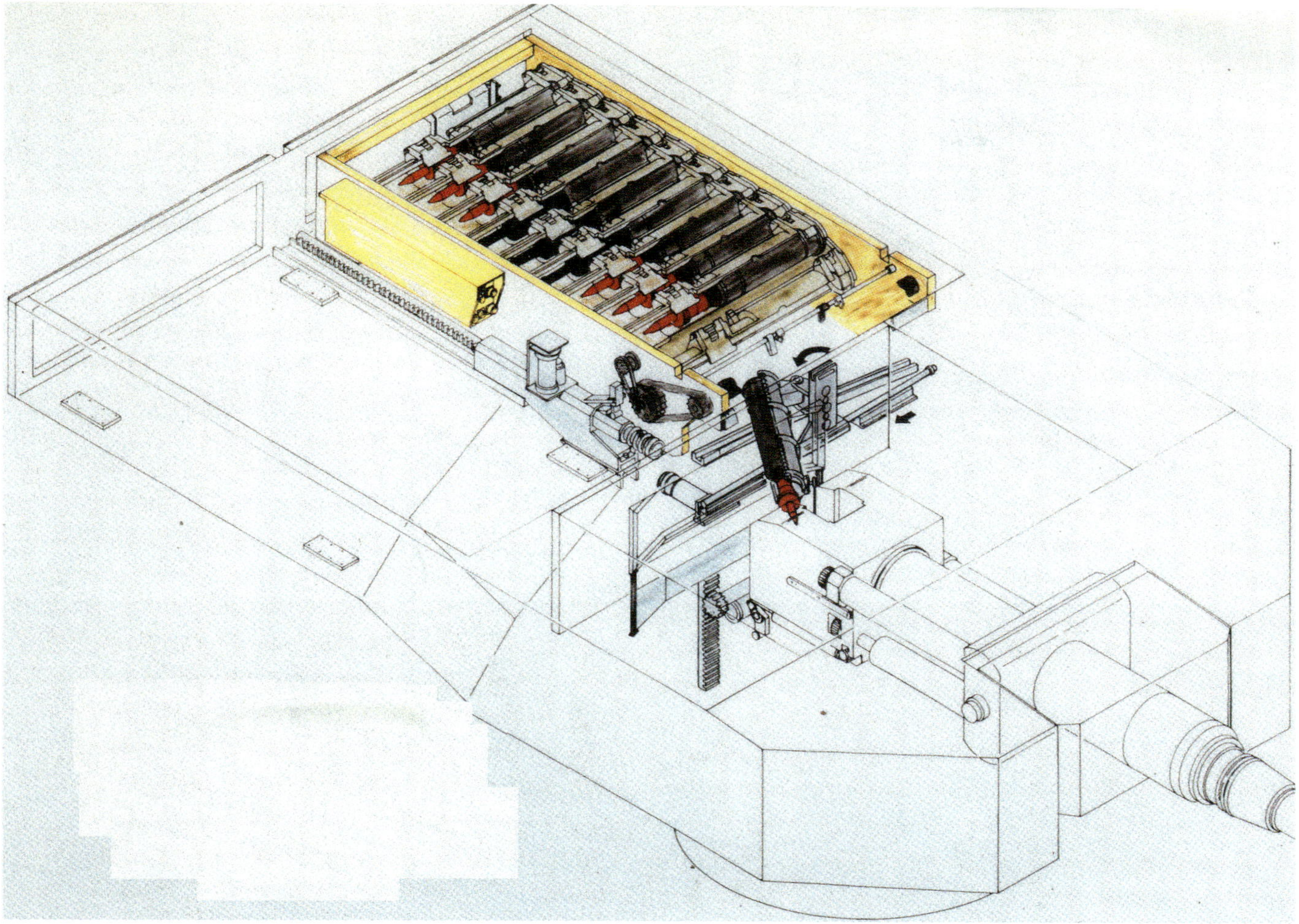

Skizze eines von der damaligen Firma Wegmann in Kassel und Rheinmetall konzipierten automatischen Laders mit 20 Patronen.

In den Turm 19 des PT19 wurde dann auch ein Lader zu Versuchszwecken eingebaut, hier auf einem LEOPARD 1-Fahrgestell. (Rhm)

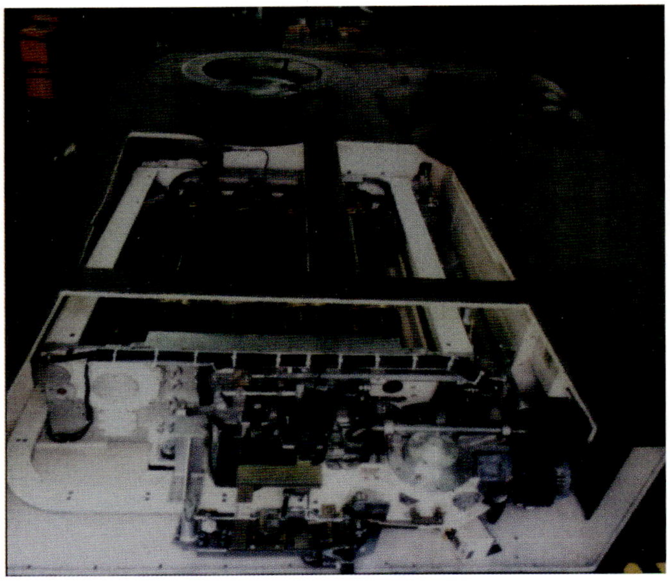

Oben: Später wurde dann der T19 auch für den Versuchseinbau einer 140-mm-BK genutzt. (Rhm)

Links: Foto vom T19 nach Einbau des Laders.

Unten: 2015 wurde dann in Garlstedt von Manfred Tegge ein 140-mm-Turm mit automatischem Lader im Heck (BK ausgebaut) fotografiert.

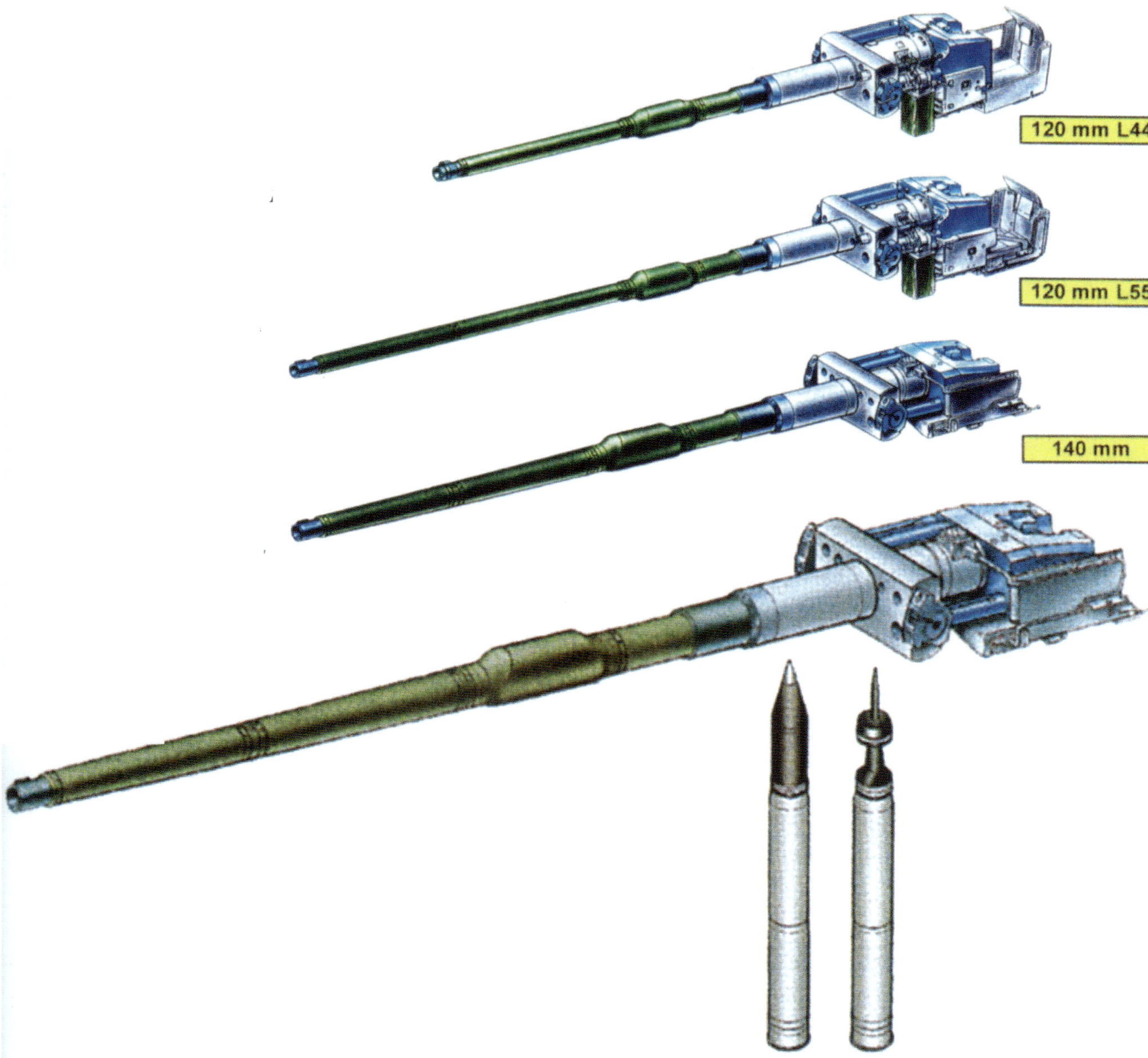

Diese Skizze verdeutlicht die zu lösenden Einbauprobleme einer deutlich größeren 140-mm-Kanone, im Vergleich mit der L44 und L55-Varianten (manuell oder Automatiklader) der 120-mm-BK. Wegen der deutlich größeren, nunmehr zweiteiligen Geschosse, sank der Munitionsvorrat auch deutlich herab. (Rhm)

machte großen Spaß, mit engagierten und kompetenten Akteuren Lösungen zu erörtern. Lediglich auf der Zuarbeiterebene im BWB irritierte ein redebeflissener Wichtigtuer (obwohl nur unerfahrener Reserveoffizier) auch in taktisch-operativer Hinsicht mit langatmigen Belehrungen. Nach einigen Kritiken wurde er durch seinen Vorgesetzten wegen mangelnder Teamfähigkeit ausgemustert.

Nach Erstellen der ersten Taktischen Forderungen zur KWS II 1990 (Billigung am 2. Mai gleichen Jahres), gab es im April 1992 erste Konfigurationsvorschläge, auch auf Grundlage der Erfahrungen mit einem 1989 zu einem Komponentenversuchsträger (KVT) umgebauten Serienfahrzeug des 5. Bauloses. Die neuen Schutzanforderungen mit erheblichen zusätzlichen Massen an Turm und Wanne und die aus dieser Anordnung sich ergebenden Unbalancen erzwangen leistungsstärkere Alternativen gegenüber der bisherigen serienmäßigen WNA im Hinblick auf eine leistungsgesteigerte Richtanlage und eine neue, nunmehr rein elektrischen WNA. Die leistungsgesteiger-

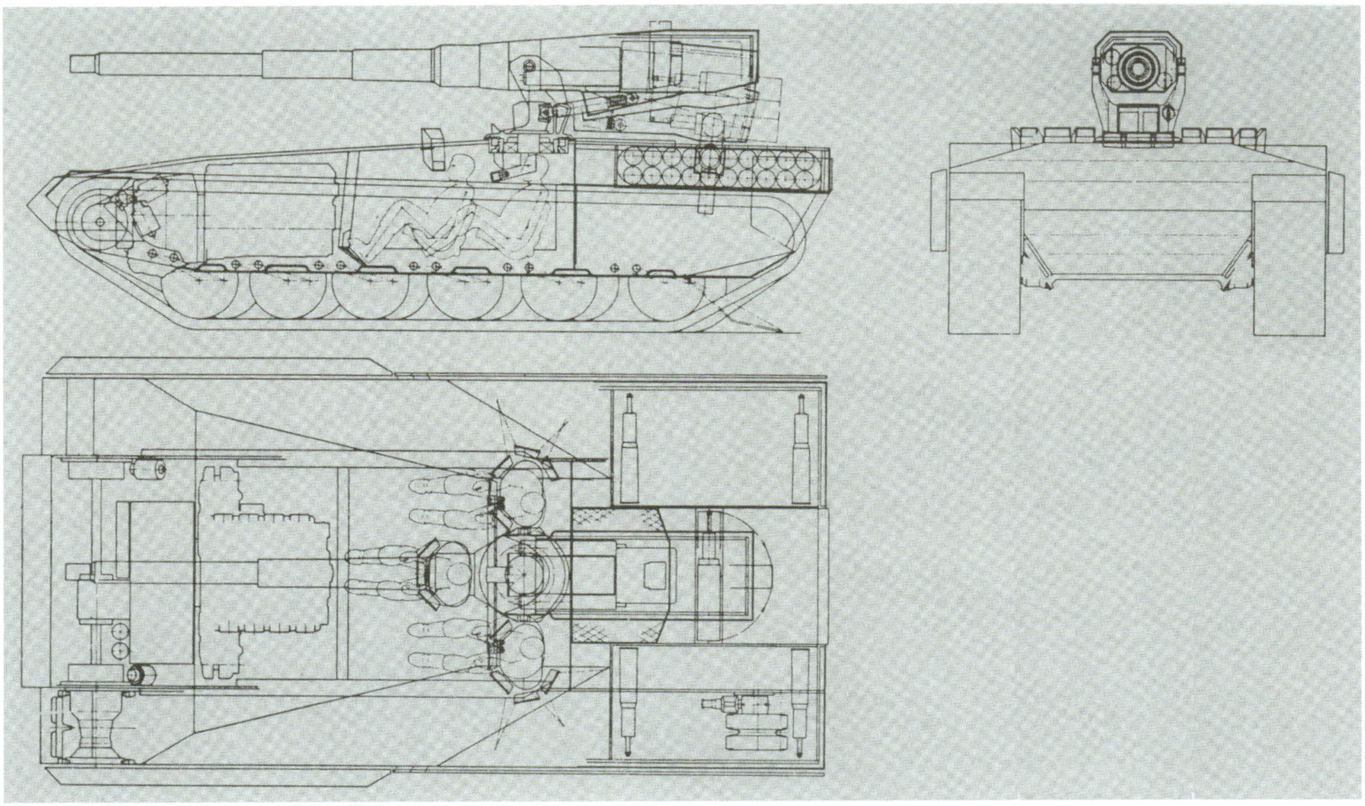

Skizze mit Darstellung einer Scheitellafettenlösung.

Foto vom VT2000 während der Erprobungen in Munster Mitte der 90er Jahre.

Diese Innenaufnahme erweckt eher den Eindruck eines Kommandofahrzeugs für Drohneneinsatz oder dergleichen.

Diese zeitgenössische Skizze stellt das NGP-Prinzip dar, mit einer SPz-Variante (links) und einer KPz-Option jeweils auf der gleichen Wannenplattform.

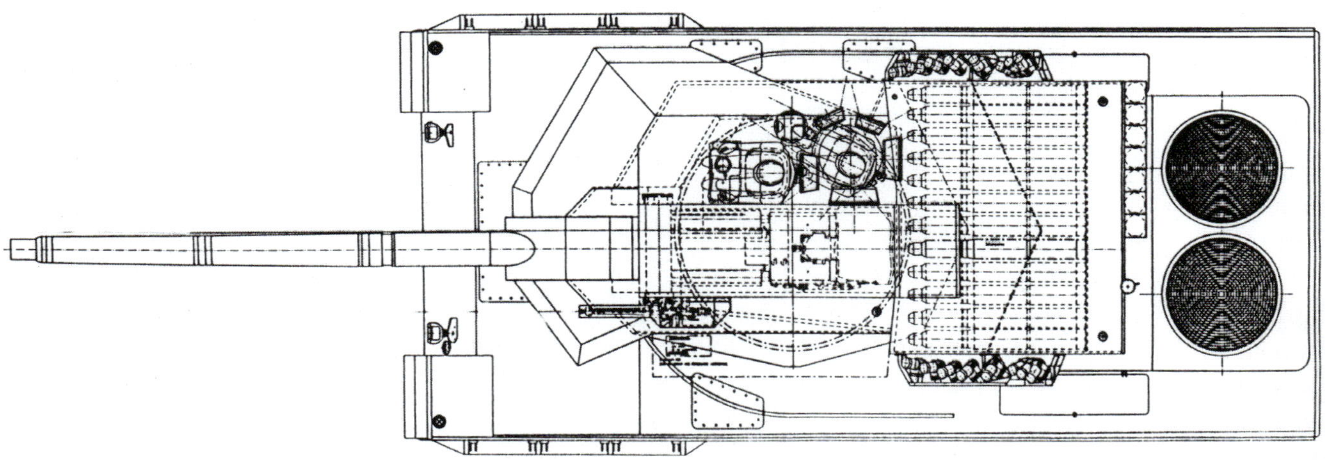

Modellskizze eines sogenannten „Tandempanzers" (Kdt und RS rechts im Turm) mit 140-mm-BK und Ladeautomatik.

te hydraulische Anlage wurde in einem Seitenversuchsträger (SVT), die elektrische WNA im Komponentenversuchsträger (KVT) 1991 bei der WTD 91 mit positivem Ergebnis erprobt. Diese führten dann zunächst zum Bau von zwei Truppenversuchsmustern (TVM min und max, später TVM1 genannt) auf Grundlage von Fahrzeugen des Bauloses 8 (nach wie vor mit Turmdachschutz), gefolgt von intensiven Erprobungen ab Ende 1991. Der TVM min(imal) hatte nur eine verbesserte hydraulische WNA, der TVM max(imal) eine elektrische (EWNA) Bei Letzterem wurde das PERI des Kdt mittels eines Sichtkanals mit dem EMES verbunden, während es beim TVM min nur eine TV-Lösung mit Lupenbild gab, auch nicht das Tippvisier. Der PT14 mod bildete gewissermaßen den Ausgangspunkt für den *Leopard* 2A5.

Diese nicht ganz ernst gemeinte Skizze stellt eindrucksvoll die drei KWS-Stufen dar!

Linksfrontfoto vom KVT. (KMW)

Wie einfallsreich die Entwickler sind, zeigt dieses Foto eines LEOPARD 2-Fahrgestells mit einem Holzattrappen-Turm und Zusatzanbauten an der Wanne aus Kunststoff. (KMW)

Foto des SVT mit asymmetrischer 120-mm-Waffenanlage, hier noch auf LEOPARD 1-Wanne, während der Erprobungen in Trier in den 80er Jahren. (WTD 91)

Beim TVM min von schräg oben ist zu sehen, dass kein Dachschutz auf dem Turm verbaut ist. (KMW)

Der TVM II sah der späteren Serienversion bereits sehr ähnlich. Auch war der Turmdachschutz entfallen, ebenso der zusätzliche Wannenbugschutz.

Der TVM max wurde im Zuge der späteren Untersuchungen auch mit dem längeren Waffenrohr L55 getestet. (KMW)

Entwicklung des Leopard 2A5

Auf einer Klausurtagung im Frühjahr 1992 an der Bundesakademie für Wehrverwaltung und Wehrtechnik (BAKWVT) in Mannheim – gemeinsam mit den damaligen Nutzerstaaten Niederlande und Schweiz – wurden am 30. März 1992 Details zur technischen Gestaltung der KWS II festgelegt (so genannte „Mannheimer Konfiguration"), unter Berücksichtigung der vorangegangenen KVT- und TVM-1-Erprobungen sowie zahlreicher technische Einzeluntersuchungen vor dem späteren Einbau.Es wurden folgende KWS-Maßnahmen festgelegt und auch in der Umrüstung des TVM 2 teilweise schon realisiert.

Blick in ein Vorsatzmodul von innen zeigt, dass noch kein Zusatzverbundschutz integriert ist, d.h. das Modul also hohl war.

Bereich Turm

Anteile Schutz:

Einbau von neuen Verbundstoff-Schutzpaketen der 3. Generation,
Anbau von Schutz-Vorsatzmodulen an Front und Flanken (dadurch Erfordernis des Höhersetzens des EMES)
Einrüstung eines Innenliners

Anteile Feuerleitung:

Umrüstung auf eine voll-elektrische Waffennachführanlage
Optionale Erstechoanwahl beim Laser-Entfernungsmesser

Im Zuge des Übergangs vom bisherigen LEOPARD 2A4 zu den A5/A6-Varianten ergaben sich eine Reihe von Erfordernissen zum Versetzen der Ziel- und Beobachtungssysteme (gelb Winkelspiegel für Kdt, LS und Kf, 5 Höhersetzen HZF, 6 Versatz- und Höhersetzen PERI, 7 Versatz TZF-Ausblick).

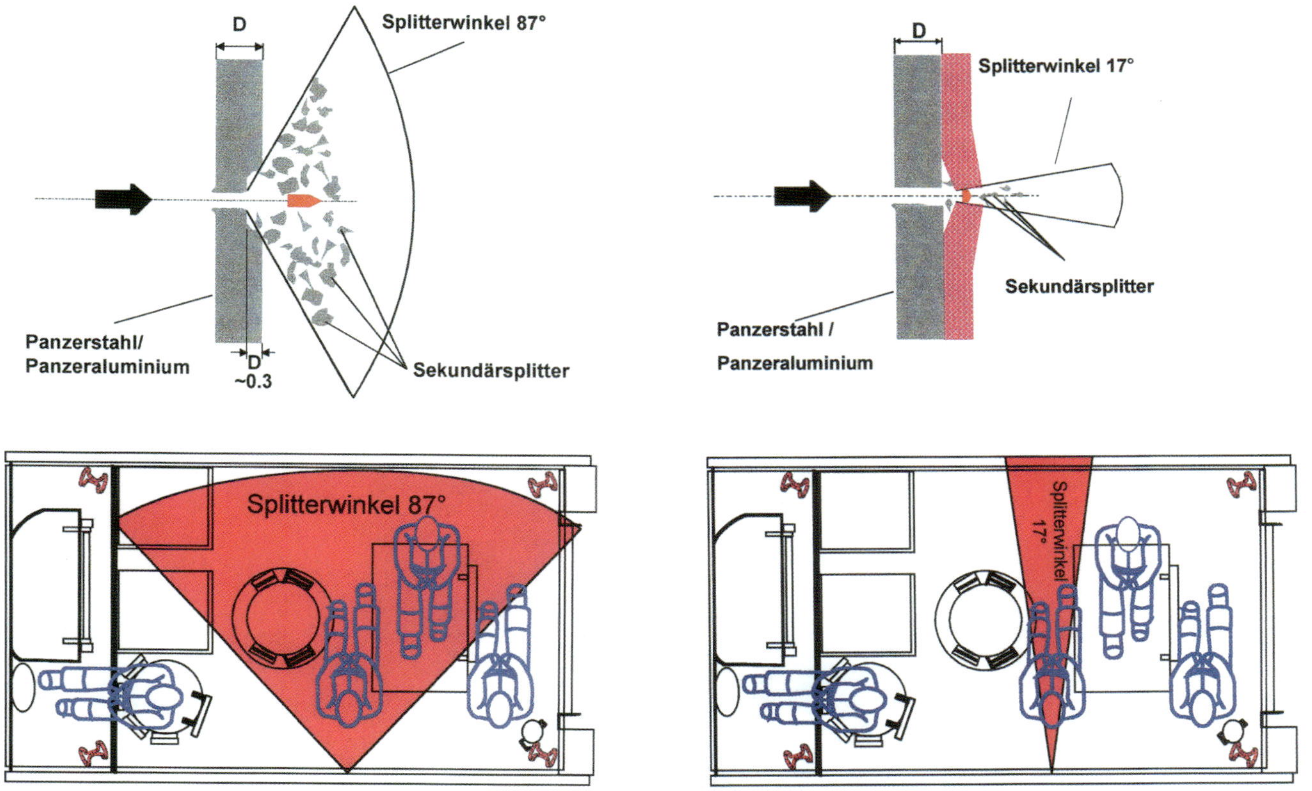

Diese beiden Prinzip-Darstellungen begründen eindrucksvoll die Notwendigkeit, einen Innenliner zur signifikanten Senkung des Splittergefährdung einzubauen. (IBD)

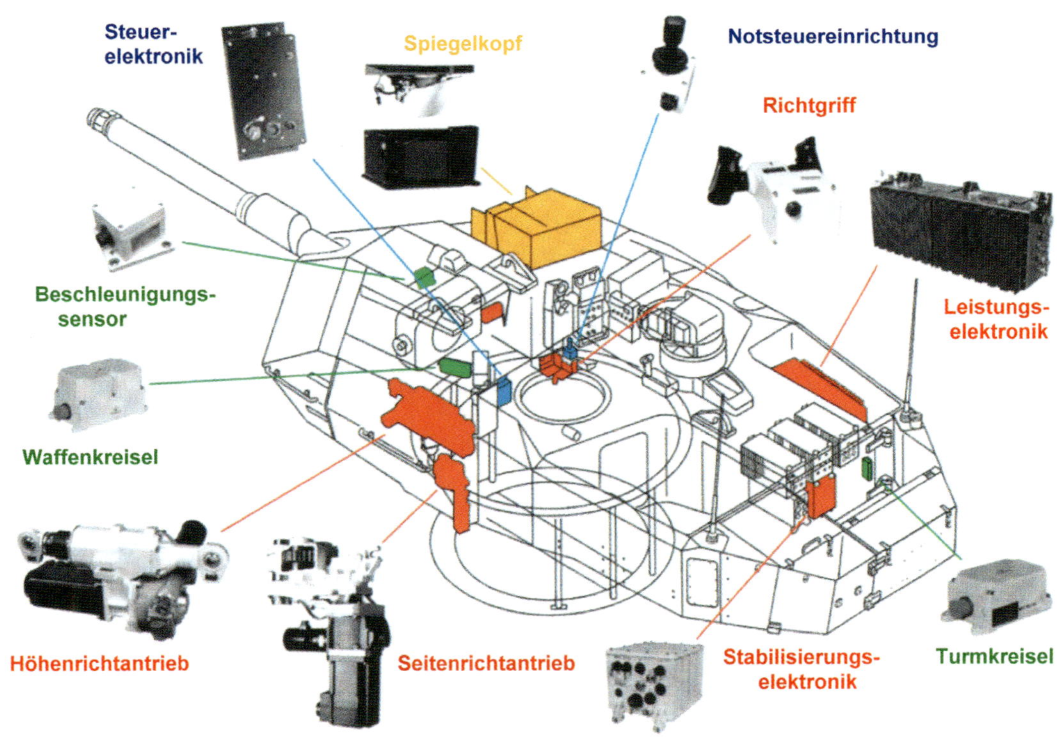

Baugruppen der EWNA, die bedeutende Vorteile bietet (höhere Stabilisierungsgüte, Entfall von Hydraulikleitungen, bessere Energiebilanz). (ESW)

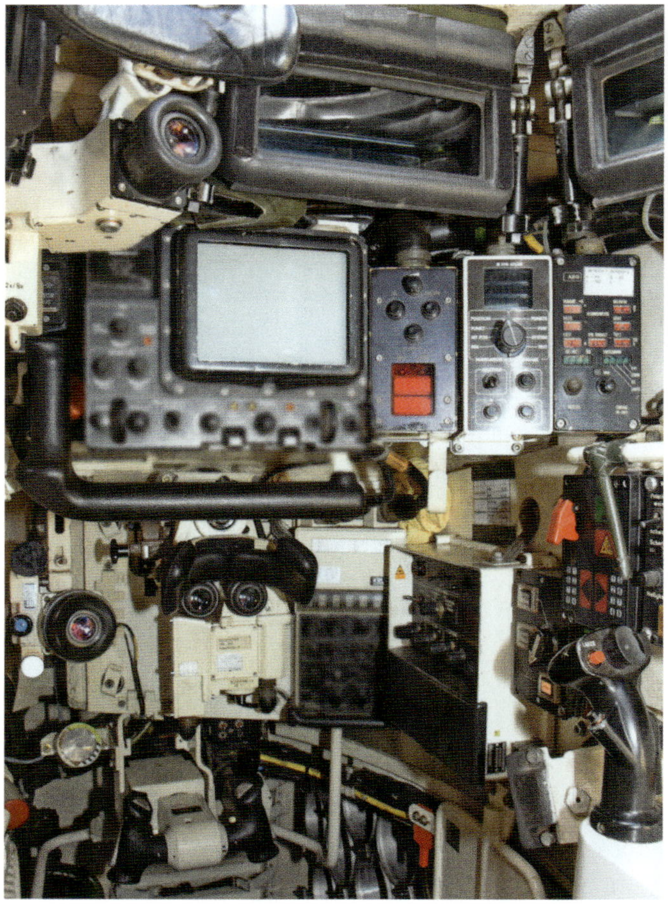

Platz des Kdt nunmehr mit einem Monitor unterhalb der Einblickbaugruppe. Daneben ist das BAG RPP, daneben das (neue) BAG der Navigationsanlage, daneben das Kdt Anzeigegerät. (RZ)

Elektrische Abfeuerung der Hauptwaffe
Entfernung „1000“-Anzeige am Richtschützenbediengerät bei Laser-EM-Ausfall

Anteile Führbarkeit:
Wärmebildgerät (WBG) mit TIM (*Thermal Imaging Module*) integriert im neuen PERI R17A2 des Kommandanten mit Bildschirm und Bediengerät
Videoumschaltung beim Kdt zur wahlweisen Betrachtung des EMES 15A2-Bildes des RS oder des eigenen WBG
Indexpositionen-Anzeige „6 Uhr“ und „12 Uhr“ beim PERI
Rückfahrkamera für den Fahrer
Ein großer Fortschritt war auch die Einrüstung einer GPS-basierten Navigationsanlage, die die Position und die Bewegungsrichtung des Panzers dem Kommandanten anzeigt. Sie ist gekoppelt mit der inertialen Anlage. So können bei Störungen oder Ausfall eines Systems die Daten aus dem anderen genutzt werden.

Die Rückfahrkamera (Monitor beim Fahrer) mit daneben stehendem Peilstab entlastet den Kdt, der nicht mehr bei Ausweichbewegungen den Fahrer einweisen muss bzw. auch die Rückwärts-Fahrtrichtung der Wanne trotz seitlicher Turmstellung abschätzen kann.

Bereich Fahrgestell
Einbau von neuen Verbundstoff-Schutzpaketen
Neue Kettenblenden
Laufrollennabendeckel aus Stahl
Verbesserte Fahrerschiebeluke und neuem Winkelspiegelkonzept
Verlängerung des Turmhecks mit zusätzlichen Staubehältern und Halterungen.

Aufgrund der durchzuführenden Maßnahmen ergaben sich weitere Erfordernisse, wie z.B. das Versetzen des PERI hinter die Kdt-Luke. Leider nicht zur Einrüstung kam es zunächst nicht zur Anbringung des zusätzlich geforderten Bug- und Turmdachschutzes. Auch wurde der Innenliner-Schutz noch nicht im Fahrgestell eingebaut.
Neu war die Feldjustieranlage (FJA), äußerlich erkennbar am an der Rohrmündung angebrachten Referenzspiegel. Bei Abgabe einer größeren Anzahl von Schüssen kann es zu vorübergehenden thermischen Einwirkungen kommen, die eine geringe Absenkung hervorrufen. Auch können mechanische Lasteinwirkungen (Rohr kollidiert mit Hindernis) so genannte Dejustierungen verursachen mit der Folge, dass die Trefferlage von den Sollwerten abweicht, es also zu Fehlschüssen kommt. Früher musste zunächst aufwändig ein Justierspiegel manuell aufgesetzt werden; nach der Korrektur waren Kontrollschüsse auf eine in 500 m Entfernung postierte Scheibe abzugeben. Dies ist weiterhin z. B. bei einem Rohrwechsel erforderlich. Die FJA ermöglicht es der Besatzung aber, ohne Verlassen des Panzers die Justierung rasch zu überprüfen und bei Abweichung zu korrigieren. Dazu schaltet der RS die FJA-Funktion ein. HZF und BK laufen dann in Indexpositionen ein. Der Referenzspiegel reflektiert einen Lichtstrahl, der im HZF mit Bezug zur Justiermarke ggf. eine Abweichung des Zielkreuzes von der korrekten Position anzeigt. So kann der RS am Bediengerät die Justierung korrigieren. Diese FJA wurde dann auch nachträglich bei den im Dienst verbliebenen *A4* nachgerüstet.

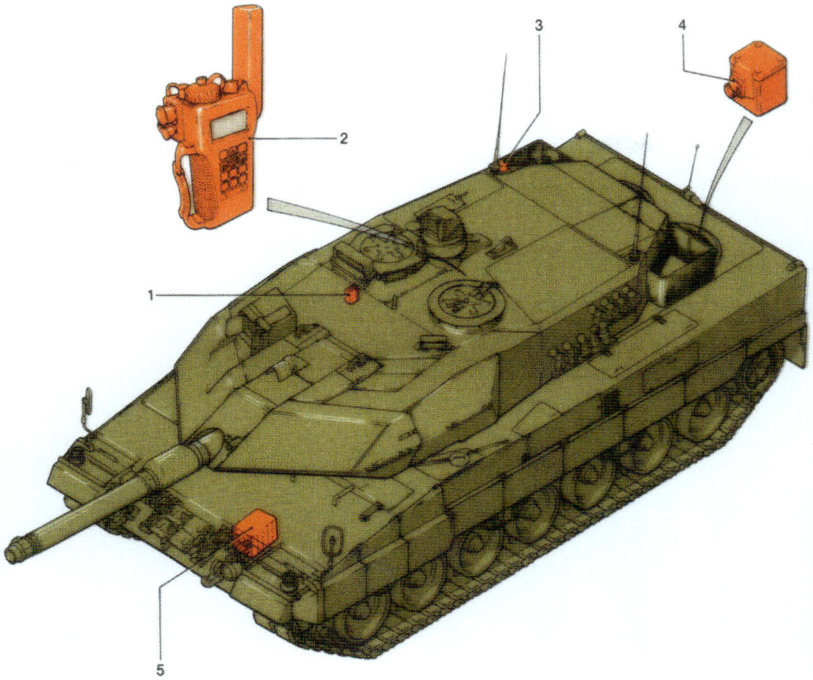

Das Schaubild zeigt die Systemanteile der Navigationsanlage (1 Kdt-BAG, 2 GPS-Empfänger, 3 GPS-Antenne – auch rechts im Foto auf der rechten Turmseite – 4 Tachogeber im Getriebe und 5 Navigationseinheit) (LITEF)

Blick auf das Heck des A5 – hier bei einem Fahrzeug des PzBtl 33 – mit den zusätzlichen Staukästen und zwei seitlichen Staukörben am Turmheck sowie Halterungen für Ersatzketten- und Mittenverbinder, Festlegekeile für den Eisenbahntransport sowie eine Halterung für die Feldkabeltrommel. (RZ)

Diese Draufsicht bekundet das Versäumnis des (bei der deutschen Version) noch fehlenden Dachschutzes. Neu ist die Fahrerschiebeluke.

Aufschlussreiche Fotos von einem „Dachschaden" eines A4 aus der Ukraine 2023. (WELT)

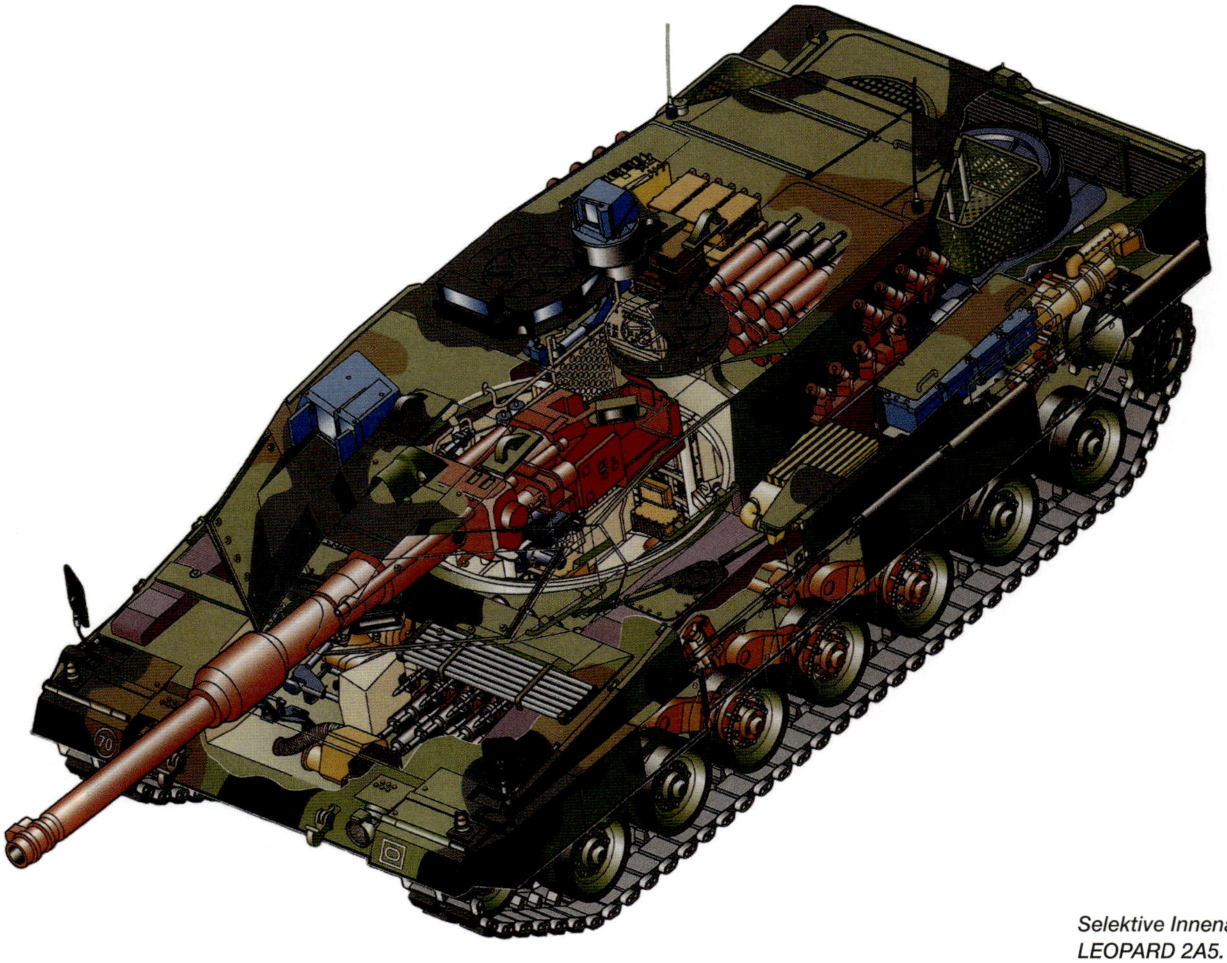

Selektive Innenansicht des LEOPARD 2A5. (KMW)

Blick auf den Referenzspiegel an der Rohrmündung. Die waagerechte Fläche auf der Mündungsmitte dient Instandsetzungspersonal für die Anbringung von Rohrvermessungsgeräten.

Ein-/Durchschusskontrolle von DM33 bei einem M47-Hartziel.

Am 7. November 1993 wurde die Einführungsgenehmigung erteilt, und am 20. Dezember des Jahres der Serienumrüstungsvertrag mit der Firma Krauss-Maffei als Hauptauftragnehmer geschlossen. Im Folgejahr folgten die Verträge mit den Niederlanden und Schweden.

Wie lassen sich die getroffenen Maßnahmen im Einzelnen bewerten?

Die genauen Schutzwerte für die der ersten und (momentanen) vierten Generation sind nach wie vor als geheim eingestuft. Jedoch sind Bewertungen sozusagen „durch einen Schwenk" durchaus möglich. Zum einen spricht die Fachliteratur von einer Faustformel zur Wirkung der KE-Projektile gegen RHA-Äquivalente: Länge des Penetrators entspricht in etwa der Durchschlagsleistung auf 2000 m Schussentfernung. Somit würde ein 50 cm langes Geschoss in etwa 500 mm Stahlpanzerschutz durchschlagen können. Bei den ungefähren Schutzangaben heißt es wiederum, dass die fortschrittlichen Sonderpanzerungen den momentan eingesetzten KE-Penetratoren standhalten. Bezogen auf HL-Wirkkörper soll die 3. Schutzgeneration auch diesen widerstehen können. In der fraglichen Zeit, also Mitte der 90er-Jahre, durchschlugen die damaligen HL-Geschosse und Flugkörper zum Teil deutlich mehr als ein 1-m-RHA-Äquivalent. Daraus lässt sich ein Schutz gegen Wuchtmunition in etwa bei einem Äquivalent von 1,5 oder auch höher ableiten, bei HL-Munition sogar im Bereich 3 bis 4. Selbstredend hat sich die Bedrohungslage in den Folgejahren weiter verändert, vor allem mit Blick auf große HL-Kaliber der von Hubschraubern verschossenen Flugkörpern. Wie auch immer zusammengestellt, findet man im Internet Schutztabellen wie diese:

Bauteil	Leopard 2A1-A3	Leopard 2A4	Leopard 2A5	Stridsvagn 122
Wannenfront KE-Geschosse	350–550 mm	600 mm	620 mm	620–780 mm
Wannenfront HEAT-Granaten	520 mm	620–710 mm	620–750 mm	750–920 mm
Turmfront KE-Geschosse	500–550 mm	590–690 mm	850–930 mm	920–940 mm
Turmfront HEAT-Granaten	810 mm	810–1290 mm	980–1730 mm	1290–1960 mm

Quelle: Austria-Forum

Der LEOPARD 2A5 mit der markanten Turmbug-Vorsatzpanzerung. Deutlich sichtbar ist auch das höher gesetzte Kdt-PERI. (KMW)

Aber auch schon die DM33 beeindruckte mit ihrer Durchschlagsleistung. Während unserer Schießplatzaufenthalte in Castlemartin/Wales Anfang der 90er-Jahre erhielten die fünf besten Richtschützen des Bataillons – quasi als Auszeichnung – die Möglichkeit, mit scharfer KE auf einen ausgemusterten britischen *Chieftain* zu schießen. Obwohl die Zielentfernung mit 1,5 Meilen (rund 2500 m) nicht gering war, war die Durchschlagsleistung beeindruckend: vorn am Bug rein, durch das Triebwerk hindurch, hinten wieder raus!

Die Sowjets setzten große Hoffnungen in die Ausstattung der Panzer an Turm und Wannenbug mit Explosiven Reaktivpanzerungs-Modulen ERA. Die Wirkung gegen HL-Gefechtsköpfe war teilweise durchaus gegeben, jedoch – in der ersten ERA-Generation – keineswegs gegenüber KE-Penetratoren. Da noch einsatzbezogen eher im Kontext mit dem Kalten Krieg (Verteidigung gegen überlegenen Angreifer) verortet, gab es noch keine weitergehenden Forderungen nach einem Unterbodenschutz der Wanne gegen Minen. Dies sollte sich im Licht der Kriegserfahrungen in Nahost bald ändern. Auch beim Dachschutz bestand Nachholbedarf wegen der wachsenden Bedrohung durch endphasengelenkte Artilleriemunition und anderen *Top-Attack*-Wirkkörpern.

Eine wesentliche Steigerung der Durchsetzungsfähigkeit bewirkten andere Aufrüstungen, insbesondere die Einrüstung des neuen Kdt-PERI R17A2 mit Wärmebildsicht. Der interne Ablauf bei der Zielaufklärung durch beide Akteure und insbesondere Präzision und Tempo der Zielzuweisung wurden deutlich beschleunigt. Dank der Index-Positionszeichen (6 und 12 Uhr) kam es beim Kommandanten auch nicht durch häufiges, turmunabhängiges Schwenken der PERI-Sicht und andauernde Zielzuweisung zur „Verwirrung“. Auch die Videoumschaltung war ideal. Schutzerhöhend wirkte sich ebenfalls der Weg-

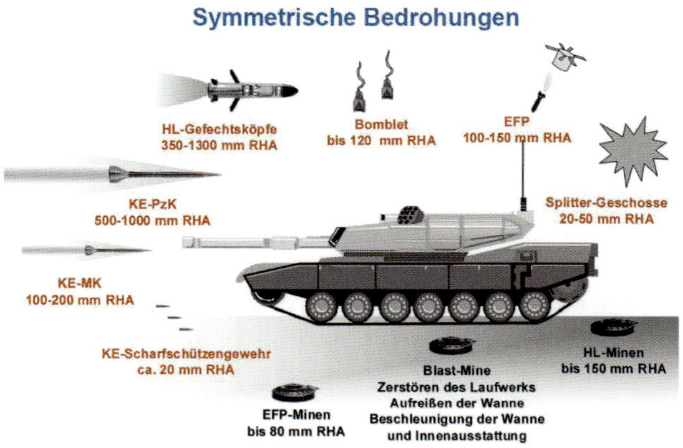

Dieses Schaubild verdeutlicht den rasanten Anstieg der Bedrohung von allen Seiten durch eine Vielzahl von Wirkkörpern.

Amüsantes Foto zum Aspekt „Beweglichkeit"!

Das PERI R17A2 mit WBG-Sichtkanal (wahlweise zu schalten). Das Videobild konnte auch vom Kdt auf einem Bildschirm zur Beobachtung genutzt werden, ebenso das WBG-Bild des RS. (Hensoldt)

Wertvolle Erkenntnisse für die Schutzerhöhung erbrachten die Experimentalwanne Gesamtschutz (EGS) und auch der von der Firma Pietzsch gebaute Versuchsträger Gesamtschutz (VTGS), heute im Panzermuseum Munster (rechtes Foto).

fall der Hydraulikvariante bei der Waffennachführanlage aus. Die elektronische Abfeuerung verkürzte den Abfeuerungsimpuls erneut (von 30 auf ca. 11 ms), was beim Schießen aus der Bewegung die Erstschuss-Treffaussicht erhöht.

Zusammenfassend lässt sich feststellen dass diese erste KWS den Einsatzwert des *Leopard 2* beträchtlich steigerte und perspektivisch den Ausganspunkt für eine Vielzahl weiterer Modernisierungen und Systemerneuerungen darstellte. Die zahlreichen Anpassungen des Serienstands und der Austausch überalterter Baugruppen entwickelten sich in den Folgejahren zu einem ständigen Prozess, maßgeblich befeuert durch Mängelberichte der Nutzer, Vorschlägen der Industrie sowie die Koordination durch die Arbeitsgruppen Logistik und Weiterentwicklung (*Combat Development*) der *LEOBEN*-Gemeinschaft. Nachträglich eingerüstet wurde zum Beispiel eine leistungsgesteigerte Rohrrücklaufeinrichtung, um später die geplante künftige L/55-Rohrvariante nutzen zu können. Auch eine hybride Navigationsanlage basierend auf Fiber-Optronik und GPS-gekoppelt wurde nachgerüstet sowie die Einbauvorbereitung für ein in der Planung befindliches Führungs- und Informationssystem (IFIS). Des Weiteren ein neuer EMES-Datenprozessor. Selbstredend erhöhte sich das Gesamtgewicht

Ein A5 der Feindkompanie des GÜZ in Aktion, mit nachgerüsteter neuer Mehrzweckwurfanlage.

des Leopard A5 auf 59,3 Tonnen, was aber keine maßgeblichen Auswirkungen auf die Beweglichkeit hatte. Die feierliche Übergabe des ersten Fahrzeugs für die Truppe erfolgte am 30. November 1995 an der Panzertruppenschule. Im Folgejahr erhielt die niederländische Armee die ersten *A5*.

Aus Haushaltsgründen wurde die zunächst geplante Zahl von 699 Umrüstungen dann aber deutlich auf nunmehr lediglich 225 verringert. Ein zweites Los von 125 Fahrzeugen war angedacht und wurde dann doch in Auftrag gegeben. Jedoch beeinflussten Mitte der 90er-Jahre (naive) Friedenserwartungen die Politik, gepaart mit ersten Überlegungen zum Herunterfahren der Gesamtstärke der Bundeswehr, was sich wiederum in Reduzierungen auch des Großgeräts niederschlug. Hinzu kamen Überlegungen für einen Nachfolger des *Leopard*. Diese fanden dann Eingang in taktische Forderungen (TF) für eine Neue Gepanzerte Plattform (NGP), gebilligt durch den Staatssekretär 1995 (im vorigen Abschnitt bereits dargestellt). Als Kommandeurspanzer-Variante gab es den *Leopard A5A1* mit VHF-Funkgerät SEM 93. Zum Glück verfolgte man die Planungen für die KWS I konsequent weiter, sicher auch mit Blick auf die amerikanische Konkurrenz (Einführung leistungsgesteigerter DU-Munition (*Depleted Uranium* = abgereichertes Uran).

Die *A5*-Variante war die erste *Leopard*-Ausführung, die in einen „scharfen“ Einsatz kam. Und zwar im Rahmen der NATO-Operation „Joint Guardian“ bei der Multinationalen Brigade Süd (MNBS): Am 12. Juni 1999 überquerten insgesamt 33 *Leopard 2* der 3./PzBtl 214 und der 4./PzBtl 33 im Zusammenwirken mit Schützenpanzern *Marder* die mazedonisch-jugoslawische Grenze und marschierten in Richtung Prizren. Zu Panzergefechten kam es nicht, lediglich Handwaffenbeschuss musste ausgeschaltet und ein paar Warnschüsse abgegeben werden.

Alles in allem war dem *Leopard 2A5* ein erfolgreicher Einstieg in weitere Leistungssteigerungen und Modernisierungen gelungen. Aus den nicht auf Rüststand *A6* gebrachten A5 der Bundeswehr wurde nach Aufstellung des Gefechtsübungszentrums (GÜZ) in der Letzlinger Heide eine lokal stationierte „Feindkompanie“ aufgestellt (erst mit *A4*, dann mit 17 *A5*), die als Gegner der jeweils übenden Truppe auftrat. Die übrigen 105 *Leopard 2A5* wurden 2014 an Polen übergeben.

Wie ging es nun weiter mit der nächsten Stufe der KWS?

Entwicklung des Leopard 2A6

Schon Mitte der 80er-Jahre begann die WTD 91 im Auftrag des BWB mit Untersuchungen an einem längeren 120-mm-Waffenrohr. Grundsätzlich erfordert die Leistungserhöhung der Waffenwirkung – dies gilt für jede Rohrwaffe – eine Reihe von Maßnahmen. Aus folgenden Gründen: Über die Verlängerung des Rohrweges möchte man eine Erhöhung der Geschossaustrittsgeschwindigkeit erreichen. Das Geschoss wird länger im Rohr beschleunigt und kann die (zusätzliche) Treibladungsenergie besser nutzen.

Ansonsten ergeben größere Treibladungslängen eine ungewünschte Verlagerung dieser Anteile in den Kaliberteil des Rohres hinein. Der Vollständigkeit halber sei erwähnt, dass es im Zuge der KWS I erneut Studien und konstruktionsseitige Vorschläge für ein teilautomatisches Ladesystem gab, ausgehend vom wachsenden Patronengewicht neuer Munitionssorten. Die eher langsamen Nachladegeschwindigkeiten (im Gegensatz zum manuellen Laden des Folgeschusses) konnten die Panzertruppe aber erneut nicht überzeugen.

Das Rohr einer Bordkanone kann nicht beliebig lang sein. Die Länge hängt von den Fahrbedingungen (Nickbewegungen des Panzers) und vor allem von der deutlich größeren Hebelarmkraft nach vorn ab. Letztere vergrößert das Unbalancemoment und damit die technischen Anforderungen an die WNA erheblich, mit entsprechenden Auswirkungen auf die Systemverträglichkeit (Richtpräzision, Stabilisierungsgüte und Waffennachführung).

Bild von einem an das PzLehrBtl 93 ausgelieferten LEOPARD 2A6 bei einer der jährlichen Lehrübungen. Zur Veranschaulichung für die Zuschauer war mit einem gelben Band die bisherige Rohrlänge L44 gekennzeichnet worden.

70
Y-810 938

Für das neue Waffenrohr wurde eine neue Wärmeschutzhülle sowie ein geänderter Justierspiegel angebracht (mit festerer Halterung wegen des deutlich stärkeren „Peitscheneffekts“ an der Mündung beim Abschuss).

Ohne die in diesen Versuchen gewonnenen Erkenntnisse wäre dem Hersteller keine zügige finale Rohrentwicklung möglich gewesen. Die unterbrochene Systemerprobung des *Leopard 2 SVT*, jetzt ausgestattet mit der leistungsgesteigerten WNA, konnte so weitergeführt werden. Sie mündete in spätere Werksversuche zur Prüfung der Systemverträglichkeit mit dem geplanten neuen Rohr. Erfordernis war u. a. eine erhebliche Umstrukturierung der WNA und eine Anpassung des Feuerleitrechners zur Verringerung möglicher Systemfehler bei der Schussabgabe. Ein einfacher Austausch des Rohres – wie zum Teil in der (trivialen) Fachliteratur ausgesagt – hätte ohne die oben beschriebenen Maßnahmen keine erfolgreiche Leistungssteigerung bewirkt. Es ging ja nicht nur um eine gesteigerte Wirkung im Ziel, sondern gleichermaßen um den Erhalt der Präzision!

Die Rohrentwicklung bildete das eine Standbein der KWS I. Daas andere betraf die Leistungssteigerung der KE-Munition, um die nochmals erhöhten Schutzniveaus auch bei den russischen Kampfpanzern durchschlagen zu können. Wie schon bei den vorangegangenen Sorten DM13 bis DM33 kam es zu weiteren Längensteigerungen der Penetratoren und zur Vergrößerung der Treibladungen hin zu den Varianten DM53 und mittlerweile DM63. Aufgrund der Leistungserhöhung ließen sich diese Munitionssorten wegen der deutlich größeren Rohrbelastungen aber nicht aus den älteren L44-Rohren verschießen. V_0-Werte von über 1750 m/sec, deutlich höhere Rohrinnendrucklasten sowie thermische Einflüsse lassen sich nur mit neuartigen Waffenrohren erreichen bzw. beherrschen. Hier stoßen andere Rohrfertiger an ihre Grenzen. Weder Unternehmen in den USA, Israel oder Südkoreas konnten bislang derartige Waffenrohre erfolgreich fertigen. Fertigungslizenzen halfen da nicht weiter.

Im Unterschied zur schwedischen Variante *Strv 122* wurde aber nach wie vor noch kein verbesserter Dachschutz eingerüstet.

Linke Seite: Diese Foto vom ersten A6-Erprobungsfahrzeug verdeutlicht die größere Rohrlänge mit Auswirkungen auf den Fahrbetrieb sowie den Kräften, die auf die Stabilisierung wirken.

Ein A6 des PzBtl 414 beim Verschuss eines KE-Übungsgeschosses, erkennbar an der Leuchtspur. Da die LKE-II-Geschosse deutlich rasanter fliegen, wurde keine Leuchtspur mehr eingerüstet, weil der RS – bedingt durch die kurze Feuerblende – diese sowieso nicht verfolgen könnte. (WB)

Die ab 1999 gefertigte neue Munitionssorte DM53 erhielt zunächst die amtsseitige Bezeichnung LKE II (leistungsgesteigerte KE). Die DM43 (LKE I) wurde nur von internationalen Nutzern erworben. Die Munitionsentwicklung stagnierte keinesfalls. Ab 2005 wurde die DM53A1 (recycelte DM53) und danach die DM63 mit einem deutlich höherem Penetratorgewicht von 8,45 kg vorgestellt (das der DM33 betrug 4,6 kg bei einer Länge von 640 mm). Der Penetrator misst bei der DM53 enorme 745 mm. Sowohl die DM63 als auch die DM53A1 unterscheiden sich von der DM53 durch ihren temperaturunabhängigen Antrieb (TIPS = *Temperature Independent Propulsion Systems)* der auf der SCDB-Technologie beruht (*Surface Coated Double Base Propellant*, in etwa Oberflächen-beschichtetes zweibasiges Treibmittel). Dieser Antrieb wurde erforderlich, weil die DM53 bei hohen Außentemperaturen unzulässig hohe Druckwerte erzeugte. Damit ergab sich auch die Möglichkeit, diese KE in den bisherigen L44-Rohren zu verwenden, freilich mit geringeren Leistungen.

Selbstredend soll hier nicht der Eindruck erweckt werden, dass der Kampfpanzer (KPz) im Wesentlichen nur extrem leistungsstarke KE-Munition benötigt. Die Zahl der potentiellen Feindziele ist hoch, ebenso das Maß der Bedrohung. Ein wesentlich weniger stark gepanzerter Schützenpanzer kann auch für den Kampfpanzer gefährlich werden, wenn er diesen z. B. mit Panzerabwehrlenkflugkörpern bedroht. Der Waffeneinsatz gegen solchen Feind mit der Hochleistungs-KE wäre sozusagen „Overkill“. Aus diesem Grund hat das Operieren des Kampfpanzers im engen Verbund mit anderen Systemen hohen Stellenwert, weil von großem Vorteil, allein wegen seines begrenzten Munitionsvorrats. Begleitende Schützenpanzer können mit ihren Maschinenkanonen eine Vielzahl von Erdzielen effektiv ausschalten und auch Flugziele bekämpfen. Allerdings sind die Kampfentfernungen von Maschinenkanonen wesentlich geringer als von großkalibrigen Bordkanonen. Daher verschießt der KPz selbstverständlich auch andere Munitionssorten. Beim *Leopard 1* waren dies Hohlladungsgeschosse und Sprenggeschosse (Quetschkopf). Für die 120-mm-Kanone des *Leopard 2* führte man als so genannte Zweitmunition zunächst die Mehrzweckmunition DM12 (MZ) ein, bestehend aus einer sozusagen mit Sprengstoff aufgefüllten HL-Granate. Die angepasste Granathülle erzielt bei der Detonation neben dem eigentlichen Hohlladungseffekt zusätzlich eine erhöhte Splitterwirkung Damit hoffte man quasi beide Wirkungseffekte bedienen zu können. Kritisch gesehen, konnte diese MZ beides nicht „richtig". Die US-Panzertruppe führte daher auch reine Explosivgeschosse mit großer Splitterwirkung im Nahbereich ein (*Cannister*, Kanisterladung/„Kartätsche"). Hinzu kam, dass der KPz zur Bekämpfung von Feindpanzern keine HL-Geschosse (mit relativ geringem Kaliber) mehr benötigte (Durchschlagsleistung gegen Massivstahl ca. 700 mm). Auch andere Nutzerländer führten „richtige" Sprengmunition anderer Munitionshersteller ein. Die erforderliche Anpassung der ballistischen Daten im Feuerleitrechner erforderte keinen hohen Aufwand.

Der Sprengstoffanteil der MZ-Munition DM12 (später auch DM12A1) betrug 1,62 kg. Das Geschoss erreichte eine Mündungsgeschwindigkeit von 1140 m/sec und damit eine deutlich gekrümmtere Flugbahn. Die wirksame Kampfentfernung erstreckte sich normaler Weise bis 2000 m, bei Bedarf auch weiter, dann nahm die Trefferwahrscheinlichkeit aufgrund der Seitenwindempfindlichkeit jedoch stark ab. Die jeweilige Anzahl der Kampfbeladung (KE oder MZ) hing von der zu erwartenden Gefechtssituation ab. Die z. B. später in Afghanistan eingesetzten dänischen oder kanadischen *Leopard 2* benötigten selbstredend in erster Linie Sprengmunition.

Für jede Munitionssorte gibt es eine so genannte (inerte) Übungsmunition zur Verwendung in der „normalen" Schießausbildung, in erster Linie aus Kostengründen. Die Kosten fallen bei der KE-Munition im krassen Maß geringer aus. Dafür erfordert sie aber signifikant größere Sicherheitsbereiche (bei den späteren Geschossen über 70 km!). Ein weiterer, wesentlicher Pluspunkt der Übungsmunition ist ihre wesentlich geringere Rohrabnutzung. So war es mehr als folgerichtig, dass ab Ende der 80er-Jahre sowohl Industrie als auch Panzertruppe entsprechende Überlegungen anstellten. Einen Schub gab die im Zuge der Auswertung der in den 80er-Jahren für den neuen Schützenpanzer (*Marder 2*) entwickelte, sehr leistungsfähige 35-mm-Maschinenkanone Rh 503. Diese verschoss nicht nur reine Sprengmunition mit Aufschlagzünder bzw. Hartkernmunition. Für sie gab es Sprengmunition mit wählbarer Einstellung „Verzögerung" sowie – und das stellte sich als sehr zukunftsweisend heraus – mit „Luftsprengpunkt", also Detonation über dem Ziel. Die zahlreichen, sehr beeindruckenden Schießerprobungen ebneten dann – nicht überraschend – den Weg für die konkreten Forderungen nach einer deutlich leistungsfähigeren Zweitmunition 120 mm. 2002 fiel mir als damaliger Dezernatsleiter Panzertruppe der Gruppe Weiterentwicklung in Munster die Aufgabe zu, entsprechende Forderungen zu Papier zu bringen und mit Industrie und Heeresamt abzugleichen. Da Wirkprinzip und Funktionsweise nicht „neu" definiert werden mussten und bei Rheinmetall ohnehin bereits Planungen im Gange waren (die US-Armee hatte bereits Interesse gezeigt), gab es von Seiten der Truppengattung klare Vorstellungen.

Die neue DM11 sollte nicht nur die gängigen (weichen) Ziele sowie Fahrzeuge und leicht gepanzerte Fahrzeuge, sondern auch effektiver offene und gedeckte Panzerabwehrstellungen und Feldbefestigungen bekämpfen können. Außerdem sollte sie in der Lage sein, nach Durchschlagen von Schutzwänden

Die neue MWA mit der Anordnung sechs Wurfbecher oben und nur zwei darunter. Nach wie vor können sie einzeln und auch als Fächer ausgestoßen werden. Unter dem Schutzblech parallel zur Dachkante ist das UltraCap eingerüstet.

Abgehobener Turm eins A6 zeigt die Seitenhalterungen für die zusätzlichen Schutzmodule an Turmvorder(seiten). Die Einbuchtung hinten rechts erhöht den Freiraum für den Fahrer, wenn er bei Turmstellung 6 Uhr mit geöffneter Luke fährt. (KMW)

Im Bild der IFIS-Monitor in der ersten Bauform vor dem Kdt-Platz rechts mit angezeigter Lagekarte.

und Deckungen die Ziele dahinter auszuschalten sowie bei Bedarf Breschen in bebautem Gelände schlagen für das Vorgehen abgesessene Kräfte.
Dennoch kam es zu – teilweise fragwürdigen – Diskussionen. So wurde schlicht bezweifelt, ob es sinnvoll sei, derart „komplexe“ (und auch nicht gerade billige) Munition zu beschaffen. In den 90er-Jahren hatte sich ja die Friedensgläubigkeit nach Zerfall des Ostbedrohung zügig ausgebreitet. Auch taktische Forderungen – z. B. nach deutlich größerer Reichweite von bis zu 5 km (statt 3 km bei der MZ) – stellte man in Frage, da man dann ja in Entfernungsbereichen der Artillerie „lande“. Da diese Reichweitenfrage quasi zweitrangig war (die feuerleitrechnerischen Fähigkeiten erforderten keine willkürlichen Begrenzungen), entschärfte ich die Forderungen im Forderungsdokument und formulierte „optional bis zu“ 5 km Schussweite. Auch konnte Skeptikern klar gemacht werden, dass man aufgrund der hohen Sprengwirkung und der desaströsen Wirkung des Luftsprengpunktes deutlich weniger Patronen wie bisher zum Erreichen der gleichen Wirkung benötigte. Weiterhin zeigte eine Schießdemonstration am 11. und 12 Mai 2011 in Unterlüß relevanten Amtsträgern und Vertretern anderer Nationen eindrucksvoll die revolutionäre Leistungsfähigkeit dieser neuen Munitionsart auf. Eventuelle Streitereien waren vom Tisch, Industrie und Truppengattung hatten Grund zum Schmunzeln. Ausschlaggebend waren sehr bald die (gleichen) amerikanischen Forderungen. Die Amerikaner rüsteten in Afghanistan mehrere Kpz *M1A1 Abrams* technisch auf, und das USMC (*United States Marine Corps*) bestellte zunächst 500 DM11. Die amerikanischen Bewertungen nach den ersten Einsätzen dieser Munition fielen regelrecht euphorisch aus, und bei Rheinmetall ging eine große Folgebestellung ein. Hätte die Bundeswehr auch *Leopard 2* mit der neuen MZ ausgestattet, hätten Schützenpanzer *Marder* nicht Hunderte teurer Panzerabwehrlenkraketen MILAN gegen robuste Lehmhütten zu ver(sch)wenden brauchen! Die Auslösung des für die Fertigung eines erforderlichen Pilotloses einer Munition bewirkten so die Amerikaner, was dem Bund erhebliche Kosten sparte. Dies ergab auch bei der Bundeswehr den Durchbruch zugunsten der Beschaffung der DM11 ab 2012. Zu diesem Zeitpunkt war allerdings, außer dem Erprobungsfahrzeug „HE-VT“ noch kein

Hier der Kommandeurspanzer des PzLBtl 93 im Jahr 2017. (RZ)

Im Bild das BGK 80 und der Umschaltkasten für das SEM93. (RZ)

einziger *Leopard 2* für den umfänglichen Verschuss, also in allen drei Zündarten, vorbereitet. (Das Folgekapitel geht noch detailliert auf Bewaffnung und Munition ein).

Ab März 2001 wurden zunächst insgesamt 225 Fahrzeuge auf Stand *A6* gebracht. Ab 2005 erfolgte die Umrüstung auf die neue Mehrfachwurfanlage (MWA). Zur Erprobung eines künftigen Führungs- und Informationssystems (FüInfoSys) für die Einrüstung in das Einzelfahrzeug IFIS (Integriertes Führungs- und Informationssystem) wurden zunächst mehrere *A5* für erste Erprobungen ausgestattet und später zum Teil auch in *A6* eingebaut.

Auch beim *A6* (ähnlich wie beim *A5)* gibt es eine Führungsvariante mit der Bezeichnung *Leopard 2A6A1*. Sie verfügt neben einem Funkgerät SEM 90 über ein SEM 93, das in einer stör- und täuschungssicheren Betriebsart ECCM (*Electronic Counter-Measure Mode*) betrieben werden kann. Die Umschaltung erfolgt am BGK 80 (Bediengerät Kommandant) rechts neben dem Kdt-Sitzplatz.

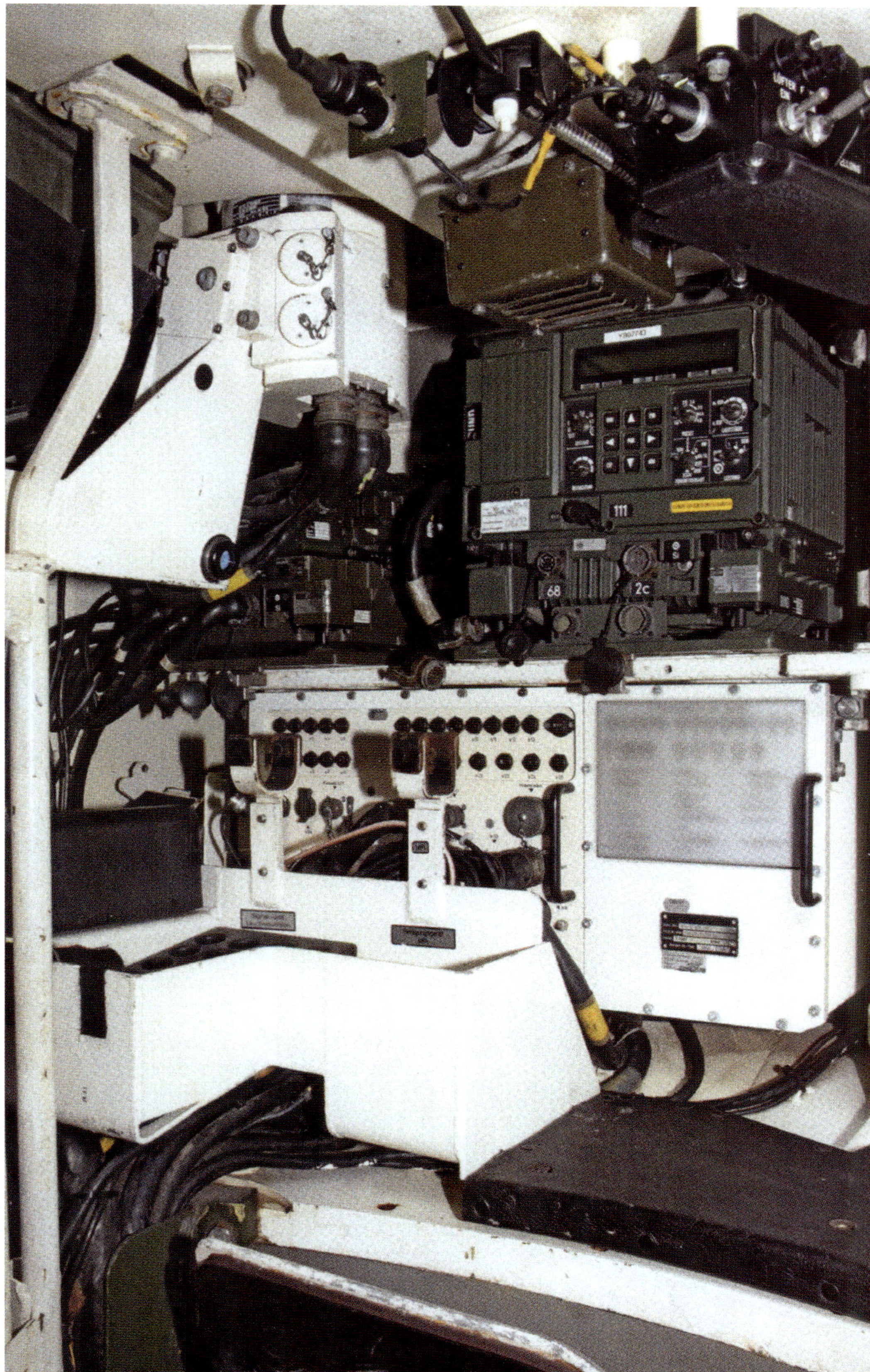

Die Funkgeräte SEM 89/90 und rechts im Bild das SEM 93 hinter dem Kdt-Platz. (RZ)

Waffe und Munition 120 mm

*von Autorenteam Rheinmetall Defence AG**

Leopard 2 A7V im scharfen Schuss.

Die Feuerleitanlage und die 120-mm-Glattrohrtechnologie von Rheinmetall bieten überlegene Kampfkraft auf heutigen und künftigen Gefechtsfeldern.

Gemäß der jedem Panzersoldaten vertrauten Philosophie „Wirkung vor Deckung!" stehen eine zuverlässige Feuerleitung, eine leistungsfähige Bordkanone und effektive Munition an erster Stelle, wenn es um die Kampfkraft des Panzers geht. Rheinmetall leistete von Anfang an entscheidende Beiträge für die überlegene Feuerkraft des *Leopard 2.* Seit über 40 Jahren liefert das Düsseldorfer Technologieunternehmen als Unterauftragnehmer hierfür erforderliche Schlüsselkomponenten. Dazu gehören unter anderem die Feuerleitanlagen und Teile der Sensorik sowie die 120-mm-Glattrohrtechnologie.

Feuerleitung: Schneller schießen und besser treffen

Wer schneller schießt und besser trifft, gewinnt den Feuerkampf! Der *Leopard 2* verfügte als erster Kampfpanzer der dritten Generation serienmäßig über eine Feuerleitanlage mit primär stabilisierten Sichtlinien und nachgeführter Waffenanlage. Die ausgewogene Systemauslegung, schnelle Regelungstechnik, Zuverlässigkeit, kombiniert mit sehr leistungsfähigen Optiken erhöhten den Kampfwert des *Leopard 2* entscheidend.

Die Feuerleitanlage des Leopard 2 wurzelt – wie bereits angesprochen – im deutsch-US-amerikanischen Rüstungsprogramm „Kampfpanzer 70". In diesem Ende 1963 gestarteten Projekt sollten innovative Technologien für die Kampfpanzer der NATO untersucht werden. Dabei stand das Ziel im Fokus, die damaligen Standard-Kampfpanzer *M48* und *M60* zu ersetzen sowie ein gegenüber dem *Leopard 1* moderneres Gefechtsfahrzeug zu schaffen, das den zahlreichen sowjetischen Gefechtsfahrzeugen überlegen war. Neben Wirkung, Präzision und Reichweite sollte vor allem die Erstschusstreffwahrscheinlichkeit signifikant verbessert werden. Die Firma Krupp Atlas Elektronik – heute mit den Teilen *Leopard 2*-Feuerleitung der Rheinmetall Electronics in Bremen zugehörig – hatte eine hohe Fertigungstiefe für militärische Elektronik. Sie war damals bereits beim *Kampfpanzer 70* an Bord. In Prototypen des Programms wurden bereits Geräte für die elektronische Be-

Hauptkampfvisier des Richtschützen (EMES) und Rundblickperiskop des Kommandanten (PERI)

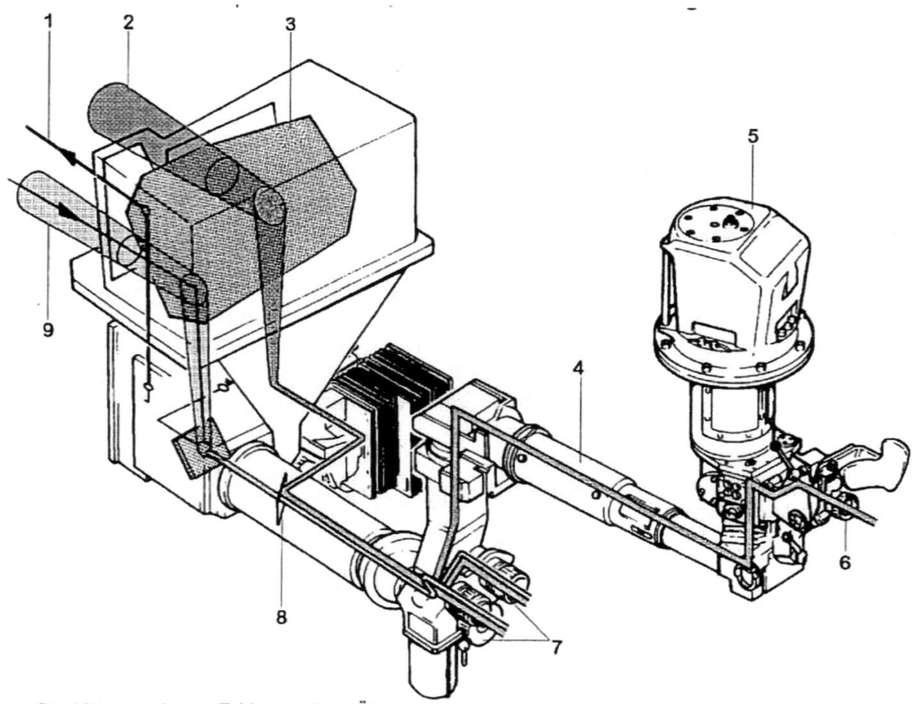

1	Strahlengang Laser-E-Messer	4	Übertragungsoptik	7	Binokular-Richtschütze
2	Strahlengang WBG	5	Rundblickfernrohr-Kdt	8	Umschaltspiegel WBG-Tageslicht
3	Ausblickspiegel (stabilisiert)	6	Okular-Kdt	9	Strahlengang Tageslicht

triebsüberwachung und Selbsttests eingebracht. Krupp Atlas Elektronik war seinerzeit auch maßgeblich an der Entwicklung, Serienreifmachung und Fertigung der Feuerleitanlage des *Leopard 2* beteiligt, wobei das Unternehmen zahlreiche Unterauftragnehmer einband.

Seit Baubeginn des *Leopard 2* sind das Grundprinzip der Feuerleitanlage sowie einzelne Komponenten mit Anpassungen in Produktion. Gleichwohl gab es signifikante Verbesserungen. So wurden die Reichweite erhöht, die ballistische Rechnung und die Präzision verbessert sowie neue Funktionen und Eigenschaften implementiert. Erwähnenswerte Innovationen gab es bei den optronischen Komponenten und der Regelungstechnik. Wegen Obsoleszenz mussten regelmäßig Baugruppen ersetzt werden. Ebenso mussten spätere Fertigungslose neue Nutzerforderungen erfüllen. Es gibt bis heute Neuproduktionen mit zahlreichen Detailänderungen. Gleich geblieben ist das Grundprinzip: Kommandant und Richtschütze können über das Hauptzielfernrohr EMES-15 bzw. das Rundumblickfernrohr PERI-R17 unabhängig voneinander das Gefechtsfeld beobachten. Diese „Hunter-Killer-Fähigkeit" erleichtert die Zielaufklärung und senkt die Zielbekämpfungszeit erheblich. Die Ermittlung der Entfernung zum Ziel erfolgt präzise, schnell und zuverlässig mittels Laser. Der Feuerleitrechner berechnet unter Berücksichtigung weiterer Parameter – Temperatur, Luftdruck, eigene Fahrgeschwindigkeit etc. – den Haltepunkt und gibt dann die errechnete Schussposition der Bordkanone an die Richtantriebe (Höhe und Seite). Richtschütze und Kommandant können – auch während sich der eigene Panzer bewegt – mit ihrem Visier-Strichbild immer auf dem Ziel bleiben, die Korrektur von Aufsatz und Höhe übernimmt die Technik. In Kombination mit der Rheinmetall-Glattrohrkanone und der präzisen Munition kann die Besatzung somit selbst aus der Bewegung statische und bewegliche Ziele mit einer hohen Erstschusstrefferwahrscheinlichkeit bekämpfen.

120-mm-Glattrohrtechnologie: Besser treffen und stärker wirken

Die Feuerleitung hilft, schneller zu schießen und präziser zu treffen. Die Glattrohrtechnologie bringt dann die Wirkung ins Ziel. Auch hier gab und gibt es Weiterentwicklungen. Diese erfolgen vor dem Hintergrund, dass sich die Bedrohungen, denen sich Kampfpanzer auf dem Gefechtsfeld gegenübersehen, im Laufe der Jahrzehnte immer wieder verändert haben und nach wie vor wandeln. Zum einen dreht sich die ewige Spirale zwischen Schutz und Wirkung weiter: Stärkere und modernere Panzerungen und Schutztechnologien erfordern eine höhere Wirkung und umgekehrt. In der westlichen Welt wirkte zuletzt der neu entwickelte russische Kampfpanzer *T-14 „Armata"*, als Weckruf für Weiterentwicklungen. Der *„Armata"* wurde am 9. Mai 2015 erstmals öffentlich präsentiert – etwas über ein Jahr

Kampfpanzer Leopard 2A4, hier bei Schießversuchen in Unterlüß.

nach der Annektion der Krim (und damit dem offensichtlichen Beginn des bewaffneten Russland-Ukraine-Konfliktes). Dabei stand insbesondere die für Duellsituationen – der Kampf Panzer gegen Panzer – genutzte unterkalibrige Wuchtmunition (KE = kinetische Energie) im Fokus. Zum anderen haben sich die Einsatzszenarien für den Kampfpanzer mit den Aufgaben im erweiterten Aufgabenspektrum verändert. So muss er nicht nur einem gleichwertigen mechanisierten Gegner gegenübertreten, sondern eigene leichte Kräfte unterstützen oder im urbanen Umfeld kämpfen. Dieser Gesichtspunkt hatte zuvor schon zu Forderungen und somit zur Entwicklung und Einführung einer neuen Mehrzweckmunition (MZ) geführt.

Der US-Kampfpanzer M1 A1 Abrams nutzt die Bordkanone M256, eine „amerikanisierte" L44. Als Leopard 2-Mann findet man sich an der Bordkanone sofort zurecht. (Jan-P. Weisswange)

Standard in der westlichen Welt

Die 120-mm-Glattrohrtechnologie umfasst die Waffenanlage und die zugehörige Munition, die auf den folgenden Seiten vorgestellt werden.

Rheinmetalls 120-mm-Glattrohrtechnologie umfasst die Rh120-Kanonen und die zugehörige Munitionsfamilie. Die Entwicklung dieser Technologie erfolgte von 1965 bis 1975 unter Leitung von Dr.-Ing. Raimund Germershausen (1935–1997). Zweck der in Zusammenarbeit mit der Bundeswehr durchgeführten Arbeiten war es, eine höhere Reichweite, Treffgenauigkeit und bessere Wirkung gegen die seinerzeit aufkommenden Verbund- und Reaktivpanzerungen zu erzielen. Auch sollte Waffengleichheit bzw. -überlegenheit mit den neuen 125-mm-Glattrohrkanonen des Warschauer Paktes hergestellt werden. Rheinmetalls 120-mm-Waffenanlagen verfügen im Unterschied zu klassischen gezogenen Kanonen über keine Felder und Züge. Aus Glattrohrkanonen erreichen die Geschosse ihre Flugstabilität nicht durch den Drall, sondern flügelstabilisiert. Bereits 1967 konnte die Entwicklergruppe nachweisen, dass sich dabei große Präzision erreichen lässt. Gegenüber der damaligen Standard-Kampfpanzer-Hauptbewaffnung in der NATO, der gezogenen 105 -mm-Kanone L7, die auch im *Leopard 1* verbaut war, erzielte die Rh120 in Vergleichsschießen schon damals eine um 60 Prozent höhere endballistische Leistung. Sie wurde schließlich als Hauptbewaffnung für den in Entwicklung befindlichen Kampfpanzer *Leopard 2* ausgewählt.

Der durchschlagende Erfolg gelang auch jenseits des Atlantik. Zwischen 1974 und 1979 erfolgten in den USA Vergleichstest für eine neue Hauptbewaffnung, vorgesehen für den US-Kampfpanzer *Abrams*. Dabei setzte sich die Rheinmetall-Glattrohrtechnologie durch. Als Folge übernahmen die US-Streitkräfte die 120-mm-Glattrohrtechnologie als Standardbewaffnung für den neuen *M1A1/A2 Abrams*. Dieser nutzt eine von Rheinmetall lizensierte, im Watervliet Arsenal Anpass-entwickelte und als M256 bezeichnete „amerikanisierte" L44. Vom *Abrams* stehen heute (2024) weltweit mehr als 7000 Exemplare in Nutzung. Mit der Integration des 120-mm-Kalibers in den USA wurde Rheinmetalls Glattrohrkanone de facto zum Standard für Kampfpanzer der NATO bzw. der westlichen Hemisphäre. Seit 1980 befindet sich die 120-mm-Glattrohrtechnologie bei vielen Nationen im Einsatz. Hierzu zählen natürlich die *Leopard 2*- und *Abrams*-Nutzerstaaten. Die 120-mm-Glattrohrtechnologie wurde für zahlreiche Länder (USA, Japan, Schweiz, Italien, Spanien) lizenziert. Doch auch weitere Kampfpanzer, wie z. B. der italienische *Centauro* II, der französische *Leclerc* und der israelische *Merkava* (der über eine Ableitung der M256 verfügt), verschießen mit den einschlägigen 120-mm-NATO-Standardisierungsabkommen (z. B. STANAG 4385) konforme Munition.

Als *Original Equipment Manufacturer* (OEM) – Erstausrüster – übernimmt Rheinmetall den gesamten Lebenszyklus des 120-mm-Waffen- und Munitionssystems von der Entwicklung und Qualifizierung über die Produktion bis hin zu Nachrüstprogrammen und Recycling. Aufgrund ihrer überlegenen Leistungsfähigkeit und der noch verfügbaren Leistungsreserven kann Rheinmetall auch mittelfristig innovative und bedrohungsgerechte technische Lösungen im Kaliber 120 mm anbieten.

Waffenanlagen

Alle heute verfügbaren Rheinmetall-Waffenanlagen L44, L55 und L55A1 folgen grundsätzlich dem gleichen Aufbau. Das Rohr mit Rohrschutzhülle und Rauchabsauger, die Waffenwiege, das Bodenstück mit Verschlusskeil, der Hülsenkasten, die

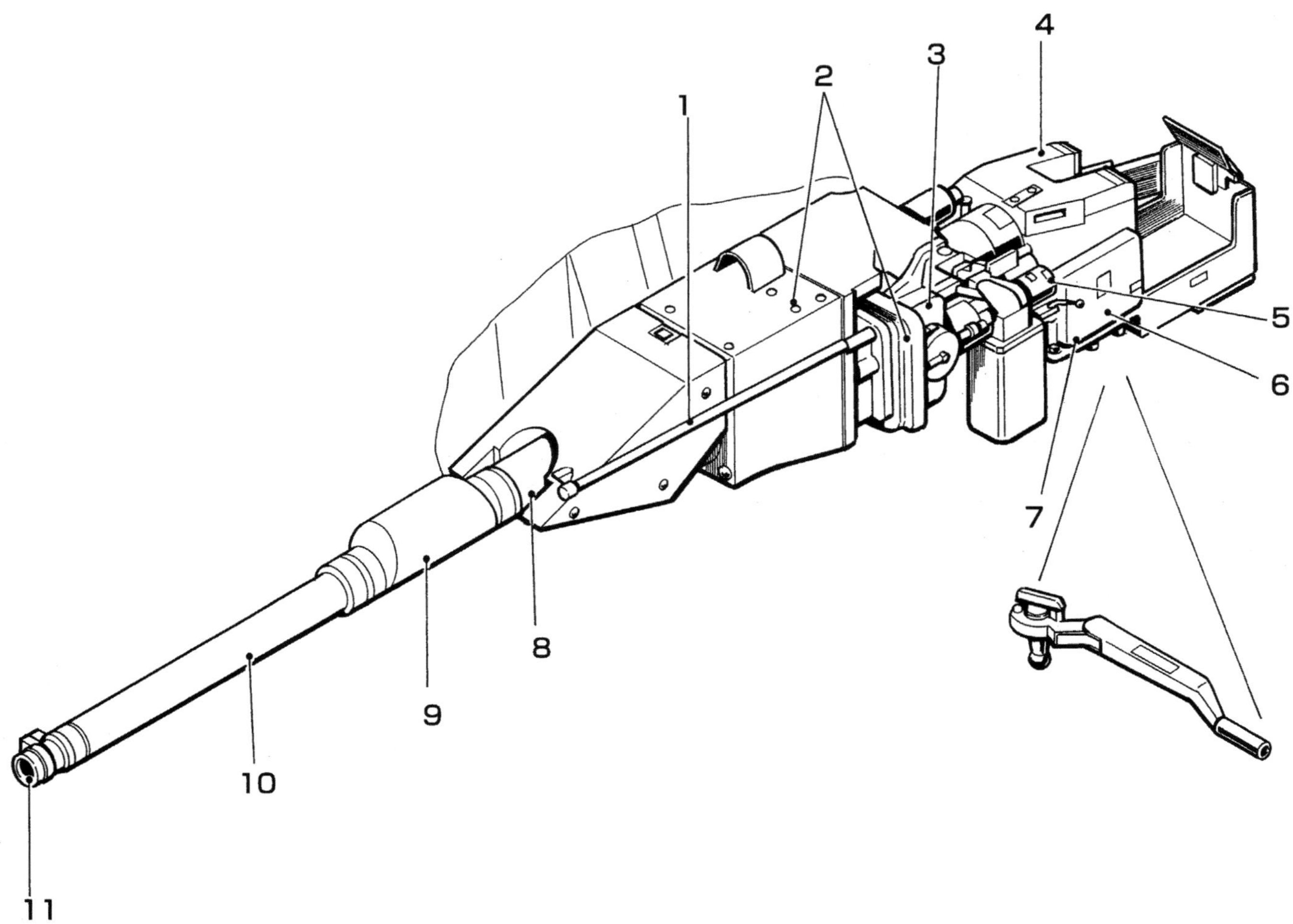

Komponenten der Bordkanone: 1 Schusskanal coax MG, 2 Lagerung, 3 Wiege, 4 Verschlusskeil, 5 Rohrbremse, 6 Schutzblende, 7 Öffnerhebel, 8 Rohrlager, 9 Rauchabsauger, 10 Waffenrohr, 11 (FJA)

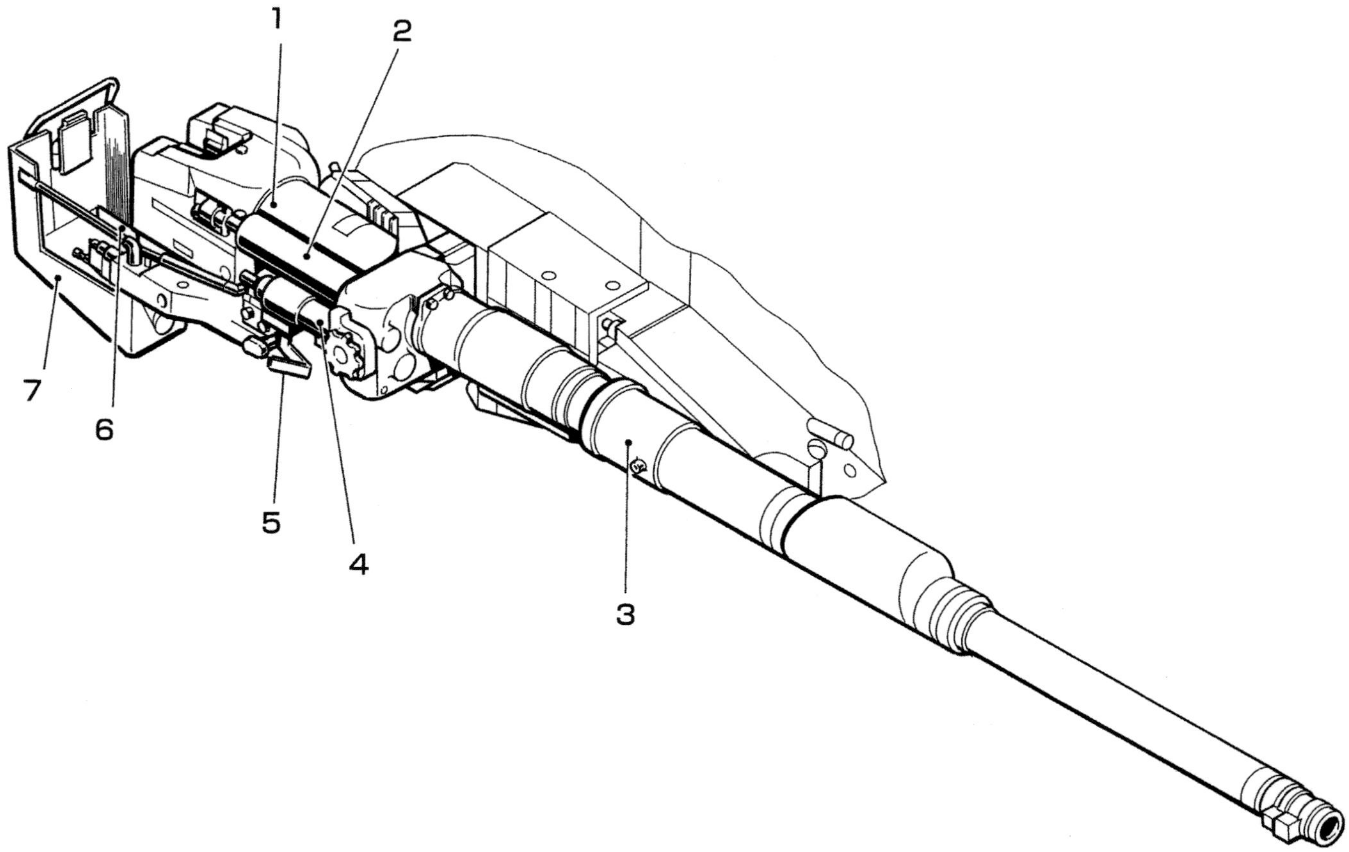

Weitere Komponenten: 1 Rücklaufanschlag. 2 Rohrbremse, 3 Tiefwatschutz, 4 Rohrvorholer, 5 Notabfeuerung, 6 Rücklaufanzeiger, 7 Hülsenbodenkorb

Rücklaufeinrichtung mit zwei Rohrbremsen und der Rohrvorholer bilden die Baugruppen. Die Kanone ist auf Schildzapfen in der Waffenwiege gelagert. Sie lässt sich in der Höhe in einem Bereich von minus 9 Grad bis plus 20 Grad richten. Das über ein Bajonettgewinde mit dem Rohr verschraubte Bodenstück ist fest mit der Rücklaufeinrichtung verbunden. Diese Konstruktion ermöglicht ein schnelles Wechseln des Rohres in etwa einer halben Stunde.

Das kaltgereckte Vollrohr besteht aus einem hochfesten, Vakuum-umgeschmolzenen Stahl und ist innen hartverchromt. Je nach Kaliberlänge misst es 5300 oder 6600 mm Länge und wiegt zwischen 1190 und 1350 kg. Das Autofrettage-Verfahren (Kaltreckung) sorgt für,einen sehr hoher Konstruktionsgasdruck – inzwischen weit über 7000 bar. Die Dehngrenze des Stahls wurde gegenüber der L7A3-Kanone um über 20 Prozent erhöht.

Die Rohrschutzhülle soll verhindern, dass sich das Rohr durch Sonneneinstrahlung verformt bzw. die Verformung auf möglichst geringem Niveau halten. Sie besteht bei der L44 aus glasfaserverstärktem Kunststoff (GFK) und bei der L55 aus Aluminium. Der Rauchabsauger besteht bei beiden Kanonen aus GFK. Die Rh120-Kanone kommt ohne Mündungsbremse aus.

Die Abfeuerung der Waffenanlage erfolgt elektrisch. Für den Notbetrieb steht ein induktiver Stoßgenerator als Notabfeuerungseinrichtung zur Verfügung. Die Kanone schließt über einen durch die Schließfeder bewegten Fallkeilverschluss mit vorgesteuerter Öffner- und Auswerfermechanik im Bodenstück. Der Verschlusskeil lässt sich bei Systemausfall mittels eines auf der Ladeschützenseite ansetzbaren Hebels von Hand öffnen und schließen.

Nach dem Abfeuern läuft die Kanone zurück, wobei der Verschlusskeil im Vorlauf wieder geöffnet und der Hülsenboden der abgefeuerten Patrone in den hinter dem Bodenstück angebrachten Hülsenkasten ausgeworfen wird. Die beiden hydraulischen Rohrbremsen der Rücklaufeinrichtung mindern dabei mit je 600 Kn (L44) bzw. 900 Kn (L55, L55A1) Bremshöchstkraft den Rücklauf ab. Anschließend bringt der hydropneumatische (L44) bzw. der pneumatische (L55/L55A1) Rohrvorholer das Rohr wieder in die ursprüngliche Position zurück. Der La-

Blick in die Rohrfertigung.

deschütze kann sofort eine neue Patrone zuführen, der Panzer ist damit wieder feuerbereit.
Bei allen Gemeinsamkeiten unterscheiden sich die heutigen Waffenanlagen nach Kaliberlänge, Druckstabilität und der Fähigkeit, programmierbare Munition zu verschießen. Dabei ist zu bemerken, dass sich in Nutzung befindliche Waffenanlagen auch nachträglich mit der Programmierschnittstelle für die Mehrzweckmunition DM11 ausstatten lassen.

Technische Daten 120 mm-Glattrohrkanone L44	
Kaliber	120 mm x 570
Rohrlänge	5300 mm
Rohrgewicht	1190 kg
Gewicht der Waffenanlage	3030 kg

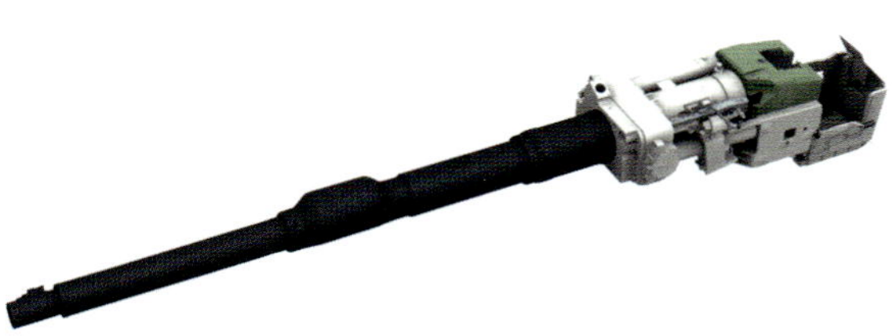

L44-Waffenanlage

Kanone L44
Die 120-mm-Kanone L44 ist nach wie vor die am meiste verbreitete Hauptbewaffnung auf den Kampfpanzerplattformen *Leopard 2* und *M1A1/A2 Abrams* – bei Letzterem wie erwähnt als Lizenzversion M256. Beim *Leopard 2* ist sie bis einschließlich des Konstruktionsstandes *A5* integriert.
Eine Hochdruckversion L44A1, einschließlich des Programmierkits, der die Verwendung programmierbarer Munition wie der MZ-Munition 120-mm DM11 ermöglicht, ist in Vorbereitung. Die kürzere Kanone entspricht dem Bedürfnis nach höherer Manövrierfähigkeit für den Kampf im urbanen Raum.

Kanone L55

Die 120-mm-Kanone L55 kam mit der Kampfwertsteigerung des *Leopard 2* zur Version *A6* in die Bundeswehr. Sie befindet sich unterdessen bei mehreren Nationen im Einsatz. Sie erreicht im Vergleich zur L44-Kanone eine höhere Mündungsgeschwindigkeit und damit eine höhere effektive Kampfentfernung bei gleicher Wirkung – oder umgekehrt eine höhere Wirkung bei gleicher Entfernung zum Ziel.

Kanone L55A1

Die 120-mm-Hochdruckkanone L55A1 ist die derzeit modernste Glattrohrkanone der Welt. Sie basiert auf der L55 und ist auf höhere Gasdrücke für die leistungsgesteigerte 120-mm-Wuchtmunition DM73 ausgelegt. Damit lässt sich die Wirkung nochmals signifikant steigern. Die L55A1 hat von 2016 bis 2017 ein umfangreiches Erprobungsprogramm von Rheinmetall und der Bundeswehr erfolgreich durchlaufen und wurde qualifiziert. Die ersten beiden Waffenanlagen wurden 2019 ausgeliefert. Die Bordkanone L55A1 ist vollständig kompatibel mit den Systemen des *Leopard 2* und anderer Kampfpanzer und lässt sich in diese nachträglich integrieren. Dies gilt auch für die Programmierschnittstelle zur Nutzung der Mehrzweckmunition DM11. Die L55A1 ist derzeit die Standard-Hauptbewaffung der Kampfpanzer *Leopard 2 A7V* und *Leopard 2A8*. Der britische Kampfpanzer *Challenger 2* wird im Zuge des derzeit laufenden Kampfwertsteigerungsvorhabens *Challenger 2 Life Extension Programme* (CR2 LEP) ebenfalls die L55A1 statt wie zuvor die Royal Ordnance L30 nutzen. Damit endet in der NATO die Ära der gezogenen Bordkanonen.

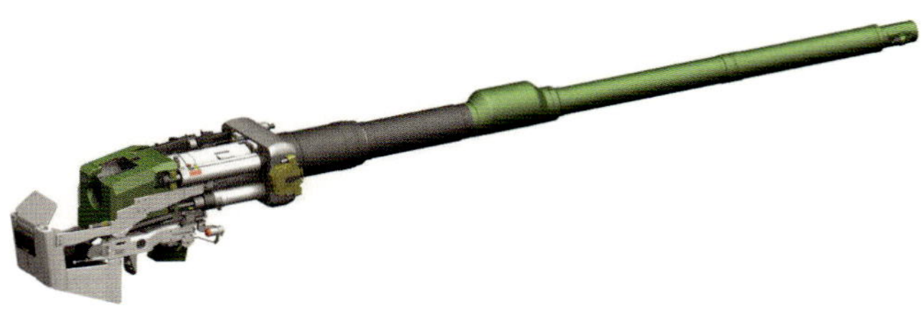

L55-L55A1-Waffenanlage

Technische Daten 120-mm-Glattrohrkanone L55 und L55A1	
Kaliber	120 mm x 570
Rohrlänge	6600 mm
Rohrgewicht	1350 kg
Gewicht der Waffenanlage	3360 kg

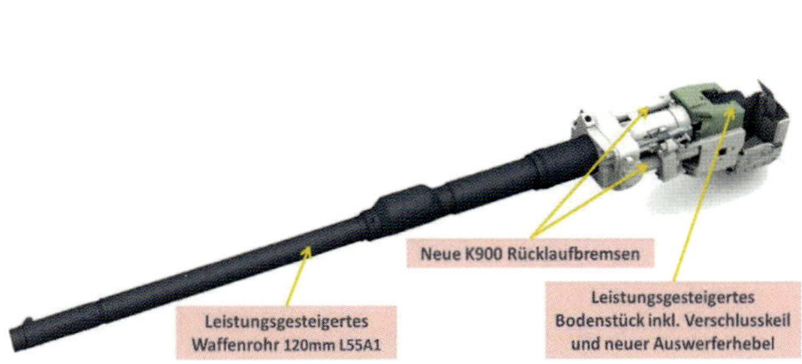

Merkmale der leistungsgesteigerten Waffenanlage L55A1.

Die Rheinmetall-Munitionsfamilie 120 mm x 570

In den letzten Jahrzehnten haben sich – wie erwähnt – sowohl die Panzerungen und Schutztechnologien, als auch die Einsatzkonzeptionen von Kampfpanzern verändert. So müssen Kampfpanzer sowohl gegnerische Pendants und Gefechtsfahrzeuge bekämpfen, als auch in urbanen Einsatzräumen wirken oder Infanterie unterstützen können. Rheinmetall hat daher nicht nur seine Waffenanlagen, sondern auch sein Munitionsportfolio stetig weiterentwickelt.

Die Rheinmetall-Munitionsfamilie Kaliber 120 mm x 570 umfasst sowohl Gefechts- als auch Übungsmunition. Wie bereits eingangs angedeutet, unterteilt sich die Gefechtsmunition in zwei Sorten: KE und MZ. KE ist für Duellsituationen, also den Kampf gegen gegnerische Kampfpanzer, vorgesehen. Gegen leichter gepanzerte, infanteristische oder so genannte Strukturziele, wie Stellungen, finden vollkalibrige Mehrzweckpatronen (MZ) Verwendung. Für beide Munitionsarten stehen Übungspatronen zur Verfügung.

Die Übungspatronen kommen der Gefechtsmunition hinsichtlich äußerer Form, Handhabung und Flugverhalten sehr nahe und bieten so dem Nutzer eine realistische Trainingserfahrung. Jedoch zeichnet sich die Übungsmunition im Vergleich zur Gefechtsmunition durch einen deutlich reduzierten Sicherheitsbereich aus, so dass sie sich auf Übungsplätzen größtenteils ohne Beschränkungen einsetzen lässt. Zusätzlich ist ihr Druckniveau reduziert, um so die Rohrlebensdauer zu erhöhen und die Lebenszykluskosten zu verringern.

Die gesamte 120-mm-Munitionsfamilie von Rheinmetall nutzt nicht die von anderen Kalibern bekannten Messinghülsen, sondern die Innovation der verbrennbaren Hülsen-Technologie, auch als *Combustible Cartridge Case* (CCC) bekannt: Die Hülse verbrennt beim Abschussvorgang mit, lediglich der Hülsenboden wird nach dem Schuss ausgeworfen. Dies sorgt für eine optimale Ausnutzung des Ladungsraums und spart Platz im Kampfraum.

Weiterhin erfüllt die 120-mm-Munitionsfamilie die aktuellen NATO-Standards sowie das 120-mm *Interface Control Document* (ICD) und ist von der deutschen Beschaffungsbehörde voll qualifiziert. Alle Munitionssorten lassen sich in Klimazonen von C2 (–46°C) bis A1 (+63°C) einsetzen und sind bis zu +71°C sicher zu verschießen. Die Wuchtmunitionen DM63A1 und DM73 nutzen eine temperaturunabhängige Treibladung, die

Panzerung und Penetrator befinden sich hinsichtlich ihrer Leistungsfähigkeit in stetigem Wettkampf.

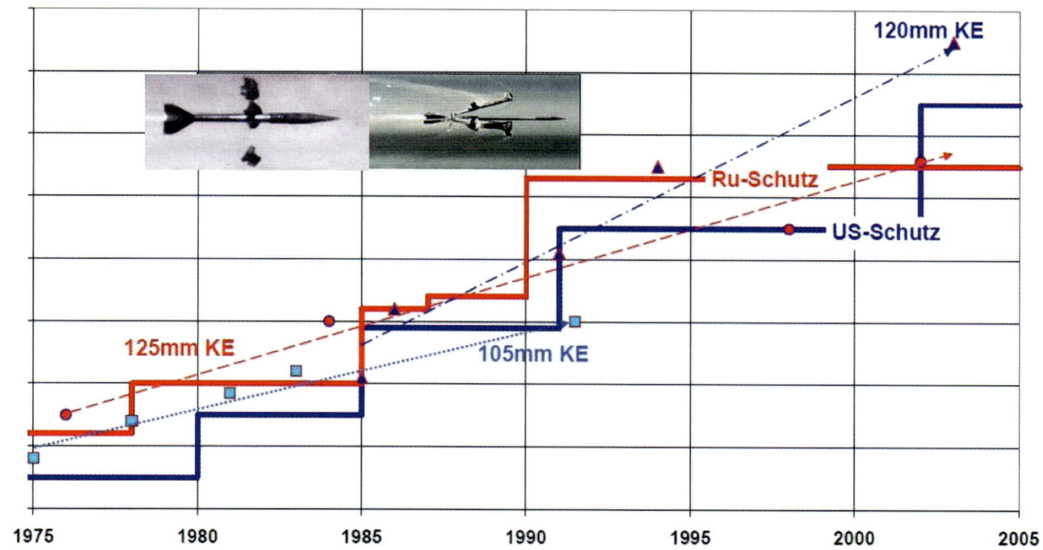

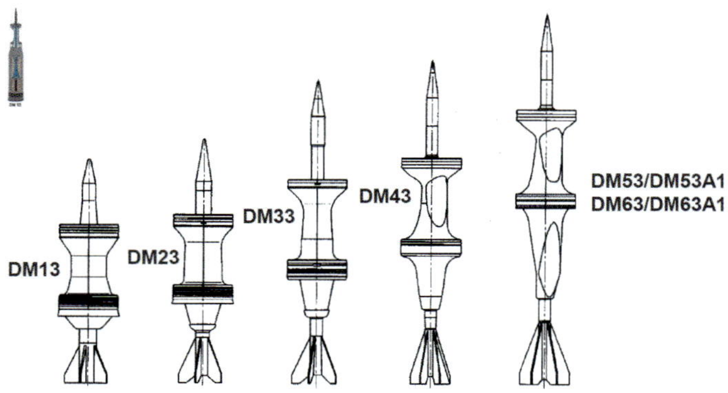

Die Entwicklung der KE-Penetratoren der letzten Jahrzehnte.

die innenballistische Leistung über einen breiten Ladungstemperaturbereich annähernd konstant hält. Dies trägt zur Präzision und Wirkung insbesondere bei niedrigen Temperaturen bei.

Unterkalibrige Wuchtmunition (KE)

Die gebräuchliche Bezeichnung für die unterkalibrige Wuchtmunition lautet „KE“ für „Kinetische Energie“. International wird sie als APFSDS-T abgekürzt, was für *Armour Piercing Fin Stabilized Discarding Sabot-Tracer* (panzerbrechend, flügelstabilisiert, zerlegender Treibkäfig, Leuchtspur) steht. Hieraus ergibt sich auch die Funktionsweise: Die KE-Patrone trägt als Effektor einen dünnen und zugleich schweren Metallpfeil, auch Penetrator genannt. Dieser wird nach Zünden der Patrone in der Glattrohrkanone mittels Treibkäfig geführt und erreicht eine extrem hohe Mündungsgeschwindigkeit.
Nach Verlassen der Mündung trennt sich der Treibkäfig vom

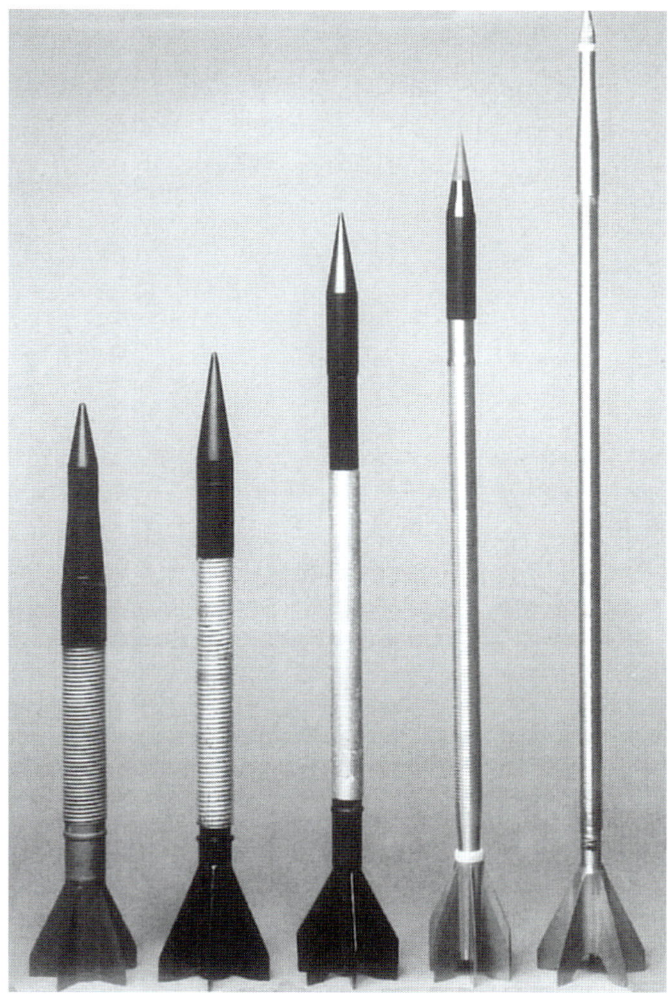

Im Laufe der Zeit wurden die Penetratoren schlanker und deutlich länger.

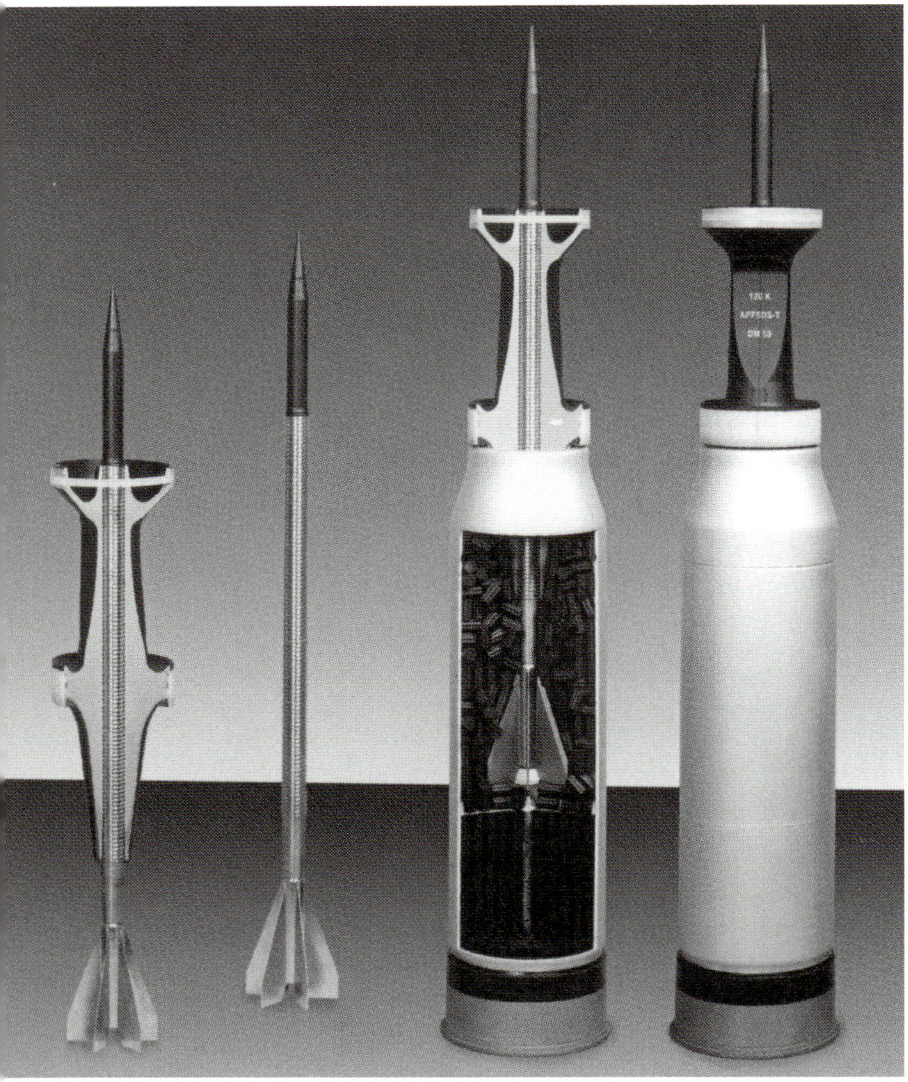

Innerer Aufbau des KE-Geschoss- und Patronenanteils.

Als erste Generation der KE-Munition kam die DM13 in Nutzung. Dieser folgte Mitte der 1980er-Jahre die leistungsgesteigerte DM23 und später die DM33. Mit der Kampfwertsteigerung des *Leopard 2* zur Ausbaustufe *A6* entwickelte Rheinmetall zwei leistungsgesteigerte KE-Munitionssorten. Aus diesen entstanden die in der Bundeswehr genutzten Modelle DM53 und DM63. Die DM63 liegt mittlerweile in der REACh-konformen Version A1 vor. Die leistungsgesteigerte DM73 ist die zurzeit moderneste Iteration, die in der Bundeswehr zur Nutzung mit der L55A1 Hochdruckwaffe eingeführt ist.

Penetrator, der daraufhin ballistisch und durch sein Leitwerk stabilisiert in Richtung Ziel fliegt. Der KE-Penetrator wirkt ausschließlich durch seine hohe Energie, die er beim Auftreffen und Eindringen auf einen kleinen Punkt konzentriert und dadurch die Panzerung durchschlagen kann. Der integrierte Brandsatz wirkt auch hinter der Panzerung. Somit kann er auch gegen leichte und mittelgepanzerte Fahrzeuge wirken – auch Schützenpanzer oder leichter gepanzerte Zielen lassen sich damit bekämpfen.

Die Rheinmetall-KE-Patronen verwenden einen hochfesten Wolframpenetrator und bieten eine überlegene Leistung gegen moderne Kampfpanzer mit reaktiver Panzerung sowie gegen Mehrschicht- und Verbundpanzerungen. Die heutigen Penetratoren sind in der Lage, extreme Schnitt- und Biegekräfte zu überwinden, wie sie bei doppelt reaktiven Panzerungen vorkommen.

Patrone DM63A1

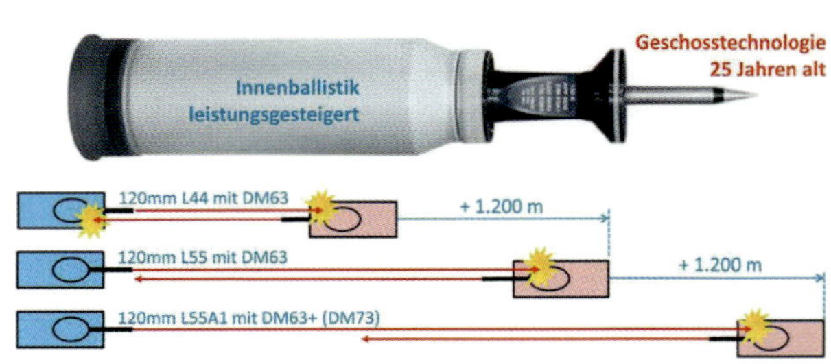

Leistungssteigerung durch verbesserte Munition und Waffenanlage.

Gefechtspatrone 120 mm x 570 DM63A1	
Mündungsgeschwindigkeit aus L55	1720 m/s
Mündungsgeschwindigkeit aus L44	1650 m/s
Präzision	< 0,2 Strich
Gewicht der Patrone	ca. 21 kg
Klimazonen (NATO STANAG 4370)	C2 bis A1
Einsatztemperatur	-46°C bis + 63°C
Sicherheitstemperatur	-46°C bis + 71°C
Effektive Kampfentfernung	Bis 3000 m

Gefechtspatrone 120 mm x 570 DM73	
Mündungsgeschwindigkeit	1780 m/s
Präzision	< 0,2 Strich
Gewicht der Patrone	ca. 21 kg
Klimazonen (NATO STANAG 4370)	C2 bis A1
Einsatztemperatur	-46°C bis + 63°C
Sicherheitstemperatur	-46°C bis + 71°C
Effektive Kampfentfernung	Bis 4000 m

Gefechtspatrone 120 mm x 570 APFSDS DM63A1
Die DM63A1 ist der Vorgänger der DM73 und die weltweit erste temperaturunabhängige Hochleistungs-KE-Patrone, die zur Bekämpfung moderner Kampfpanzer entwickelt wurde. Die DM63A1-Patrone kann aus allen verfügbaren Rheinmetall-Panzerkanonen L44 und L55 mit hoher Präzision verschossen werden.

KE-Patrone DM73

Gefechtspatrone 120 mm x 570 APFSDS DM73
Die DM73 verfügt als aktuelle Generation der KE-Patrone über einen verbesserten Antrieb. Sie nutzt das höhere Druckniveau der L55A1-Panzerkanone aus, um eine höhere Mündungsgeschwindigkeit im Vergleich zur DM63A1 aus einer L55-Waffe zu erreichen. Hierdurch erhöht sich die effektive Kampfentfernung gegen moderne gegnerische Kampfpanzer.
In der Treibladung sorgt das Treibladungspulver dafür, dass sowohl eine hohe Mündungsgeschwindigkeit als auch eine hohe Kampfentfernung über den gesamten Temperaturbereich erreicht werden. Zugleich wurde die verbrennbare Hülsen-Technologie modernisiert und mit einer Gewebeverstärkung versehen. Diese verhindert im Falle einer Beschädigung der Patrone den Verlust von Treibladungspulver. Die DM73 erfordert die Hochdruckkanone L55A1 und lässt sich nicht aus L44- oder L55-Waffenanlagen verschießen.

Übungspatrone 120 mm x 570 TPCSDS-T DM88
Die äußerst kosteneffiziente KE-Übungsmunition DM88 zeichnet sich durch eine erhebliche Verringerung der Rohrerosionen aus. Die Munition verwendet ein innovatives Antriebskonzept mit einem Treibspiegel und einem kostengünstigen Führungskäfig. Dadurch lässt sich das Rohr bis zu seiner Ermüdungsgrenze verwenden, was die Lebenszykluskosten des Systems erheblich senkt. Die hervorragende Sichtbarkeit der Leuchtspur ermöglicht es dem Nutzer, seinen Trainingserfolg direkt auf der Schießbahn festzustellen.
Der reduzierte Sicherheitsbereich macht die DM88 für die meisten militärischen Ausbildungseinrichtungen tauglich. Sie entspricht den internationalen Vereinbarungen, wie etwa dem 120-mm-Schnittstellenkontrolldokument.

Mehrzweckmunition (MZ)
Als Zweitmunition dient im *Leopard 2* eine Mehrzweckmunition – im Kampfgespräch meist kurz als „MZ“ benannt. Dabei handelte es sich bei Einführung des *Leopard 2* um die kombinierte Hohlladungs- und Spreng-Splitter-Munition DM12, später

KE-Übungspatrone DM88 und Besatzungen des PzLBtl 93 beim Aufmunitionieren in Vorbereitung des Litauen-Einsatzes. (L93)

auch in den modernisierten Varianten A1 und A2. Die international als HEAT-T für *High Explosive Anti Tank Tracer* (Sprenggeschoss, Panzerabwehr mit Leuchtspur) bezeichnete Munition wirkte zum einen durch das Prinzip der Hohlladung und diente dazu, sowohl schwer gepanzerte Fahrzeuge als auch leichtere Ziele zu bekämpfen. Mittels Bodenaufschlag ließ sich zudem durch Splitter begrenzt Wirkung gegen Flächenziele erreichen. Daher wurde die DM12 seinerzeit bereits als Mehrzweckmunition bezeichnet. Die DM12 verfügte über einen wesentlich schwereren, vollkalibrigen Gefechtskopf, der aus der L44 eine Mündungsgeschwindigkeit von 1140 m/s erreichte und eine deutlich gekrümmtere Flugbahn aufwies.
Da die stetig verbesserten Panzerungen immer besser gegen Hohlladungen schützten, nahm die Relevanz der HEAT-Munition mit der Zeit ab. Gleichzeitig entwickelten sich aber neue Einsatzszenarien für Kampfpanzer, insbesondere urbane Operationen. Daher rückte bei der Zweitmunition der Mehrzweckcharakter stärker in den Vordergrund, während die schwer gepanzerten Ziele der KE-Munition überlassen wurden. Rhein-

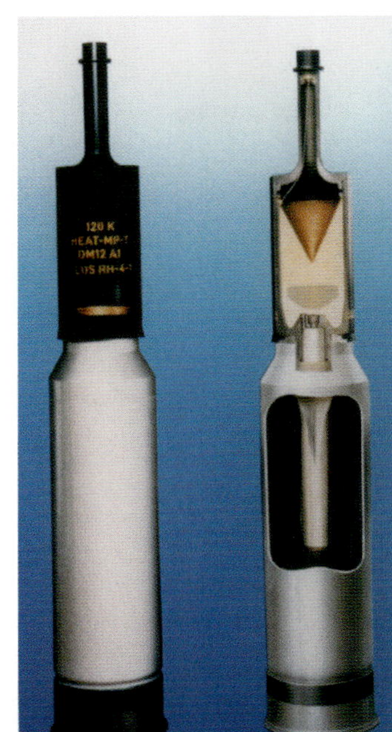

Aufbau der Mehrzweckmunition.

metall entwickelte in diesem Zusammenhang zwei neue, vielseitigere 120-mm-MZ-Munitionssorten – die DM11 und die HE SQ Rh31.

Gefechtspatrone 120 mm x 570 DM11 HE-FRAG-T
Die Patrone 120 mm x 570 DM11 HE-FRAG-T entstand als Entwicklungsauftrag für die Bundeswehr. HE-FRAG-T steht für *High Explosive Fragmentation Tracer*, also Spreng-Splitter-Geschoss mit Leuchtspur. Die DM11 dient der Bekämpfung ungepanzerter oder leicht gepanzerter Ziele und kann Breschen und Durchgänge in Infrastruktur schlagen oder Ziele hinter Deckungen bekämpfen.
Die Sprengpatrone zeichnet sich durch einen programmierbaren Zünder aus. Dieser bietet drei Funktionsmodi, aus denen die Panzerbesatzung im geladenen Zustand der Patrone auswählen kann. Im Grundzustand detoniert der Gefechtskopf im klassischen Aufschlagmodus (PD = *Point Detonation*). Geht es darum, Ziele hinter Deckungen zu bekämpfen, kann alternativ ein Verzögerungsmodus (*Point Detonation with Delay*, PDwD) ausgewählt werden. Um die Flächenwirkung zu optimieren, dient als dritter Funktionsmodus der Luftsprengpunkt (*Air Burst/AB Mode*). In Verbindung mit der hohen und zielgerichteten Splitterleistung des Gefechtskopfs ergibt sich auch auf hohe Entfernungen von bis zu 5 km eine beeindruckende Leistung im Zielgebiet.
Die DM11 schafft hohe Wirkungsflexibilität und erlaubt es der Panzerbesatzung, auf die komplexen Anforderungen im Gefecht in Echtzeit zu reagieren. Die zum programmierbaren Verschießen der DM11 notwendigen System-Modifikationen lassen sich in alle Kampfpanzer-Plattformen mit 120-mm-Glattrohrkanone und modernem Feuerleitrechner nachrüsten. Eine erste Serienlieferung der DM11 an die Bundeswehr erfolgte

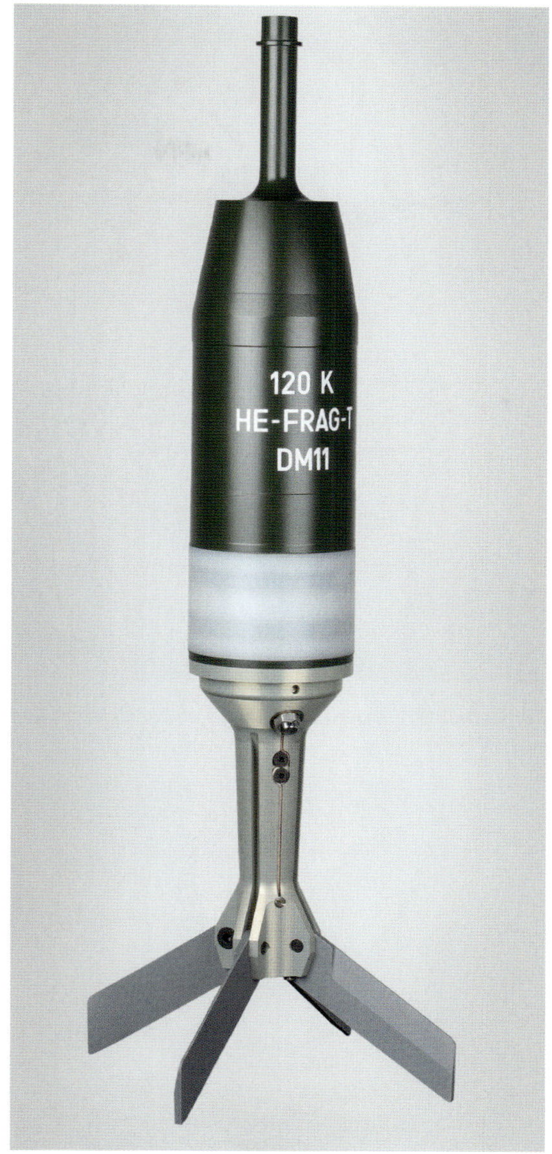

Gefechtskopf mit ausgeklappten Stabilisierungsflügeln und die Gesamtpatrone der DM11.

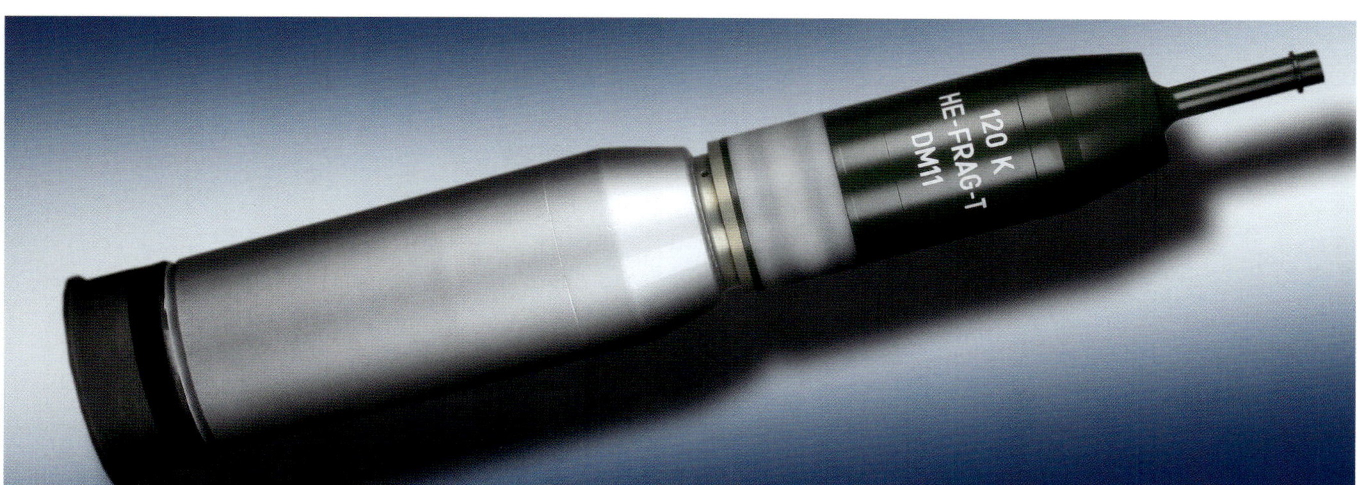

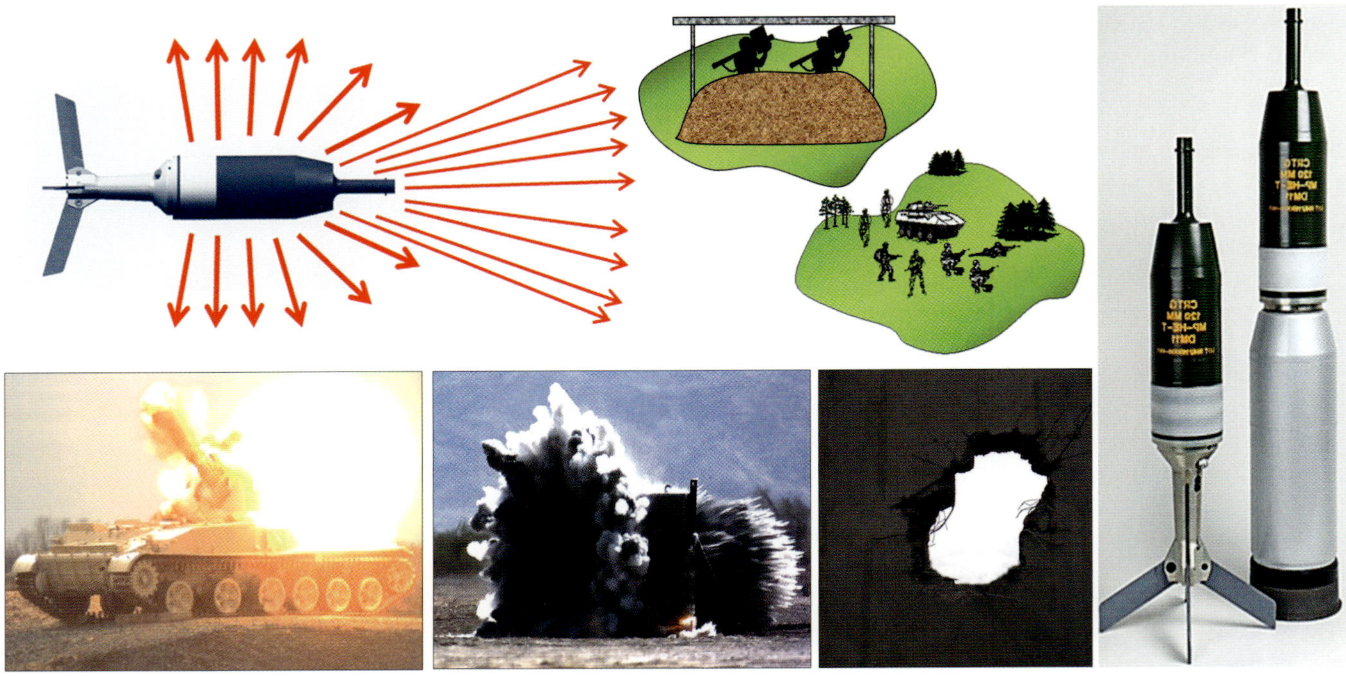

Der Gefechtskopf der DM11 lässt sich zur Bekämpfung eines breiten Zielspektrums einsetzen.

Die DM11 kann Breschen und Durchgänge in Infrastruktur schlagen.

Wirkung der DM11 im Air Burst Mode (Luftsprengpunkt).

Die Wirkung der DM11 bei der Bekämpfung eines Sandsackbunkers im Verzögerungsmodus.

Neue HE Munition DM 11

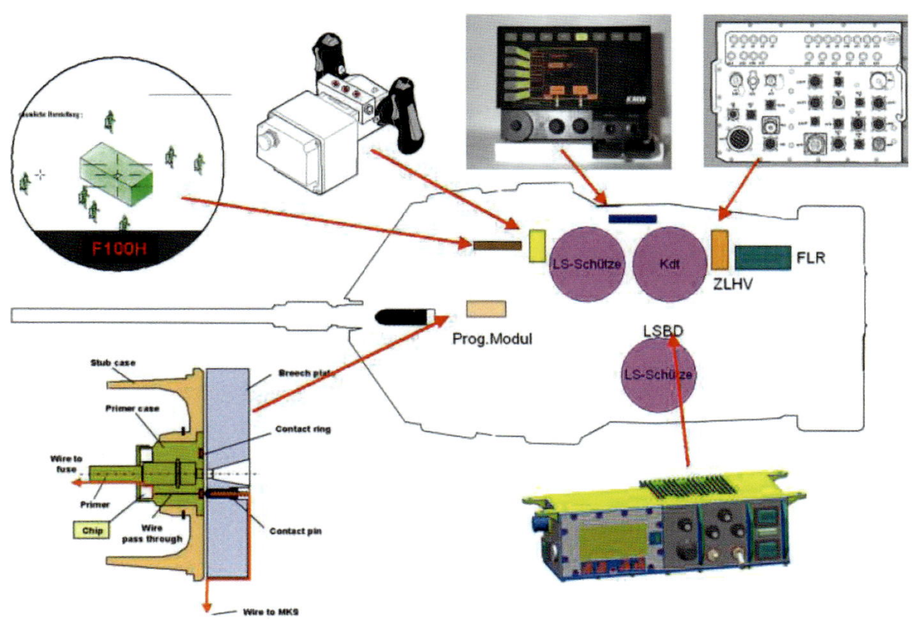

Zusammenspiel der unterschiedlichen Besatzungsmitglieder und Systemkomponenten bei der Programmierung der DM11.

- Munitionsanwahl durch den Ladeschützen am Ladeschützenbediengerät.
- Auswahl des Zünderprogrammiermodus für die HE-Munition durch den Ladeschützen am Ladeschützenbediengerät

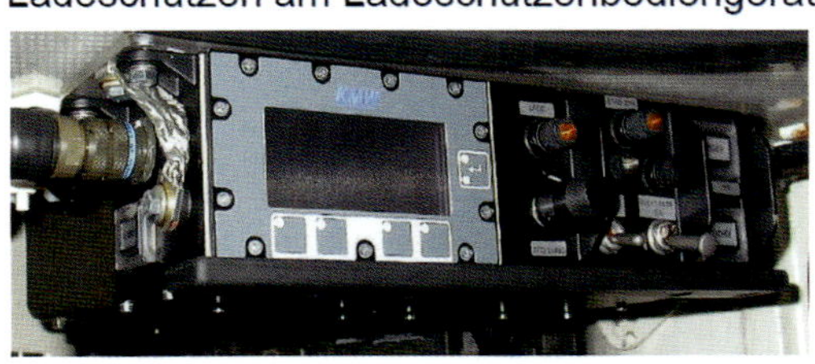

Displaydarstellung bei angewählter HE-Munition

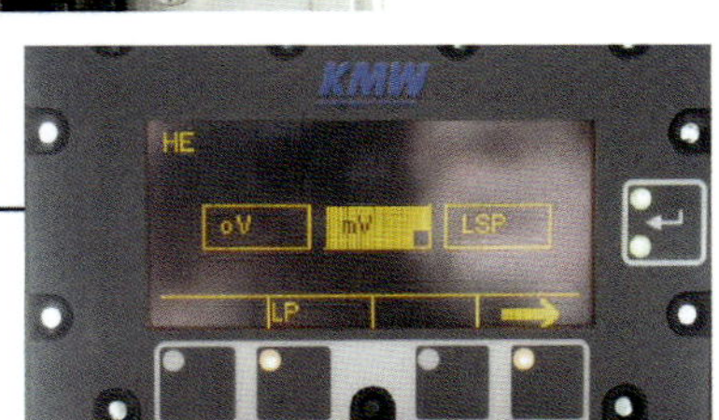

Systemanpassung des Ladeschützenbediengeräts am 2A7.

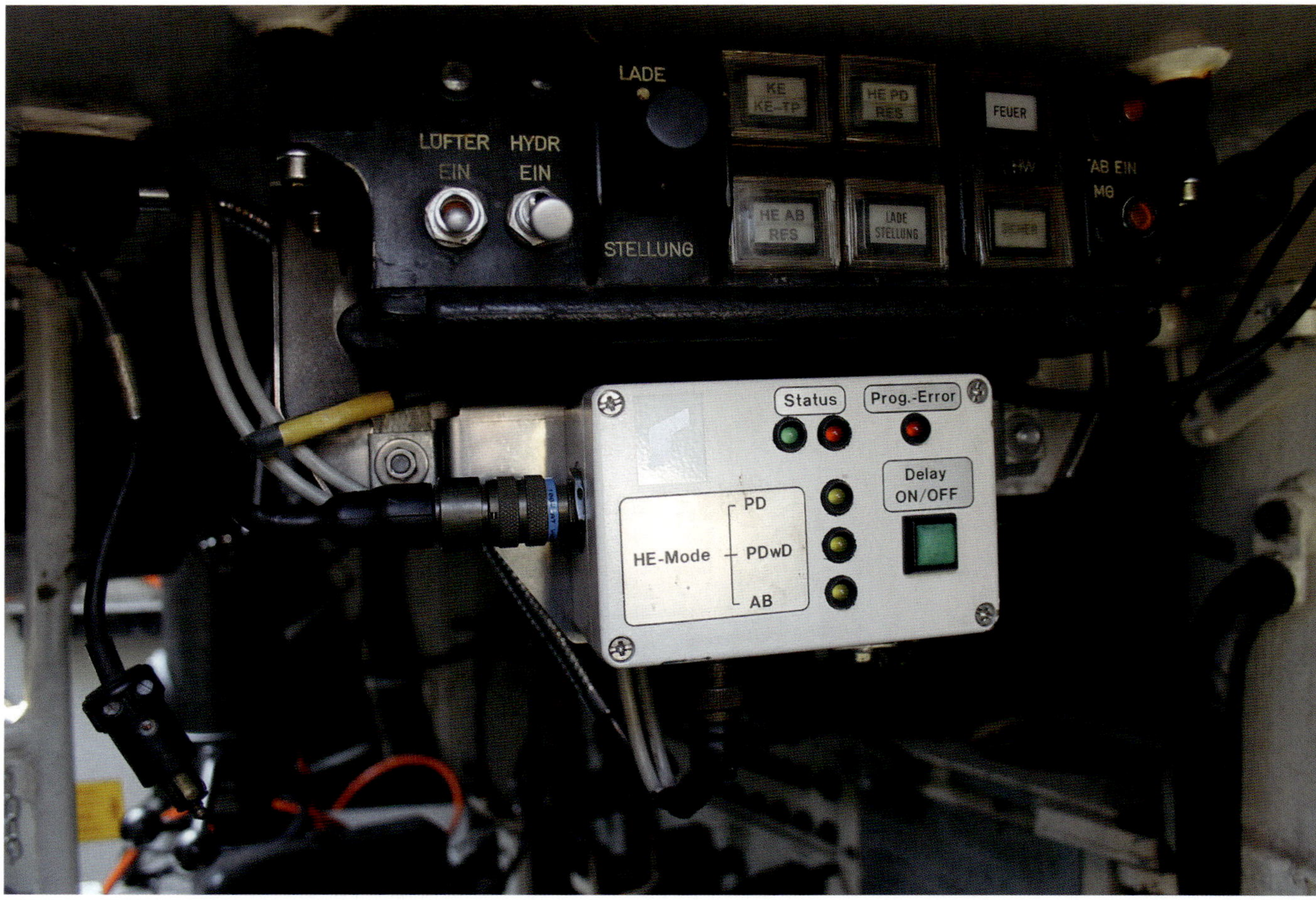

Der Anteil des DM11-Programmierkits unter dem Ladeschützenbediengerät.

2014. Weitere *Leopard 2*-Nutzerstaaten erhielten im Rahmen einer Erstausstattung mit Gefechtsmunition ebenfalls diese weltweit modernste und leistungsfähigste HE-Munition. Das US-Marineinfanteriekorps (USMC) nutzte die DM11 unter der Bezeichnung MK324 in Afghanistan.

Gefechtspatrone 120 mm x 570 HE-FRAG-T Rh31
Als kosteneffiziente Variante zur DM11 hat Rheinmetall die Patrone Rh31 HE-FRAG-T Rh31, auch als HE SQ (*High Explosive Super Quick*) bezeichnet, im Angebot. Die Rh31 verwendet den DM11-Gefechtskopf und zeigt die gleiche Wirkung auf das Ziel wie die DM11 im Modus Aufschlag ohne Verzögerung. Für den Verschuss ist keine Programmierschnittstelle erforderlich. Daher lässt sich die Rh31 mit allen in Nutzung befindlichen 120-mm-Rheinmetall-Kanonen verwenden.
Die Zündenergie wird beim Aufprall erzeugt. Dies bedeutet eine hundertprozentige Überflugsicherheit. Aufgrund ihres modularen Aufbaus lässt sich die Rh31-Patrone zu einer DM11-Patrone mit 3-Modus-Programmierung aufrüsten.

HE DM11-Patrone

Gefechtspatrone 120 mm x 570 DM11 und Rh31	
Mündungsgeschwindigkeit aus L55	1015 m/s
Mündungsgeschwindigkeit aus L44	980 m/s
Präzision	< 0,25 Strich
Zünder DM11	Drei Funktionsmodi: Aufschlag ohne Verzögerung, Aufschlag mit Verzögerung, Luftsprengpunkt
Zünder Rh31	Aufschlagzündung
Gewicht der Patrone	ca. 29 kg
Klimazonen (NATO STANAG 4370)	C2 bis A1
Einsatztemperatur	-46°C bis + 63°C
Sicherheitstemperatur	-46°C bis + 71°C
Effektive Reichweite DM11	Bis zu 5000 m
Effektive Reichweite Rh31	Bis zu 3500 m

Übungspatrone 120 mm x 570 DM98	
Mündungsgeschwindigkeit aus L55	1185 m/s
Mündungsgeschwindigkeit aus L44	1140 m/s
Präzision	< 0,22 Strich
Gewicht der Patrone	ca. 22 kg
Klimazonen (NATO STANAG 4370)	C2 bis A1
Einsatztemperatur	-46°C bis + 63°C
Sicherheitstemperatur	-46°C bis + 71°C
Sicherheitsbereich	5600 m
Effektive Reichweite	2500 m
Sichtbarkeit Leuchtspur	> 3000 m

Übungspatrone 120 mm x 570 TP-T DM98

Die Übungsmunition DM98 – englisch *Target Practice – Tracer*, also Zielübung mit Leuchtspur – wurde von Rheinmetall entwickelt, um die Übungspatrone DM18 abzulösen. 2015 wurde sie zunächst aufgrund eines akuten Bedarfs durch Dänemark als „Rh88" qualifiziert. Die Bundeswehr qualifizierte die Übungspatrone ein Jahr später in einem zweiten Verpackungssystem und führte sie dann unter der Modellbezeichnung DM98 ein.

Die DM98 basiert auf einem kostengünstigen Geschosskonzept mit einer reduzierten Anzahl von Komponenten. Das Leitwerk weist ein einheitliches und kompaktes Design auf. Die Genauigkeit korreliert mit den Gefechtspatronen DM11 und Rh31. Die Vollkaliber-Übungspatrone DM98 lässt sich aus jeder Rheinmetall 120-mm-Glattrohrkanone verschießen.

Dieses Schussbild weist die hohe Treffgenauigkeit der DM98 aus.

DM98-Patrone

Zukünftige Feuerkraft

Es erscheint wahrscheinlich, dass es im ewigen Wettstreit zwischen Feuerkraft und Schutztechnologien zu weiteren Entwicklungen der Waffenanlagen kommt. Russland kündigte an, seinem neu entwickelten Kampfpanzer *T-14 Armata* mit einer 152-mm-Kanone ausstatten zu wollen. Der französische Konzern Nexter entwickelt derzeit eine 140-mm-Panzerhauptbewaffnung unter der Bezeichnung „Terminateur". Auch in Deutschland gab es bereits in den 1980er-Jahren Versuche mit 140-mm-Bordkanonen einschließlich zweiteiliger Munition(!). Aufgrund der dort gesammelten Erfahrungen entschloss sich Rheinmetall, eine neue Kampfpanzer-Hauptbewaffnung im Kaliber 130 mm zu entwickeln. Bereits 2015 hatte die Rheinmetall Waffe Munition GmbH mit einem eigenfinanzierten Demonstrator-Programm im Kaliber 130 mm begonnen. Auf der Eurosatory 2016 stellte Rheinmetall einen solchen Demonstrator erstmals öffentlich vor.

Durch das größere Kaliber soll eine Leistungssteigerung von rund 50 Prozent erreicht werden. Die auf der Eurosatory 2016

Blick auf die Bordkanone-130-mm L51 (mit dem Rucksack des Fotografen).

präsentierte 130-mm-Waffenanlage L/51 wiegt ohne Anbauteile rund 3000 kg und hat eine Rohrlänge von 6630 mm. Die L/51 durchlief inzwischen zahlreiche Erprobungen und Weiterentwicklungen. Auf der Eurosatory 2022 zeigte Rheinmetall als nächsten Schritt die 130 mm-Waffenanlage mit einem zugehörigen Autolader in dem Kampfpanzer-Demonstrator *KF51 Panther*. Völlig unabhängig von den jeweiligen Kampfpanzer-Plattformen lassen sich im Hinblick auf die künftige Feuerkraft drei große Weiterentwicklungslinien feststellen: Es steht erstens die Steigerung der Präzision im Mittelpunkt, um Ziele auf immer größere Entfernungen wirkungsvoll treffen zu können. Damit hängt zweitens eine Steigerung der Leistung zusammen, um bestmögliche Durchschlagskraft und Wirkung gegen immer besser geschützte Ziele erreichen zu können. Drittens wird ein höherer Grad der Automatisierung weiter zur Entlastung der Besatzung beitragen. Das geschieht in den Bereichen Sensorik, Feuerleitung und Vernetzung, um beispielsweise Ziele schneller entdecken, erkennen und identifizieren oder ein umfassendes und stets aktuelles Lagebild bereitstellen zu können. Das geschieht aber auch im Bereich der Waffenanlagen, um die Munition schneller laden und die Feuergeschwindigkeit erhöhen zu können. Doch welche weiteren Entwicklungen der Wettstreit zwischen Feuerkraft und Panzerung auch immer zeitigt, die eingangs erwähnte Konstante bleibt bestehen: „Wer schneller schießt und besser trifft, gewinnt den Feuerkampf."

* Dr. Jan-Phillipp Weisswange ist stellv. Leiter der Presse- und Öffentlichkeitsarbeit der Rheinmetall AG. Er ist OTL d. R. der Heeresaufklärungstruppe und als ursprünglicher „schwerer Aufklärer" in der 2./ Panzeraufklärungsbataillon 2 (Hessisch-Lichtenau) gelernter Leopard-2A4-Mann. Der Verfasser bedankt sich kameradschaftlich bei seinen Rheinmetall-Kollegen Dirk Gerthenrich, Matthias Köhler, Christian Neuse, Dr. Manuel Roth und Martin Wiegel für die Unterstützung. Die (nicht gekennzeichneten) Fotos kommen aus dem Firmenbestand.

Bild vom KF51 Panther in voller Fahrt.

Ausstattung der Panzertruppe mit Leopard 2

Der Zulauf der neuen *Leopard 2* in die Truppe erfolgte in Zeiten großer (politischer) Umbrüche, auch gekennzeichnet durch eine Vielzahl von Struktur- und Gliederungsänderungen. Es würde den Rahmen dieser Dokumentation sprengen, auf all dies einzugehen. Eine umfassende Darstellung ist im Buch „50 Jahre Panzertruppe der Bundeswehr" von 2006 (ISBN 9783935107051) erschienen, herausgegeben vom Freundeskreis der Offiziere der Panzertruppe.

Während der seit 1975 wirksamen Heeresstruktur 4 wuchs die Panzertruppe auf 85 Bataillone auf! Kern waren 56 (davon 6 im Territorialheer) reinrassige und 17 gemischte aktive Bataillone sowie 12 teilaufgestellte oder Geräteeinheiten. Letztere auch ausgestattet mit *M48A2* und *Leopard 1*.

Mit Umstrukturierung zur Heeresstruktur 2000 ab 1988 sowie der Übernahme der Panzertruppe der NVA kurz darauf hatte die Panzertruppe sogar (planerisch) 12 weitere Verbände – je zur Hälfte so genannte Stamm- sowie jeweils zugeordnet Aufwuchsbataillone. Zur vollen Ausstattung aller Bataillone kam es jedoch nicht mehr, auch weil – in mehreren Stufen – die Heeresreduzierungen einsetzten.

Da das Panzerbataillon in einer Panzergrenadierbrigade zur unmittelbaren (kompanieweisen) Unterstützung der PzGrenBtl in der Regel aufgeteilt wurde, also in erster Linie in vorrangig defensiven Rahmenlagen zum Einsatz kam, war für diese Verbände keine Ausstattung mit *Leopard 2* vorgesehen. Vielmehr sollten die Panzerbrigaden (mit je zwei reinrassigen Verbänden und einem Aufwuchsbataillon mit zwei Panzer- und einer Panzergrenadierkompanien) damit ausgestattet werden.

Die nachfolgende Tabelle zeigt die Reihenfolge der nach und nach verfügbaren neu gefertigten Fahrzeuge und ihre Verteilung. Obligatorisch ist stets eine frühe Ausstattung der Ausbildungseinrichtung Panzertruppenschule in Munster sowie der beiden (damals) auch dort stationierten so genannten Lehrbataillone 93 und 94. Neben den regulären Aufträgen ist es ihre Aufgabe so genannte Lehrübungen – auch im scharfen Schuss – zu präsentieren zwecks optischer Darstellung von Ausbildungsinhalten für den Führernachwuchs auf allen Ebenen. In der damaligen Phase der ersten Nutzung dieses neuen Panzers wurden auch, sozusagen aus Gründen der Vermarktung, (eher zu häufige) Vorführungen für ausländische Gäste angeordnet.

Dieses Schaubild zeigt eindrucksvoll den Fortgang der Panzertruppe von den ersten 8 Verbänden bei der Entstehung 1956 bis zur Maximalgröße in den 80er Jahren. (FK OffzPzTr)

Ausstattung der Panzertruppen mit Leopard 2

Jahr	1980	1981	1982	1983	1984	1985
Baulose	**1 und 3**	**1**	**1 und 2**	**2 und 3**	**3**	**3 und 4**
TrTeile	**PzTrSchule**	**L93** und L94	33 und 34	**203** und 204	123 und **124**	143 und 144
aktiv		83 und 84	23 und 24	333 und 334	213 und 214	343 und 344
			243 und 244			**363** und 364
					TrÜbPl Castlemartin	

Jahr	1986/87	1991	1997	1999	2000	2015
Baulose	**4 und 5**					
TrTeile	153 und 154	**393** und 394	403 und 404	**GÜZ**	413 und 414	**414**
aktiv	63 und 64	8 (Geb)				

Alle Panzerbrigaden erhielten zunächst den *Leopard 2*, ausgenommen die PzBrig 18, 28 und 29. Später wurden noch das PzBtl 164 (1992) und das PzBtl 183 (2002) vorübergehend mit *Leopard 2A4* von anderen aufgelösten Bataillonen ausgestattet. Sinnhaftigkeit und Logik sehen anders aus!
Mit dem Übergang zur Heeresstruktur 5 ab Anfang der 90er-Jahre begannen mehrere Phasen der drastischen Reduzierung. Zunächst schmolz die Panzertruppe auf nur noch 46 Bataillone zusammen, von denen lediglich 24 noch voll aktiv waren, die übrigen gekadert oder nur personalfreie Geräteeinheiten (4 Stück). Sechs waren so genannte „Einsatz"-Bataillone, die übrigen „Stamm"-Bataillone, denen jeweils „Aufwuchs"-Bataillone zugeordnet waren. Ab 1995 wurde das „Neues Heer für neue Aufgaben" kreiert, mit nur noch 34 Bataillonen. Ab 1999 wurde das „Heer der Zukunft" aus der Taufe gehoben (13 aktive und 5 nichtaktive Panzerbataillone), bald darauf (ab 2004) „Das Heer 2010" mit nur noch 6 Verbänden (je 3 als so genannte „Eingreif"- sowie 3 als „Stabilisierungskräfte"). Dies zeigt die dramatische (im Nachhinein als falsch erwiesene) Reduzierung der Bundeswehr am Beispiel der Panzertruppe! Ab 1995 (bis 2001) waren zeitweise sechs bis sieben Panzeraufklärungsbataillone (2, L3, 6, 7, 8, L11 und 12) ebenfalls mit je 27 *Leopard 2A4* ausgestattet, später die neu gebildeten PzBtl 403 und 404 (1997 bis 2002). Alte Los-Varianten wurden während der teilweise mit hochgerüsteten späteren Los-Fahrzeugen (auch Turm-Wannen-Mix!) nachgerüstet. Ende 2008 wurden in Deutschland die letzten *A4* aus den Bataillonen entfernt.

Auch die interne Gliederung veränderte sich (4 statt 3 Kampfkompanien, zusätzliche (Unteroffizier-) Ausbildungs-Kompanie). Auch die beiden Panzerkompanien der Einser-Bataillone (Heeresstruktur 4) waren (außer im Mobilisierungsfall) jeweils den anderen beiden Panzerbataillonen der Brigade unterstellt. Mit dem *Leopard 2A5* wurden ab Ende 1995 zunächst die PzBtl 33 (bis 2003), 84, 104, 214 (bis 2002) und 393 ausgestattet, ab 2014 auch das nichtaktive GebPzBtl 8 (2021 aufgelöst, Panzer gingen zum PzBtl 393). Mehrere Bataillone, die *A4*-Fahrzeuge abgaben, wurden bis zu ihrer Auflösung noch mit *A5*- bzw. A6-Versionen ausgestattet. Die neu aufgestellten Bataillone 393 und 414 erhielten von vornherein *Leopard 2A6/A6M*. Die nicht grün markierten Verbände wurden im Zuge der fortschreitenden Heeresstrukturänderungen nach und nach aufgelöst. Und auch die älteren mit *Leopard 1* ausgestatteten Verbände, sowie 1992 die Anfang der 80er-Jahre aufgestellten Geräteverbände (600er-Ziffern). Nähere Details sind in der folgenden Fotosession aufgeführt.Der momentane Bestand der Panzertruppe (in der Tabelle grün gekennzeichnet) umfasst folgende Varianten (Zahlen in Klammern sind Fahrzeuge bei Erprobungsstellen und dgl.):

A6 134 (+3) davon 51 im Umbau auf *A6A3*
A6MA2 48 (+2) Umbau von *A2* auf *A3* läuft
A7V 103 (+1)
A5 17 GÜZ (+2)
Bestellt sind 18 neue *A8* mit Lieferung ab 2025.

Auch junge Mädels möchten Ladeschütze werden! Foto eines A4 des PzLehrBtl 94 (Außerdienststellung 1992) am Tag der gepanzerten Kampftruppen am 24.09.1988.

Die fortbestehenden Bataillone erhielten nach und nach auch KWS-Panzer, wie hier das PzLehrBtl 93, hier mit einem A6 im November 2018 bei der Übung „Trident Juncture“ in Norwegen. (WB)

Das „C“ neben dem taktischen Zeichen weist diesen A3 der PzTrS als Fahrzeug der damaligen Lehrgruppe C aus, die für die Besatzungsausbildung zuständig war, u.a. in der Schießinspektion.

Stilvolle Chefbesprechung unter Leitung von OTL Helmut Muhl 1992 auf einem Wagen der 4./PzBtl 83 mit einem Gläschen Sekt.

Panzer der 4./PzBtl 84 aus Lüneburg während der erfolgreichen Teilnahme am internationalen Schießwettbewerb CAT („Canadian Army Trophy“ 1991. Im Lindwurmwappen ist der Traditionsverband der Wehrmacht Panzerregiment 2 integriert. Das Bataillon wurde 2002 aufgelöst, das Nachbarbataillon bereits 1996. (WB)

Die PzBtl 33 und 34 (hier im Bild) erhielten eine Mischausstattung aus den ersten beiden Baulosen. Die Aufschrift „Charly I“ vorn links am Turm weist das Fahrzeug als zweites vom III. Zug der 2. Kompanie aus. Rechts vorn ist das Bataillonswappen angebracht (Verband wurde auch 1992 aufgelöst. (WB)

Das PzBtl 33 (2015 in PzGren Btl umgegliedert) war einer der beiden Verbände, die mit dem A5 ausgestattet wurden. Vorn rechts auf der Kettenabdeckung ist das Palmen-Wappen des früheren Afrika-Korps zusehen.

Die beiden Braunschweiger Bataillone – hier ein A1 vom PzBtl 23 bei der Übung „Lion Heart“ 1984 – erhielten Los 1 und 2-Panzer.

Ein Wagen des PzBtl 24 bei einer Übung 1985. Die weiße Kennzeichnung weist den Panzer als Schiedsrichterfahrzeug aus für die Übungsleitung. Beide Bataillone wurden 2004 aufgelöst.

LEOPARD 2A2 des PzBtl 243. Die Kennzeichnung 1. Kompanie weist diesen Panzer als einen der zur Kommandeurgruppe gehörenden aus. Beide Bataillone wurden 1992 bzw. 1996 aufgelöst.

Wagen des PzBtl 244 bei der Übung „Schwerer Dampfhammer" 1986. Die gelbe Flagge kennzeichnet einen technischen Ausfall. (WB)

Das PzBtl 203 – zu dieser Zeit noch in Hemer – bekam ab 1983 Panzer des 3. Bauloses; hier ein Fahrzeug der 4. Kp bei der CAT-Teilnahme 1989. (WB)

Das PzBtl 203 wurde 2007 nach Augustdorf verlegt – quasi als „Ersatz" für das aufgelöste PzBtl 214 – und erhielt später A6 und A6M, dann auch A7 (hier im Bild). (KMW)

Man muss schon genau hinsehen, um zu realisieren, dass es sich nicht um ein realen Panzer des Kümmersbrucker PzBtl 123 handelt, ausgestattet ab 1984 (zusammen mit dem Nachbarbataillon 124. (WarThunder) Beide Verbände wurden 1994 bzw. 1992 aufgelöst.

Eine Übergabe eines Panzerbataillons mit allen (damals) 58 aufgefahrenen Panzern, wie hier im April 1991 das PzBtl 334 durch den Kommandeur der damals noch bestehenden Celler PzBrig 33 an OTL Wolfgang Schneider, ist ein erhebendes Ereignis!

Hier das Wappen des PzBtl 333 (ehemals PzBtl 34) vor einem ihm zugeordneten Panzer der 3./PzBtl 331. Beide Verbände (wie alle übrigen Einser-Bataillone) wurden 1992 aufgelöst.

Danach wurde – unter Einbeziehen des Personals des Nachbarbataillons 333 – der Verband zum Panzerlehrbataillon umgegliedert und der PzLehrBrig 9 in Munster unterstellt (sozusagen als Ersatz für das PzLBtl 94). Hier eine Kolonne auf dem Rückmarsch vom nahe gelegenen Übungsplatz Bergen, links hinten am Turm das neue Verbandsabzeichen. Auch dieses Bataillon wurde zum Juni 2006 aufgelöst.

A4 des PzBtl 214 bei einer Übung. Die rote Kennzeichnung weist den Panzer als zugehörig zur „Feindtruppe“ aus.

Foto eines A4 vom PzBtl 123 bei der letzten Übung 1993 in Hohenfels mit der makabren Aufschrift „MORITURI TE SALUTANT“. (WB)

Panzer des PzBtl 214 (aufgelöst 2004) mit der „Lippischen Rose" als Wappen. 1997 erhielt das Bataillon A5. (WB)

A5 des PzBtl 214 im Jahr 1998 im CMTC Grafenwöhr; am Turmheck ein originelles Bataillonsschild. (RZ)

Auch mit dem Los 3 wurden die beiden Augustdorfer Bataillone 213 und 214 ausgestattet, hier im Bild ein Fahrzeug des PzBtl 213, das 1992 aufgelöst wurde.

Die beiden Stadt Allendorfer Bataillone 143 und 144 bekamen ab 1985 sowohl Los 3 als auch Los 4-Wagen. Hier eine Kolonne von 143 bei der Übung „Winterhauch 1993" mit spezieller Schneetarnung aus weißen Planfetzen, einfacher anzubringen als Bemalung! (WB)

Panzer des PzBtl 144 im April 1990 mit „Schlammtarnung". Beide Verbände wurden 2004 außer Dienst gestellt. (WB)

Auch ab 1985 ausgestattet wurden die beiden Koblenzer PzBtl 343 und 344. Hier im Bild der ein A4 der 3./341 (zugeordnet dem PzBtl 343) bei der Übung Heidesturm 1991. (WB)

Links unten: Erstmals im Einsatz bei der REFORGER-Übung im Januar 1986 „Certain Sentinel", hier ein A4 vom PzBtl 344 (in leichter „Schieflage"). Beide Bataillone wurden schon 1992 aufgelöst. (PT)

So richtig „hin und her" ging es mit dem – damals in Böblingen stationierten – PzBtl 363, mit dem Nachbarbataillon 364 (2004 aufgelöst) ab 1985 mit „echten" A4 ausgestattet. Es wurde im Juni 2006 aufgelöst und 2019 (im Rahmen der PzBrig 12) nunmehr in Hardheim erneut aufgestellt, hier ein A6 mit dem „alten" Bataillonswappen, in rot-weiß (früher schwarz-weiß). (WB)

A4 der 3./PzBtl 364 mit irreführender 7-Hunderter-Turmnummer. In einigen Standorten mit zwei PzBtl waren die Panzer des „ungerade" bezifferten Verbands mit 2,3 und 4, die des anderen Verbands mit 6,7 und 8 – Hunderterziffern gekennzeichnet zwecks besserer Unterscheidung bei gemeinsamen Übungen.

Das ab 1981 in Westerburg stationierte PzBtl 154 (und das PzBtl 153 in Koblenz) wurden ab 1986 mit A4 Los 4 und 5 ausgestattet. 154 wurde im September 2006 außer Dienst gestellt, 153 bereits 1992. Die rote Flage kennzeichnet die Feuerbereitschaft der Kanone auf Schießplätzen. (RZ)

A4 des neu „bezifferten“ PzBtl 64 in Wolfhagen bei der Übung „Hessischer Löwe“ 2002. Die Ausstattung begann 1987.

Kurze Zeit später wurde 64 noch umgerüstet auf den A6, bevor es im Juni 2008 außer Dienst gestellt wurde.

Das PzBtl 63 in Arolsen, hier mit einem A4 bei einer „Flussannäherung“ mit UWF-Schacht, wurde bereits Ende 2002 aufgelöst.

1993 wurde das PzBtl 393 in Bad Frankenhausen mit LEOPARD 2A5 ausgestattet, mit übernommenen A4 ebenso das PzBtl 394 in Bad Salzungen, das aber schon 1996 wieder aufgelöst wurde. (WB)

Da dieser Verband zu den „Bestandsverbänden“ zugeordnet wurde, erfolgte schließlich die Umrüstung auf den A7V. Im Bild eine Kolonne der 2. Kompanie 2022 auf dem Straßenmarsch. Das Thüringische Wappen ist rechts hinten am Turmheck. (WB)

Das Gebirgspanzerbataillon 8 (zunächst in Pocking) hat eine wechselhafte „Geschichte“. Ab 1991 mit LEOPARD 2A4 teilweise ausgestattet, wurde es zwar 1997 wieder außer Dienst gestellt, aber ab 2014 wieder als teilaktives Bataillon in Pfreimd aufgestellt. Die 3. Und 4. aktiven Kompanien wurden zunächst den PzBtl 104 und 393 unterstellt. Später (2019 und 2020) wurden sie dem wieder aufzustellenden PzBtl 363 zugeordnet.

1997 mit A6 ausgestattet wurden die beiden PzBtl 403 und 404 (teilaktiv) in Sternbuchholz jedoch wieder 2006 und 2007 aufgelöst. (WB)

Das 1981 in Pfreimd aufgestellte PzBtl 104 ist nach wie vor (der PzBrig 12 unterstellt) aktiv (hier im Bild ein A6 beim „Grantigen Löwen“ 2019) (CS)

„Warum auch immer“ wurde noch das PzBtl 164 in Elmenhorst noch 1992 mit abgegebenen A4 ausgestattet, jedoch schon zwei Jahre später wieder aufgelöst.

Im Jahr 2000 wurden dann noch das PzBtl 413 in Torgelow (und auch das nicht aktive PzBtl 414 in Spechtberg) mit A6 ausgestattet. 413 wurde 2015 in das Jägerbataillon 413 umgegliedert, 414 **zunächst** aufgelöst.

2023 wurde dann (wie zu sehen, nicht im Sommer) der erste A7V übergeben.

Das PzBtl 414 wurde dann Ende 2015 „wiederbelebt" und in Lohheide (TrÜbPlatz Bergen) als Teil der 43. mechBrig (NL) Anfang 2018 beginnend zunächst mit A6MA2 (im Bild) ausgestattet. Auffällig sind die dickeren Stopfen der Comrod VHF3066VM-Antennen. (RZ)

Wie eingangs erwähnt wurde auch ein Teil der Panzeraufklärungsbataillone (ansonsten mit LEOPARD 1 ausgestattet) mit dem LEOPARD 2A4 umgerüstet. Hier im Bild ein Fahrzeug des PzAufklLehrBtl 3 2000 bei der Übung „Sachsenritt". Ab 1997 übernahm dieses Lüneburger Bataillon den Lehrauftrag vom in Munster aufgelösten L11. (RZ)

Hier ein Foto von der 4. Niederländischen Kompanie mit den Namen der Kommandanten am Turmheck.

Ein Panzer des PzAufklBtl 6 im Jahr 2000 auf dem TrÜbPlatz Bergen. (WB)

Hier sichert ein Wagen des PzAufklBtl 7 (aufgelöst Ende 2002) in Richtung der Burg Desenberg. (WB)

Ein Spähtrupp (bestehend aus drei Wagen) der 2./ PzAufklLehrBtl 11 – etwas sehr dicht beieinander – beim Vorgehen im Gelände.

Panzer der 3./ PzAufklBtl 12 im April 1989 im CMTC Hohenfels. (WB)

Neueres Bild von Fahrzeugen der Panzertruppenschule mit der Kennzeichnung „AusbZ Munster“.

Foto vom Einsatz im Kosovo 1999 zeigt einen Checkpoint mit zusätzlichem Wannenschutz. Der Bub hält sich an die Geschwindigkeitsbegrenzung.

Die serbische Bevölkerung des Kosovo freut sich über die Ankunft der 4./PzBtl 33. (Fotos vom damaligen KpChef Hptm Heydasch)

Damalige Feldpostkarten, mehr oder weniger „zünftig"…

Modernisierung und Kampfwertsteigerung nach Leopard 2A6

Leopard 2A6M

Der Bundeswehr-Einsatz im Kosovo verschob den Blickwinkel auf den Schutz. Zwar war der *Leopard 2* bereits durch gezielte Auslegung der Wanne und des Fahrgestells grundsätzlich besser gegen Minen geschützt als die meisten anderen Kampfpanzer. Da sich nun aber taktische und operative Situationen zu verschieben schienen, begannen gezielte Untersuchungen, wo die Stärken und Schwächen genau lagen.

Dazu fanden sich fünf Nationen zusammen, die bereits über *Leopard 2* verfügten: neben Deutschland die Niederlande, Schweden, Norwegen und die Schweiz. In dieser Zeit standen die Wehretats der meisten Staaten unter Druck. Der Kalte Krieg war beendet, die so genannte Friedensdividende wurde eingefordert und viele Armeen fanden sich in einer Lage wieder, die nicht unbedingt den Kampfpanzer als Investitionsziel sah. Würde er aber wie im Kosovo eingesetzt, musste man von einer erhöhten Bedrohung durch Minen ausgehen.

Die gemeinsame Entwicklung wurde nicht allein monetär geteilt, es konnten auch Sach- und Dienstleistungen eingebracht werden. Es erfolgte zunächst die Ansprengung eines serienähnlichen Versuchsträgers an verschiedenen Stellen unter der Wanne, dabei auch in der Nähe des Notausstiegs, da hier eine Schwachstelle vermutet wurde. Innen angebrachte Messmittel und Kameras zeichneten die Auswirkung auf. Basierend auf den Ergebnissen entwickelten zwei Firmen Minenschutztechnologien für den Anbau unter der Wanne. Durch diese wird der größte Anteil des Druckes abgefangen und das Aufreißen des Wannenbodens verhindert. Dennoch entsteht ein von unten eingebrachter Impuls, der sich auf alles auswirkt, was nicht entsprechend befestigt oder zumindest gesichert ist. Der gesamte Kampfraum wurde dahingehend betrachtet, welche Komponenten eine Gefahr für die Besatzung darstellen.

Auffällig und typisch ist das anstelle des Fahrersitzes eingesetzte Gurtsystem, in dem der Fahrer nun hängt. Von außen als einzige Maßnahme erkennbar ist die Minenschutzplatte. Das Modul verläuft unter dem gesamten Kampfraum und hat an der unteren Bugplatte eine Anlaufkante. Die untere Reihe des Munitionshalters im Fahrzeug-Bug entfiel. Neben diesen eher prominenten Änderungen gibt es zahllose weitere Maß-

Am Wannenboden ist ein zusätzliches Minenschutzmodul angebracht. (KMW)

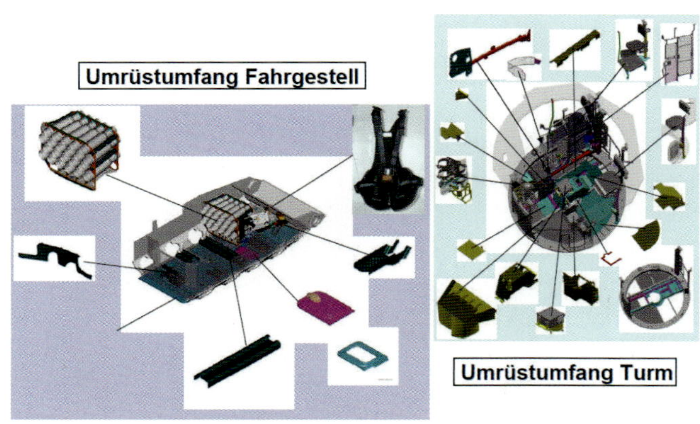

Weniger spektakulär aber sehr umfangreich gestalten sich die Änderungen im Inneren um den Druck- und Impulskräften der Mine Herr zu werden. (KMW)

nahmen, um Bauteile zu entkoppeln oder zu „fesseln", wie zum Beispiel Drehstäbe. Vergleicht man die Änderungen von einem *Leopard 2A6* zu einem *A6M* mit denen von *A5* auf *A6*, so gibt es zwischen den ersten beiden interessanterweise eine größere Anzahl von Unterschieden.
In einer weiteren Ansprengkampagne konnte die Wirksamkeit nachgewiesen werden. Die eigentliche Umrüstung für die Bundeswehr erfolgte zwischen 2004 und 2008. Während die ersten 15 noch als ‚Einsatzbedingter Sofortbedarf' (ESB) beschafft wurden, da noch *Leopard 2* bei KFOR im Kosovo eingesetzt waren, liefen die 55 weiteren über den gewöhnlichen Haushaltstitel. Hauptsächlich kamen die umgerüsteten Fahrzeuge zum PzBtl 203 in Augustdorf. Weitere Nutzer wurden das PzBtl 33 in Neustadt am Rübenberge und natürlich die Panzertruppenschule in Munster. Als Besonderheit muss die Leihe von 20 *Leopard 2A6M* an Kanada für den Einsatz in Afghanistan erwähnt werden. 2007 wurden diese Fahrzeuge, während die Umrüstung noch lief, ausgewählt und bei KMW innerhalb von drei Monaten vorbereitet und übergeben. Die dann *Leopard 2A6M CAN* genannte Version bewährte sich in Afghanistan außerordentlich. Die Rückgabe war für 2011 vorgesehen, was aber dann anders verlief und der Bundeswehr letztlich zum *Leopard 2A7* verhalf. Weiteres zum Kanadier und zum *A7* in den jeweiligen Kapiteln.
Innerhalb der Arbeitsgruppe baute außer Deutschland zunächst nur Schweden 10 *Strv 122* mit Minenschutz zum *Strv 122B* um. Vier weitere wurden nachgezogen.

Obsoleszenz-Probleme und weitere Änderungen
Die ständige Nutzung erfordert eine entsprechende Versorgung mit Ersatzteilen. Neben dem allgemeinen Alterungsprozess, der durch die besonderen militärischen Umstände stärker zu Tage tritt als beim privaten Auto, und der ständigen technischen Weiterentwicklung führt dies langfristig zu Herausforderungen. Die Herstellerlandschaft verändert sich, Herstellungsverfahren gibt es nicht mehr oder werden gar durch neue gesetzliche Auflagen verboten. Als hervorstechend hat sich die Entwicklung im Halbleiterbereich gezeigt. Die Verfügbarkeit eines bestehenden Bauteils hat zu zuvor ungeahnten Halbwertzeiten geführt. In der Summe bleibt festzustellen, dass Änderungen am System wegen taktischer Veralterung vorzunehmen sind (durch Kampfwertsteigerungen, neudeutsch: Produktverbesserungen), aber insbesondere aus Gründen der Versorgbarkeit. Ersatzteile müssen beschaffbar, Baugruppen instandsetzbar bleiben. Und das alles unter wirtschaftlichen Gesichtspunkten, soweit das bei Wehrmaterial überhaupt möglich ist.

Versionsunabhängige, leistungssteigernde Projekte
Unabhängig der politischen Großwetterlage ist die Weiterentwicklung der Truppengattung und ihrer Systeme eine permanente Aufgabe. Da Teilprojekte (wie die KWS III) gestrichen wurden, aber auch das *Leopard 2*-Ablöseprojekt *Neue Gepanzerte Plattform* (NGP), wurde versucht, auf dem bestehenden System Verbesserungen einzubringen. Die Entwicklungsreserven des *Leopard 2* ließen und lassen viel zu, aber stoßen irgendwann an Grenzen. Die geringen Beschaffungszahlen der russischen Armee seit den 1990er-Jahren sorgten für ein trügerisches Sicherheitsgefühl. Es wurde dort aber permanent weiterentwickelt. Zudem wurde Technologie auch im Westen gekauft.

Äußerlich gab es bis auf die hier erkennbare Anlaufkante keine Unterschiede zu den bisherigen A6. Erst später erhielten die A6M weitere Änderungen, die der „Standard A6" nicht bekam.

HE-Anpassung
Die Sprengpatrone DM11 wurde bereits im Kapitel Munition beschrieben. Die Anpassung an den Panzer erforderte einen tiefen Eingriff in das System Feuerleitanlage/Waffennachführanlage. Ballistisch schießt der Panzer beim Modus Luftsprengpunkt über das Ziel. Da vom *Leopard 2*-Prinzip, immer mit dem Haltepunkt auf Zielmitte zu gehen, nicht abgewichen werden sollte, bei gleichzeitiger Bedieneinfachheit, wurde der Besatzung lediglich überlassen, den Zündermodus zu wählen. Das ist in erster Linie die Aufgabe des Richtschützen, kann aber auch vom Kommandanten durchgeführt werden. Natürlich muss der Ladeschütze die Patrone laden und bei seinem Bediengerät tasten.
Die Änderungen umfassten die Zentrallogik/Hauptverteilung, den Feuerleitrechner, die Waffennachführanlage, das Lade-

schützenbediengerät, die Waffenanlage mit Zündbaugruppe und die Anzeige im Hauptzielfernrohr. Hinzu kamen die Bediengeräte für Richtschütze und Kommandant. Das neue Kommandanten-Systemgerät ersetzte die ursprünglichen Bedien- und Anzeigegeräte an seiner rechten Seite und das Munitionskommunikations-Modul (MKM).
Werden diese Maßnahmen in einem Neubau-Programm eingebracht, halten sich die Mehrkosten in Grenzen, da ohnehin alles neu beschafft werden muss. Für die Bundeswehr kam aber nur die Nachrüstung in Frage; zudem waren alle (seinerzeit 350) *Leopard 2* vorzusehen – schließlich war die DM11 die neue Zweitmunition und die DM12 sollte absehbar auslaufen. Entsprechend hohe Haushaltsmittel und Umrüst-Zeiten waren einzuplanen. Dies wiederum führte zu mehrfachem Verschieben des Vorhabens. Die Umsetzung nahm dann doch überraschend Fahrt auf, da sich das *US Marine Corps* für die DM11-Patrone entschied. Hätte sich die Bundeswehr dieser Produktion nicht angeschlossen, wären später hohe Kosten für die Wiederaufnahme angefallen. Da die Patrone ohne angepasste Panzer ihre Vorteile nicht ausspielen kann, wurde mit dem *A7* bald ein Anfang gefunden.

EKKA (Energie- und Kampfraum-Kühlanlage)

Die Energie- und Kampfraum-Kühlanlage (EKKA) wurde als Projekt begonnen, um den Einsatz des Kampfpanzers auch in anderen Klimazonen zu ermöglichen, ohne dass die Leistungsfähigkeit der Besatzung durch extreme Temperaturen litt. Des Weiteren ist auch die Hitzeentwicklung der Elektroniken nicht zu unterschätzen. Damit die Leistung der Kühlanlage nicht den Energiehaushalt des Fahrzeugs belastet, war von Beginn an der Einbau einer Energieerzeugeranlage vorgesehen, umgangssprachlich hat sich die englische Abkürzung APU (*Auxiliary Power Unit*) als Bezeichnung durchgesetzt.
KMW entwickelte die MKK3 (*Modulare Kampfraumkühlanlage, 3 kW*) zur Anbringung an das Turmheck. Für das Fahrgestell war eine 7,5 kW APU in der hinteren rechten Wannenschulter vorgesehen. Erstmalig in Serie realisiert kam diese Kombination bei dem dänischen Umbauprogramm zum *Leopard 2A5DK*. Aus heutiger Sicht lässt sich feststellen, dass es für die Bundeswehr-*Leopard 2* durchaus ein Glücksfall war, dass man seinerzeit ‚nicht ins Geld kam' mit diesem Projekt. Bereits in Dänemark sorgt die APU nicht für Zufriedenheit. Als Dänemark dann 2007 einen verstärkten Panzerzug in Afghanistan einsetzte, zeigte sich eine schwache Standfestigkeit der APU (Leistungseinbruch bis hin zum Ausfall über den Tag) und die viel zu geringe Leistung der Kühlanlage.
Dieser Mangel wurde seitens KMW erkannt. Zunächst versucht man es mit einer weiteren Zusammenarbeit mit der Fir-

Die 17 bzw. 20kW ‚APU' (SEA) in der linken hinteren Wannenschulter stellt die Energieversorgung sicher, so dass der Turm in höchster Betriebsstufe ohne Zuhilfenahme des Haupttriebwerks genutzt werden kann. (RZ)

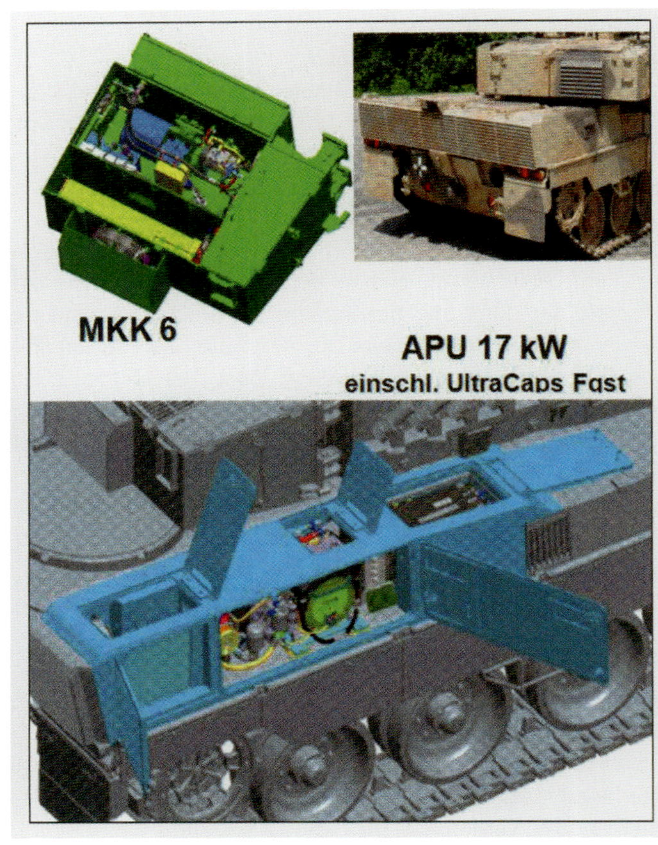

Am Turmheck wird die MKK 6 montiert, der Stauraum entfällt. Die 6kW Kühlleistung sind für die meisten denkbaren Einsätze hinreichend. (KMW)

IFIS macht sich im Inneren hauptsächlich durch den Bildschirm beim Kommandanten bemerkbar. Bei Führungsfahrzeugen hat auch der Ladeschütze einen Bildschirm mit einer Eingabetastatur, die beide wegklappbar sind. (RZ)

ma ESW, was jedoch scheiterte, und es wurde eine Eigenentwicklung angestoßen. Mittlerweile kam zeitlicher Druck auf, da für eine begrenzte Anzahl die Finanzierung möglich war, jedoch eine noch nicht fertige Anlage nicht unter Vertrag genommen werden konnte. Für die nun leistungsstärkere Kühlanlage (MKK6) und um den Turm bei ausgeschaltetem Haupttriebwerk in höchster Betriebsstufe nutzen zu können, war ein Bedarf von 12 kW errechnet worden. Um aufwuchsfähig zu sein und reduzierten Wirkungsgraden begegnen zu können, wurde 17 kW als Leistungsziel ausgegeben.

Der Vertrag zur EKKA wurde zunächst für die kleinere APU unterzeichnet, bei nächster Gelegenheit jedoch über einen Änderungsvertrag zur 17-kw-Anlage gewechselt. Dass KMW mittlerweile eine APU mit 20 kw anbietet, ist lediglich der Mathematik zu verdanken und keiner Konstruktionsänderung. Vielleicht angestachelt durch eine andere 17-kW-Anlage der Konkurrenz, wurde noch mal nachgerechnet, welche Leistung die eigene APU tatsächlich erbringen kann. Trotz der gesteigerten Werte zeigte sich bei Untersuchungen, dass die geforderte Kühlleistung im Extrembereich (>30° C und direkte Sonneneinstrahlung) nicht erreicht wurde. Durch den Einsatz des Barracuda-Systems (Firmenbezeichnung) der Firma Saab konnte der Effekt der Sonne entscheidend reduziert werden. Dabei werden speziell zugeschnittene Matten mit einer Tarnnetz-ähnlichen Oberfläche auf dem Panzer angebracht. In den Matten befinden sich verschiedene Schichten, die zum Teil thermisch-isolierend wirken. Da die oben beschriebene Situation eher in sandreichen Gegenden eintrat und der Einsatz der Bundeswehr mittlerweile weltweit vorstellbar war, wurden die Sätze in Wüstentarnung beschafft.

IFIS (Integriertes Führungs- und Informationssystem)

Der *Leopard 2A5* verfügte als erster Kampfpanzer über eine Navigationsanlage. Dennoch musste der Kommandant die Daten in seine Handkarte übertragen. Von der Sinnhaftigkeit überzeugt, die aufkommende Digitalisierung auch für weitere

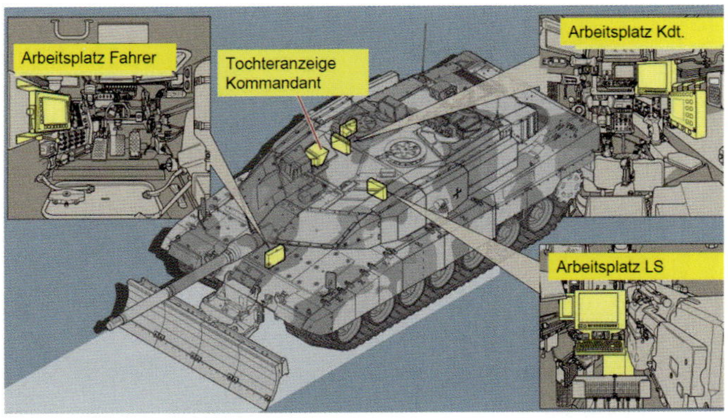

Übersicht der einzelnen Besatzungsplätze mit den IFIS-Bediengeräten und Anzeigen. (KMW)

Zwecke zu nutzen, blieb von der KWS III dieser Aspekt über, nachdem die 140-mm Kanone gestrichen worden war. Während Schweden allerdings diese Idee konsequent im *Strv 122* – dem schwedischen *Leopard A5* – umsetzte, baute Deutschland erstmal nur ein Kompanie-Äquivalent zu Testzwecken. Nach Abschluss der Versuche wurde zwar ein positives Resümee gezogen, zugleich aber auch festgestellt, dass die ausschließliche Ausstattung der Panzertruppe zu kurz gegriffen und nicht im Sinne des Kampfes der Verbundenen Waffen wäre. Mit dem System ADLER bestand bereits eine Truppengattungs-eigene (Artillerie) Insellösung eines Führungssystems. Hier sind neben den Navigationsdaten der eigenen Stellung die Positionen der eigenen Kräfte, Führungslinien und weitere taktische Informationen auf der digitalen Karte zu sehen; ebenso bekannte Feindpositionen. Eine genaue Beschreibung ist nicht Gegenstand dieser Abhandlung, Der Ansatz, ein solches System erforderlicher Weise zusammen mit der Panzergrenadiertruppe einzuführen, erzeugte einen Finanzbedarf, den man seinerzeit nicht bereit war zu stemmen. Ein Ableger dieser Entwicklung kam in Afghanistan zum Einsatz. Für die Kampftruppen der Bundeswehr, speziell die Panzertruppe, wurde auch dieses Vorhaben immer wieder geschoben.

Leopard 2A7

Diese Version entsprang keiner direkten Forderung, sondern ergab sich aus der Summe von Einzelprojekten, die parallel ohne Versionsbezug liefen, grundsätzlich für die Gesamtflotte vorgesehen waren, aber aus haushälterischen oder technischen Gründen keine Umsetzung fanden.

Da Kanada die für Afghanistan geliehenen *Leopard 2A6M* nicht zeitgerecht zurückgeben konnte, boten 20 nicht mehr genutzte niederländische *Leopard 2A6* eine Alternative. Um aus dem niederländischen *2A6* einen *2A6M* der Bundeswehr zu machen, bedurfte es im Wesentlichen zweier Maßnahmen: „Germanisierung' und Minenschutz. Ersteres eher eine Fleißarbeit, da sich die *A6*-Fahrzeuge beider Nationen vielfach identisch waren. Aber es gab auch Unterschiede. Prominent war zum Beispiel die Wurfanlage zum Ausbringen von Nebelkörpern. Das niederländische System von sechs 66-mm-Bechern je Seite musste getauscht werden gegen die Bw-Standardanlage mit acht 76-mm-Bechern je Seite. Das zweitere, der Minenschutz, bedeutete, dass das Fahrzeug nahezu komplett zerlegt werden musste. Für die Finanzierung der Zerlegearbeiten, das Einbringen der Minenschutzmaßnahmen und die Remontage kam Kanada auf. Praktischer Weise nutzte man die Zerlegung auch, um drei bereits beschriebene Maßnahmen einzubringen: HE-Anpassung (Verschießbarkeit der DM11-Sprengmunition in ihren drei Zündermodi), EKKA (Energie- und Kampfraumkühlanlage) und IFIS-Führungssystem. Da sich bereits weitere Obsoleszenzen andeuteten, wurde das alte Fahrerbedien- und -anzeigegerät (auch „Fahrerbedienkasten") nicht mehr eingebaut, sondern durch das neue Fahrerbedien- und Anzeigeinstrument (FBI) mit digitalen Anzeigen ersetzt.

Darüber hinaus war der *Leopard 2A7* Startpunkt für eine Reihe von Änderungen zur Sicherstellung der zukünftigen Versorgbarkeit oder zur Beseitigung von Schwachstellen. Das Wärmebildgerät im PERI des Kommandanten wurde gegen eine aktuelle und leistungsfähigere Version (ATTICA) ausgewechselt. Die Waffennachführanlage wurde durch das Einbringen so genannter *UltraCaps* standfester und temperaturunabhängiger. Um die Lärmbelastung der Besatzung zu reduzieren, kam eine neue Bordverständigungsanlage mit Geräuschunterdrückung SOTAS-IP zum Einsatz. Daran gekoppelt waren die ebenfalls neuen Sprechsätze. Die *A7*-Version war damit, trotz der geringen Stückzahl, wegweisend für anschließende, aber seinerzeit noch nicht absehbare Weiterentwicklungen bezüglich Fä-

Für den Leopard 2A7 wurde zwecks Wärmeisolation ein Barracuda HTR (Heat Transfer Reduction) beschafft um die geforderten Kühlleistung gem. der Forderung einhalten zu können. Da diese klimatischen Bedingungen eher in Wüstenregionen anzufinden sind, ist es in entsprechender Tarnung ausgeführt. (KMW)

Diese Aufnahme zeigt schön die meisten A7-Änderungen direkt oder durch Indikatoren: APU und MKK6 (mit den Lamellen am Turmheck), die erstmalig an Bw-Leopard 2 montierten dickeren Comrod-Antennen (IFIS), die neue BV-Anlage (durch die geschwungen geführten Abschleppseile und die Außenbordsprechstelle dazwischen), Halterungen (die Erker) für Zusatzpanzerung an der Wannen-Seitenwand. Das erhöhte Abstandsblech hinter der Kommandantenluke zeugt vom UltraCap. (WB)

Neben den bereits erwähnten Änderungen bekam der Fahrer ein teil-digitalisiertes Bedien- und Anzeigeinstrument (FBI) mit einem Monitor. Der Leopard 2A7 legte den technischen Grundstein für den A7V. (RZ)

Die 20 Leopard 2A7 sind mittlerweile zur Version A7V umgerüstet. Der auf dem Bild gezeigte hat zuvor noch das SPECTUS Nachtsichtgerät auf der oberen Bugplatte erhalten. (WB)

higkeiten und Stückzahlen. Es war auch ein Aufzeigen, dass trotz des gegenläufigen Trends, insbesondere in Europa, für den Panzer im Allgemeinen noch etwas getan werden konnte und sollte. Kurz vor Auslieferung der Kampfpanzer konnte noch die Freigabe für den Ersatz des Bildverstärker-Geräts BiV des Fahrers erreicht werden. Die gewählte Lösung SPECTUS war bereits beim BPz 3A1 *Büffel* zur Anwendung gekommen. Dann aber überschlugen sich die Ereignisse. Ohne zu viel vorwegnehmen zu wollen, wurden die *A7* in ein weiteres Umrüstung-Programm gesteuert, so dass nicht alle vor Abgabe noch mit dem SPECTUS ausgestattet wurden.

Leopard 2 A7+/PSO-VT

Trotzdem sorgte der *Leopard 2* als *A7* in der oben beschriebenen Form teilweise für Überraschung. Chronologisch gehört dieser Abschnitt eigentlich vor den Leopard 2A7.
Um den *Leopard 2* nicht nur für den Einsatz in seiner ursprünglichen Rolle, der Bekämpfung gegnerischer Kampfpanzer in Duellsituationen, fit zu machen, sondern auch für Unterstützungsaufgaben im Rahmen asymmetrischer Konflikte, war zuvor ein neues Projekt aufgesetzt worden. Es sollte den *Leopard 2* für sämtliche Rollen „im gesamten Aufgabenspektrum“ befähigen, auch wenn die Gesamt-Flotte weiterhin schrumpfte. Entwickelt wurde eine groß- und eine kleinmodulare Lösung. Sie unterschieden sich grob zum einen dadurch, dass im Falle eines Einsatzes nur der Turm getauscht wurde. Für Einsätz in bebautem Gelände – so genannte UrbOps (*Urban Operations*) – wären in begrenzter Anzahl entsprechend vorbereitete Türme eingelagert worden. Diese wiesen Merkmale wie Waffenstation, verbesserter Schutz gegen Hohlladungsbedrohungen (360° RPG-7-Schutz), Rundumsicht und Behalt des kürzeren L44-Rohres der Waffenanlage auf. Als Alternative sollten alle Fahrzeuge eine Vorbereitung zur Aufnahme der zusätzlichen Elemente bekommen. Auch an eine Pionierschnittstelle war gedacht, um ggf. einen Räumschild, Minenpflug oder -roller montieren zu können. Gemein hatten beide Lösungen die HE-Anpassung, die EKKA und IFIS.
Im Rahmen der Projektierung wurde ein Demonstrator/Prototyp gebaut, der die Bezeichnung PSO (*Peace Support Operations*)-Demonstrator erhielt. Diese wenig werbewirksame Bezeichnung ersetzte KMW dann im öffentlichen Raum, wie zum

Schon beim PSO-Panzer wurde eine unabhängige Waffenstation (aus dem Schweizer WE-Programm) mit einer Bedieneinheit beim Ladeschützen aufgesetzt. (Rhm)

Die später Leopard 2A7+ getaufte Version durchlief als PSO-VT verschiedene Untersuchungen des BWB (heute BAAINBw) als Teile der Komponenten und als Gesamtfahrzeug. (KMW)

Beispiel der Eurosatory Messe in Paris, durch *Leopard 2A7+*. Das „+" suggerierte, dass an diesem Fahrzeug noch mehr modifiziert wurde, als es mit den Vertretern der Bundeswehr, dem damaligen BWB und dem Heer, abgesprochen war. Prominentestes Beispiel dafür lieferte das neue Periskop RTWL für den Kommandanten. Es ersetzte das PERI R17A2 und kam schon, leicht abgewandelt, beim SPz *Puma* zum Einsatz.

Da alle damaligen 350 KPz *Leopard 2* für dieses Maßnahmenpaket vorgesehen waren, wurde die Bezeichnung *A7* im Projekt zur Gewohnheit. Letztlich scheiterte es aber wegen mangelnder Finanzierbarkeit. Der Schwerpunkteinsatz des Heeres lag immer noch in Afghanistan und mit den Rüstungsprojekten *Puma* und *Boxer* waren die Kampffahrzeug-Titel gut ausgelastet. Dreh- und Angelpunkt war um 2013/14. Als nun die *A6M*-„Kanada-Rückkehrer" mit den beschriebenen Maßnahmen ausgestattet wurden, waren ihre Unterschiede im Bereich Logistik und Fähigkeit zu groß, um als weitere Untervarianten des *A6/A6M* bezeichnet zu werden. Der so ent-

Mit dem Barracuda System der Firma Saab verkleidet, zeigt das Demo-Fahrzeug hier neben der Waffenstation das neue RTWL-Periskop. Solche Änderungen, die für die Bundeswehr nicht in Frage kamen, führten zu der ‚+'-Ergänzung. (KMW)

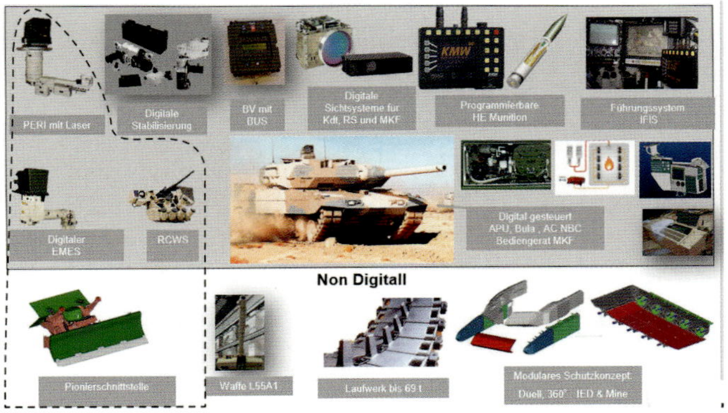

Von KMW aufgezeigte Möglichkeiten von Änderungen in den frühen 2010er Jahren. Letztlich kommt der Exportauftrag nach Katar der Darstellung am nächsten. (KMW)

Dass der Leopard 2A7 der Bundeswehr dann noch weitere Unterschiede hatte, hatte andere Gründe. Hier wird der montierbare sogenannte 360°-PG-Schutz am Turm gezeigt. (KMW)

standene ‚andere' *A7* hatte aber natürlich bei weitem nicht die Ausstattung des *PSO/A7+*. Dennoch waren die Bemühungen nicht umsonst gewesen, konnte doch in dieser „panzerlosen Zeit" ein Exportauftrag aus Katar gewonnen werden, der dann auch eine „+" erhielt: *Leopard 2A7+ QAT*.

Leopard 2A6M+

Mit dem *Leopard 2A7* verfügte die Bundeswehr nun über eine Ausführung des *Leopard 2*, die sich bezüglich ihrer Fähigkeiten nicht zu verstecken brauchte. Die Stückzahl war jedoch begrenzt und entgegen so mancher Veröffentlichung war nie die komplette Umrüstung der Flotte auf Stand *A7* angedacht.

In Punkto Bedienbarkeit stellte der *Leopard 2A7* für die Besatzung eine Umstellung auf gewohnter Basis dar. Das neue Bediengerät für den Kommandanten und das FBI für den Fahrer waren an den jeweiligen Plätzen, für alle aber war die neue SOTAS-IP BV-Anlage verbaut. Diese ist zwar technisch anspruchsvoller, aber ohne Ausbildung kaum zu bedienen. Um mehr Fahrzeuge mit diesem Bedienkonzept auszustatten, konnten dann tatsächlich Gelder freigemacht werden. Das Gesamtpaket blieb aber relativ klein: zur BV-Anlage und zum Kommandanten-Systembediengerät kam noch die Brandunterdrückungsanlage hinzu. Die Fahrzeuge ließen sich äußerlich leicht identifizieren, sofern man einen Blick auf das Heck bekam: die bisher *Leopard-2*-typischen gekreuzten Abschleppseile am Heck waren nun geschwungen und ließen die Mitte frei, um besseren Zugang zur Außenbordsprechstelle zu haben. Das gab es bereits bei der *A7*-Version, diese zeigt aber auch andere Merkmale. Die Fahrzeuge erhielten das Verstaukonzept für Handwaffen in Gestalt einer Box vor der Kommandantenluke und von Schnellhalterungen um die Ladeschützenluke. Quasi nicht erkennbar ist die Einrüstung des ATTICA-Wärmebildgerätes im PERI R17 des Kommandanten. Nicht realisierbar waren die HE-Anpassung und das FBI. Dafür wurden systemstabilisierende *UltraCaps* verbaut. Diese waren für alle *Leopard 2* mit dem längeren L55-Rohr geplant, hier kamen sie im Rahmen der Umrüstung gleich zu Beginn.

Geplant war die rasche Umrüstung aller verbliebenen 50 *Leopard 2A6M*, so dass von einer Änderung der Bezeichnung und der notorischen Bundeswehr-Material- bzw. Versorgungsnummer abgesehen wurde. Um die Fahrzeuge während des Umrüstprozesses unterscheiden zu können, erhielten sie zeitweilig ein „+". Alle sind mittlerweile in einem weiteren Umrüstprogramm aufgegangen, dem *Leopard 2A6M A2*.

Auswirkung der Änderung der außenpolitischen Rahmenbedingungen

Da nicht alle eigentlich erforderlichen Maßnahmen beim *Leopard 2A6M* und keine einzige bei den *Leopard 2A5/A6* platziert werden konnten, blieb nichts anderes übrig, als auch für diese ein Programm zum Erhalt der Einsatzreife vorzusehen. Hier waren nun die vorher einzeln geplanten Maßnahmen zu-

Zwei (von insgesamt vier) Löschmittelbehältern sind – hier auf der LS-Seite – sowie der RS-Seite verbaut. Auf dem linken befindet sich eine Verteilerdüse. (RZ)

Als erster Verband bekam das PzBtl 104 in Pfreimd den Leopard 2A6M+. Mit der Umrüstung auf das duale Führungssystem wurden diese Fahrzeuge zu A6M A2 und konzentriert beim PzBtl 414 eingesetzt. (WB)

Eine weitere, mittlerweile wieder verschwundene Zwischenvariante des Leopard 2A6M stellt der Leopard 2A6M+ dar. Mit einem Mini-Paket kann man ihn als kleinen Bruder des A7 betrachten. Äußerlich nur erkennbar an den geschwungenen Abschleppseilen (Außenbordsprechstelle der SOTASIP BV-Anlage und der UltraCap Abdeckung (hier an einem A7V)). Die runde Abdeckkappe ist über dem Überdruckventil. (RZ)

Als Gesamtablöse in der Leopard 2-Flotte geplant, wurde die SOTAS-IP BV-Anlage ab dem 2A7 bei jedem Umrüstprogramm zum Standard, so auch beim A6M+. Äußerlich erkennbar durch die bei der Bundeswehr nun neue Außenbordsprechstelle, die wiederum die geschwungen geführten Abschleppseile erforderte. (RZ)

sammengefasst. Das einzelne Ansetzen war bis dahin durchaus sinnvoll, da für umfangreiche Maßnahmen kaum Geld zu bekommen war. Für kleinere Pakete ohne technischen Zusammenhang gab es jedoch, quasi einer Salamitaktik ähnlich, immer mal wieder Möglichkeiten. Dies änderte sich mit der völkerrechtswidrigen russischen Besetzung der Krim im Jahr 2014. Erstmalig wurden nach Jahren geplante Reduzierungen abgebrochen und wieder mit Aufwuchs und Verbesserung geplant.

Mit der Abgabe von 105 *Leopard 2A5* an Polen über drei Jahre wurde auch zwei Panzerbataillone aufgelöst, bzw. umgewandelt in ein Panzergrenadierbataillon (33) und ein Jägerbataillon (413). Noch in diesem Prozess fiel die Annexion der Krim. In Deutschland führte dies zur Rücknahme der Reduktion auf 228 Kampfpanzer. Auf die noch ausstehende Stilllegung von elf *Leopard 2A6* wurde verzichtet. Es folgte der Beschluss, die Stückzahl wieder hochzusetzen und mittel- bis langfristig zwei Panzerbataillone aufzustellen. Dies erfordert naturgemäß Zeit.

Leopard 2A6M A2

Die Aufstellung des Panzerbataillons 414 ging einher mit der Unterstellung in die 37. Brigade (NLD), die wiederum der deutschen 1. Panzerdivision unterstellt ist. Da das niederländische Heer bereits umfassend ein Führungssystem nutzte (NLD BMS ‚Elias'), musste das Panzerbataillon angepasst werden, um führungsfähig zu bleibenn. Dem PzBtl 414 waren die *Leopard 2A6M/M+* zugeteilt. Zu diesem Zeitpunkt verfügten in der Bundeswehr nur die 20 *Leopard 2A7* über ein Führungssystem. Deren IFIS war aber nicht mit ‚Elias' kompatibel. Man untersuchte aber erfolgreich, ob die Elias-Software auf IFIS-Hardware funktionierte. Lediglich die deutschen Standard-Funkgeräte waren nicht kompatibel. Damit die als *Leopard 2A6M A2* eingeführte Version nicht auf ewig dem PzBtl 414 verschrieben ist, gibt es einen Wechselsatz, der zum Fahrzeug gehört. Soweit möglich, ist die Standard-IFIS-Hardware verbaut. Je nachdem, wo das Fahrzeug eingesetzt wird, müssen die entsprechenden Funkgeräte umgebaut (auf Truppenebene möglich) und die jeweilige Software genutzt werden.

Mittlerweile waren Haushaltsmittel für die Ausstattung aller zusätzlich minengeschützten Fahrzeuge mit dem SPEC-

Im Unterschied zum A6M+ hat der Leopard 2A6M A2 die für das Führungssystem erforderlichen Comrod-Antennen mit den wesentlich dickeren Sockeln. Quer über dem Heck liegt der schmale Verstaukasten für die Antennen. Unverändert hat der A6M A2 noch die alte Rückfahrkamera für reine Tagsicht. (FL)

TUS-Fahrernachtsichtsystem freigegeben, zusammen mit *A7*. Die meisten der vom Stand *A6M+* auf *A6M A2* umgebauten Fahrzeuge erhielten diese Maßnahme parallel, die sich leicht am SPECTUS-Sensorkopf auf der oberen Bugplatte erkennen lässt.

Hinweis: in der Versionsbezeichnung gab es den *Leopard 2A6M A1* als ein mit einem SEM 93 ausgestattetes Führungsfahrzeug des Bataillonskommandeurs.

Zeitgleich mit dem dualen Führungssystem wurde auch das SPECTUS Nachtfahrsystem als Ersatz für das BiV eingerüstet, hier zu erkennen am Sensorkopf auf der Bugplatte. (FL)

Leopard 2A7V

Im April 2015 verkündete die damalige Verteidigungsministerin Ursula von der Leyen den Rückkauf von 100 *Leopard 2* durch die Industrie. Hierbei handelte es sich um *Leopard 2A4* aus ehemaligen Bw-Beständen, aber auch aus Beständen des österreichischen Bundesheeres, die KMW ein paar Jahre zuvor erworben und eingelagert hatte. Die geänderte Bedrohungslage machte es erforderlich, sich alle Optionen offen zu halten.

Letztlich wurden von den 100 Fahrzeugen nur 32 direkt zurückgekauft und temporär für Umbauten in Familienfahrzeuge eingelagert. Die Beistellung einer Wanne inklusive der Hochwertbaugruppen Motor und Getriebe macht solche Programme wirtschaftlich interessant. Die weiteren 68 Fahrzeuge flossen direkt in die Umrüstung auf einen noch zu definierenden Bauzustand. Hinzu kamen 16 eingelagerte *Leopard 2A6* der Niederlande sowie die bereits vorhandenen 20 *Leopard 2A7*, die sonst eine „logistische Insel" dargestellt hätten.

Der Auftrag war kurzgefasst: Stückzahlerhöhung für dann sechs Bataillone, und das auf einem möglichst hohen Stand und abgeschlossen bis 2023. Diese Rahmenbedingungen ließen keine Experimente zu. Möglich war nur, was bereits fertig entwickelt war oder noch im Zeitrahmen qualifiziert werden konnte. Hier spielte nun in die Karten, dass vieles bereits im Rahmen Obsoleszenz- und Schwachstellenbeseitigung eingeleitet war, was KMW bei internationalen Projekten schon realisiert hatte und dass Nutzererfahrung vom *Leopard 2A7* vorlagen.

Der Fahrgestell-Bug, wie schon seit dem schwedischen *Strv 122* bei internationalen Neubau-Projekten Standard, wurde nun eingebracht und veränderte die Frontform. Auffallend die nun eckigen Scheinwerfer. Die obere Bugplatte bekam eine leichte Dachschutzplatte. Die Kampfraumkühlanlage MKK6 wurde gegen eine KKA (kombinierte Kühlraum- und ABC-Anlage) getauscht, wie sie bereits im *Leopard 2A7+* für Katar verbaut worden war. Weiterhin im Turmheck eingesetzt, beinhaltet sie ebenfalls die ABC-Anlage, deren alter Bauraum im Fahrgestell nun eine kleinere zusätzliche Kühlanlage erhielt. Über ein Schlauchsystem kühlt sie gezielt den Bereich des Fahrers. Dieser neue Anteil erfüllte auch Forderungen, die beim *A7* noch nicht erreicht worden waren.

Der *Leopard 2A7V* ist für den so genannten RPG-7-Rundumschutz vorbereitet. Beim Vorgänger *A7* gab es diesen nur am Fahrgestell. Mit diesem Schutz sieht er dem *Leopard 2A7+/PSO-VT* sehr ähnlich.

Der Antriebsstrang wurde verstärkt, um dem Gewichtsaufwuchs zu begegnen. Die Einzelmaßnahmen umfassten im Wesentlichen ein geändertes Seitenvorgelege, das Getriebe und die Kette. Das Seitenvorgelege hat nun eine geänderte

Der KPz Leopard 2A7V beim PtBtl 393. Dieser Verband wurde wegen seines VJTF 2023-Auftrags vorzeitig mit diesem System ausgestattet. Typisch sind die seitlichen Verstaukörbe. (RZ)

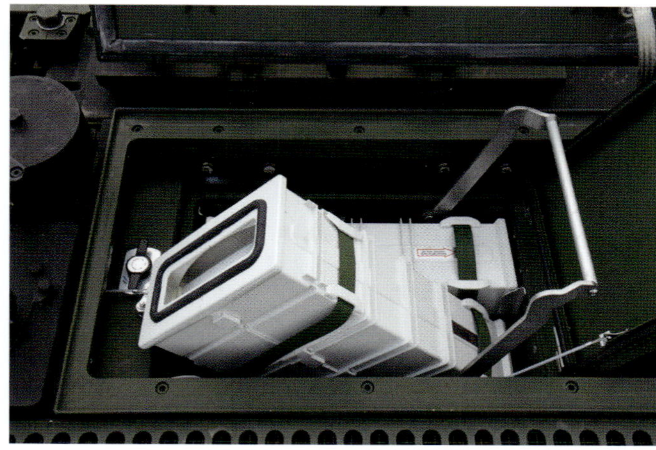

Die hier gezeigte KKA ersetzt die MKK6 und hat neben der Kühlfunktion eine ABC-Schutzanlage integriert. Oben rechts ist die Filterwechselklappe geöffnet. (RZ)

Untersetzung, so dass wieder ein Beschleunigungsverhalten wie beim ursprünglichen *Leopard 2* bis zur Version *A4* erreicht wurde, allerdings auf Kosten der Endgeschwindigkeit. Das geänderte Seitenvorgelege erforderte eine Härtung des Getriebes am „Kraftausgang‘. Wegen Herstellervorgaben war die alte Kette, die so genannte „FT-Kette“, nicht mehr zulässig. Zur Verwendung kommt nun die optisch nicht unterscheidbare „Z-Kette“. Als weitere Maßnahme sitzen an den Laufrollenstationen 4 und 5 hydraulische Endanschläge anstelle der mechanischen.

Blick auf die beiden hydraulischen Endanschläge.

Der Umstieg auf eine neue Generation Wärmebildgeräte war mit dem ATTICA im PERI R17 des Kommandanten bereits eingeleitet, nun erhielt auch der Richtschütze dieses Gerät der 3. Generation. Das für den Fahrer vorgesehene SPECTUS-Nachtfahrgerät vorn kommt nun auch am Heck zum Einsatz, wo bisher nur eine Tagsicht-Kamera saß.

Die weiteren Maßnahmen sind taktisch weniger von Bedeutung, dienen aber der allgemeinen Verbesserung, wie z. B. der Ergonomie und der Versorgbarkeit. Dazu zählen ein neuer Laser, neue Halterungen für die 120-mm-Munition, ein neues Verstaukonzept sowie ein neuer größerer Monitor für den Kommandanten. Der universelle Monitor lässt sich in allen *Leopard 2* ab *A5* als Ersatz nutzen.

Übersicht der wesentlichen Maßnahmen:

- Bugschutzmodul Wanne
- Bugdachschutz
- Änderung des Kühlkonzeptes, Verlegung der ABC-Anlage
- Wärmebildgeräte neuster Generation für Kommandant und Richtschütze
- SPECTUS-Nachtsicht für Fahrer vorn und hinten
- Verstärkung Antriebsstrang wegen Gewichtsaufwuchs
- Elektrische Nachführanlage neuer Generation
- Kleinere Maßnahmen im Bereich Obsoleszenz-Beseitigung
- Verbesserung Ergonomie und Verstaukonzept
- Täuscherrobustheit NAV-Anlage

Der Beginn der Nutzung sorgte der *Leopard 2A7V* für eine gewisse Aufregung, da die Einsatzlage zunächst nicht das von einem Neufahrzeug erhoffte hielt. Dabei stellte das Muster kein reines Neufahrzeug dar. Viele Teile waren zwar tatsächlich neu, viele aber auch geänderte Alt-Anteile. Für diese beiden Möglichkeiten gab es anfangs naturgemäß wenig bis keine Ersatz-

Übersicht der wesentlichen Änderungen am Leopard 2A7V. (KMW)

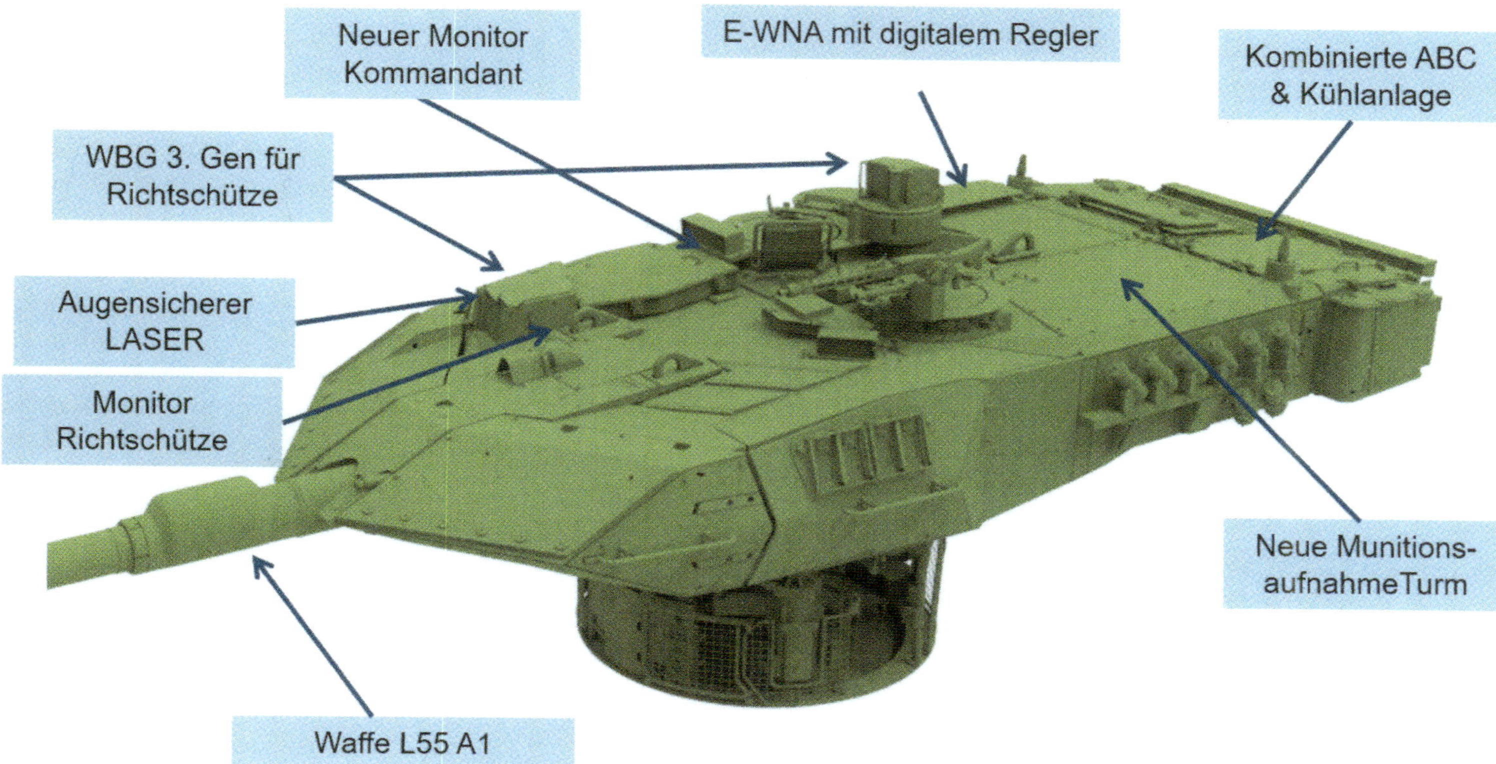

Das Bild verschafft einen Überblick der wesentlichen Änderungen im Leopard 2A7V Turm. (KMW)

teile. Mittlerweile hat sich die Einsatzlage auf hohem Niveau stabilisiert.

Intermezzo Munition und Waffenanlage

Nachdem die so genannte Zweit-Munition mit der DM11 ihre Lösung erfahren hatte, gab es Betrachtungen bezüglich der Leistungsfähigkeit der aktuellen KE-Munition auf geänderte Bedrohungen. Es zeigte sich, dass Leistungssteigerungen zwar durchaus möglich sind, aber Änderungen an der Waffenanlage erfordern. Der zusätzliche Änderungsbedarf hielt sich bei den von *A4* auf *A7V* umzurüstenden Fahrzeugen in engen Grenzen, so dass diese direkt ausgestattet wurden. Mittlerweile wird diese Befähigung ausgeweitet. Die neue KE-Munition wird als DM73 eingeführt. Für die Bundeswehr dürfte dieses nicht der letzte Entwicklungsschub zu sein.

Beim Leopard 2A7V besteht die Mehrfachwurfanlage nur aus sechs Bechern pro Seite. Die unteren beiden sind entfallen, um die Schutzpanzerung schnell und ohne weitere Vorbereitung zu montieren (wie hier gezeigt am A7+).

Leopard 2A6(M) A3

Die Änderungen der in Nutzung befindlichen *Leopard 2*-Versionen zur längerfristigen Versorgbarkeit ließen sich nur eingeschränkt umsetzen (siehe *Leopard 2A6+*). Deshalb hatte man bereits um 2014 – also vor der Entscheidung zum *Leopard 2A7V* – ein perspektivisch sinnvolles Maßnahmenpaket geschnürt, das sich nun beim *A7V* direkt einbringen ließ.

Gut zu erkennen ist die Anlaufkante des Minenschutz-Moduls. Ohne diese wäre es ein Leopard 2A6A3. Alle 50 A6M und 51 der A6 sind oder werden auf diesen Stand gebracht. Sammelbegriff ist 2A6(M)A3. (WB)

Dieser Abschnitt zeigt auf, wie Teile der *Leopard 2A6*-Flotte auf diesen neuen modernen Stand gebracht werden. Da es *Leopard 2A6* ebenso wie *Leopard 2A6M* betrifft, wurde als Sammelbegriff *2A6(M)* gewählt. Letztlich handelt es sich um eine Angleichung der Fähigkeiten zum *2A7V*. Die *Leopard 2A6 A3* und *A6M A3* sind hochgradig identisch. Ersteren fehlt im Grunde nur das Minenschutzmodul unter dem Wannenboden. Selbst die Umbaumöglichkeit vom Bundeswehr-IFIS auf das niederländische „Elias" blieb bei allen erhalten. Alle *Leopard 2A6* mit Minenschutz (50) und 51 der (insgesamt 155) „Standard'- *Leopard 2A6* sind für den Umbau vorgesehen, welcher im Wechsel *A6M/A6* seit 2021 bis 2025 stattfindet.

Vergleich Leopard 2A6(M) A3 mit A7V

Insbesondere der *A6M A3* kann somit als jüngerer Bruder des *A7V* betrachtet werden. Er hat kein Wannenbug-Schutzmodul, keine APU und keine Kühlanlagen, ist ansonsten aber im Wesentlichen gleich; in den Bereichen Optronik, Waffenanlage, Führung/Navigation und vielen Kleinigkeiten sogar identisch. Damit sind die 205 *Leopard 2* dieser Ausführungen trotz Unterschieden in Bezeichnung und Aussehen in Fähigkeit und Logistik ziemlich ähnlich.

Ein Leopard 2A6M A3, welcher gut an dem SPECTUS-Sensorkopf zwischen den runden Fahrscheinwerfern zu identifizieren ist. Die oberen Bugplatte hat eine Abstandszusatzpanzerung wie der A7V. (RZ)

Das Verstaukonzept der A6(M) A3 ist ebenfalls an den A7V angeglichen und hinter den Luken identisch. (RZ)

Leopard 2A7A1 und A8

Schon seit mehreren Jahren beschäftigt sich die Bundeswehr mit aktiven Schutzsystemen. Treibend ist die Erkenntnis, dass sich die Bedrohung durch Hohlladungsmunition von Panzerfäusten und Lenkflugkörpern mit konventionellem passivem Schutz nicht mehr in den Griff bekommen lässt. Dem Zeitgeist folgend, lag der Schwerpunkt auf Verhinderung von Kollateralschäden – grundsätzlich nachvollziehbar, aber zu technischen Klimmzügen verleitend, die letztlich in die Irre führen. Während viele Nationen ohne wirklichen einsatzbedingten Druck an Lösungen arbeiteten, herrschte in Israel eine andere Situation. Einsätze israelischer Panzer im Süd-Libanon zeigten die Schwächen der bisherigen Systeme auf, worauf man mit einem komplett neuen Ansatz ein Aktives Schutzsystem entwickelt. Die Einführung erfolgte sogleich mit dem KPz *Merkava IVM*, die Bezeichnung „Trophy" dient der internationalen Vermarktung.

Der mit dem aktiven Hardkill-Schutzsystem TROPHY ausgestattete Leopard 2 bekommt die Bezeichnung 2A7 A1. Der hier gezeigte Prototyp entspricht technisch der Serie mit den beiden Sensorköpfen beidseitig der Turmfront. (KMW)

Der Einsatz US-amerikanischer KPz *M1* neuerer Ausführungen speziell im Irak zeigte einerseits die Unverzichtbarkeit von Kampfpanzern in solch einem Szenar, aber auch deren besondere Verwundbarkeit. Weder Presse noch Öffentlichkeit nahmen davon besonders Notiz. Als aber im Dezember 2016 mehrere türkische *Leopard 2A4* in Syrien von Lenkflugkörpern des so genannten IS abgeschossen wurden, gab es ein Aufheulen. Für Fachleute war es keine Überraschung, sorgte aber für eine beschleunigte Entscheidung für das weitere Vorgehen bei der Bundeswehr.

Mit „Trophy" gab es eine marktverfügbare Lösung, die ihre Leistungsfähigkeit bereits in Gefechtseinsätzen unter Beweis gestellt hatte. Das Beschaffungsamt erhielt den Auftrag, mit der israelischen Seite zu prüfen, wie sich „Trophy" in einen Leopard 2 integrieren ließe. Nachdem die Arbeit auf Firmenebene

Seitlich am Turm ist die Werfereinheit angebaut. Bei dieser Aufnahme sind die Gegenmaßnahmen zu erkennen, welche die anfliegende Bedrohung abfängt. Damit die Besatzung im Turm geschützt ist, sind Schutzschilde verbaut, welche Glasblöcke enthalten, damit die Rundumsicht nicht zu sehr eingeschränkt ist.

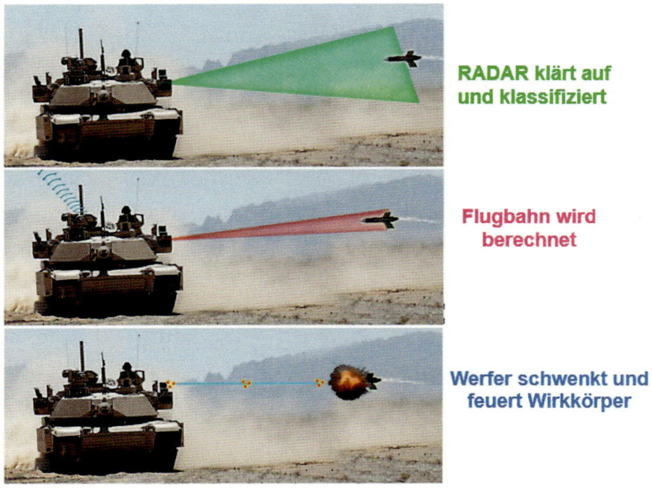

Das Wirkprinzip von Trophy gezeigt mit einem M1 Abrams. Zusammen mit den Merkava IV und Leopard 2 sind damit schon drei Kampfpanzer-Typen mit Trophy ausgestattet, der Challenger 3 soll folgen. (RAFAEL)

Die Sensoren sind an jeder Ecke des Turmes um den ganzen Panzer abzudecken. Für den Bahntransport können die ausladenden Anbauteile abgenommen werden. (FL)

nur langsam vorankam und die Anlage auf einem *Leopard 2A4* bei einem Versuchsbeschuss überzeugen konnte, zeigte sich trotzdem, dass für eine Serienumrüstung weit mehr getan werden musste. Um nicht bei einer zu frühen Beauftragung einer Großserie in unvorhersehbare Probleme zu laufen (wie z. B. beim SPz *Puma*), wurde eine Entwicklung vorgeschaltet und dann eine Kleinserie von 17 Fahrzeugen vorgesehen. Der Bau der ersten Fahrzeuge soll 2024 zulaufen. Da sie über die APU und eine Kühlanlage verfügen, sind sie der *A7*-Familie zuzuordnen und erhielten so die Bezeichnung *A7A1*.
Die Kernelemente bilden jeweils ein Werfer pro Turmseite. Die Gegenmaßnahmen decken an den Seiten 180° ab, so dass sich vorn und hinten eine Überdeckung ergibt. An den Turmecken sind jene Sensoren montiert, welche die anfliegenden Bedrohungen orten. Erkennt der Rechner, dass das Fahrzeug nicht getroffen wird, kommt es zu keiner Auslösung. Im Falle einer Auslösung setzt der Ladeautomat sofort eine neue Gegenmaßnahme auf den Werfer.
Ein serienähnlicher *Leopard 2* wurde mehrfach erfolgreich getestet, so dass die Änderungen zum endgültigen Konfigurati-

Dieses Fahrzeug (erstmalig gezeigt 2022 in Paris) wird in einigen Quellen als Leopard 2A8 angesprochen. Wie es zu dieser Verwechselung kommt, kann nicht nachvollzogen werden, da es noch keinen Leopard 2A8 gibt. (KMW)

onsstand in Grenzen hielten. Für den Fall, dass Kommandant oder Ladeschütze in ihren Luken trotz Warnsignal nicht schnell genug abtauchen können, gibt es zwischen Werfer und Luken noch einen Schutzschild, der teilweise mit Klarsichtblöcken versehen ist, um die Sichteinschränkungen in Grenzen zu halten. Abgesehen vom Schutzsystem verfügt der *Leopard 2A7A1* in Bezug auf elektrische, elektronische und optronische Baugruppen über einen hohen Ident-Anteil mit den Versionen *A7V*, *A6A3* und *A6M A3*. Baugruppen wie z. B. Feuerleitrechner oder PERI R17A3 lassen sich innerhalb dieser Gruppe austauschen.

Leopard 2A8

Der *Leopard 2A8* ist der neueste Stand des *Leopard 2* der Bundeswehr und der panzerbauenden Industrie in Deutschland (2024). Auf den ersten Blick unterscheidet er sich kaum von der Ausführung *A7A1*, verfügt er doch über die gleichen Wesenselemente. Während aber der *A7A1* letztlich einen weiteren Umbau basierend auf älteren *Leopard 2*- Versionen darstellt, handelt es sich beim *A8* um einen vollständigen Neubau.

Für die Bundeswehr zunächst nicht vorgesehen, geht er auf eine Forderung der norwegischen Streitkräfte zurück, die den neuen *Leopard 2* im Januar 2023 nach einer Vergleichsuntersuchung Anfang 2022 bei KNDS (vormals KMW) beauftragten. Ebenfalls im Januar 2023 entschied sich die Bundesregierung für die Abgabe von 18 *Leopard 2A6* an die Ukraine. Nahezu zeitgleich erfolgte der Auftrag an das Beschaffungsamt, möglichst schnell für Ersatz zu sorgen. Dies war nur möglich, wenn man sich einer aktuellen oder absehbaren Produktion anschloss. Der abermalige Umbau aus älteren Versionen kam schon alleine mangels Basisfahrzeugen nicht in Betracht. Letztere bringen die alten Baugruppen mit, die dann instandgesetzt und teilweise modifiziert wieder zum Einsatz kommen. Diese Baugruppen sind aber oftmals nicht 1:1 neubaubar, da sich Richtlinien und Normen geändert haben, es Hersteller oder Herstellungsverfahren nicht mehr gibt oder es sich um Technik handelt, deren Produktions-Aufrechterhaltung bei derart kleinen Stückzahlen und geringer Nachfrage schlicht unrentabel ist.

Beim *Leopard 2A8* kommen somit überwiegend Baugruppen und Technologie zum Einsatz, die absolut *„state-of-the-art“* sind, ohne die bewährten Wege zu verlassen. Die Bedienung wird moderner, auch digitaler, trotzdem kann eine bereits ausgebildete Besatzung sehr schnell ihre Grundfertigkeiten einbringen.

Seit der Neuproduktion für internationale Kunden gehört der Turmdachschutz zum Standard. Weitere Teile und Baugruppen kommen durch die *A8*-Version bei der Bundeswehr erstmalig zum Einsatz. Bei der aktuellen Stückzahl von 18 Fahrzeugen stellt sich natürlich die Frage ob, eine Rückanpassung auf vorhandene Lösungen der Bestandsflotte nicht sinnvoller wäre. Dies ist aber abzulehnen, da sich über den neuen Weg ein modernerer, langfristig wieder besser versorgbarer Standard erreichen lässt, den man mit internationalen Partnern teilen kann. Die entsprechenden Arbeitsgruppen unter dem LEOBEN-Dach (Zusammenschluss von LEOpard BENutzer-Staaten) gibt es.

Wesentliche Änderungen und Unterschiede A8 zu A7A1

- Turmdachschutz mit Schiebeluken
- Feuerleitanlage mit vereinfachter Bedienung und Sensormast
- Verbesserte Kühlleistung für das Triebwerk
- Neue EWNA (4. Generation)
- Integration „Trophy“-MV
- Gewichtsoptimierende Maßnahmen
- Bedienkonzept-/Ergonomieverbesserungen
- NGVA-Konzept im Turm
- Mittelfristig ist eine Erhöhung der Stückzahl auf mindestens Bataillonsgröße sinnvoll.

Bewertung & Zusammenfassung

Der klassische Weg, forderungsbasierend eine Entwicklung anzustoßen und dann in die Serie zu überführen, wurde nach Ansicht des Autors anfangs nur beim *Leopard 2*, bei der KWS I und II, sowie beim Minenschutz beschritten. Die politische Situation, die Rückschlüsse daraus und die Neukonzeption des Beschaffungsweges führten nur wegen der großen Verbreitung und seines hervorragenden Rufes nicht zur Verdrängung des *Leopard 2*. In der Bundeswehr überlebte er die Einführung der IETD als Pilotprojekt, die Einführungsphase der HIL, das so genannte ‚Dynamische Verfügbarkeitsmodell', dessen Nachfolger ebenso wie die Unkenrufe seiner als unwichtig abgestempelte Existenz sowie die immer wieder in Frage gestellte Daseinsberechtigung. Letztere führten teilweise zu dramatischen Einbrüchen in der Einsatzbereitschaft auf Grund logistischer Entscheidungen, deren Auswirkungen sich in der Regel erst zwei bis vier Jahre später zeigen. Eine geänderte Schwerpunktbildung führte nun auf den richtigen Weg.
Vor allem in den Jahren der starken Unterdeckung des Bedarfes an Fahrzeugen sah sich die Panzertruppe gezwungen, diese immer wieder zu dem Verband zu transportieren, der vor einem Ausbildungsabschnitt bzw. Übvorhaben stand. Bei Umrüstprogrammen, bei denen z. B. die Ballistik im Feuerleitrechner angepasst wurde, mussten Standorte dreimal und öfter angefahren werden. Oder es befanden sich im umgekehrten Fall drei verschiedenartige Feuerleitrechner in *einer* Kompanie. Auch diese Zeit geht nun vorbei. Durch die nun wieder stattfindende Zuordnung von „Y-Nummern" – also festgelegten Fahrzeugen – in den Verbänden, lässt sich die verlorengegangene Bindung der Besatzung zum Fahrzeug wieder herstellen. Auch das war eine der Ursachen schlechter Einsatzbereitschaft.
Als *Leopard 2*-Nachfolger ist das *Main Ground Combat System* (MGCS) in Kooperation mit Frankreich auf den Weg gebracht worden. Aus diversen Gründen verzögert sich dieses Projekt aber zunehmend in Bereichen, wo insbesondere die älteren Modelle des *Leopard 2* längst nicht mehr bedrohungsgerecht sind. Eine Brückenlösung wird so immer dringender.

Familien- und Unterstützungsfahrzeuge

Während die Bundeswehr bereits recht früh auch *Bergepanzer 3 Büffel* auf *Leopard 2*-Basis beschaffte, vertraute sie im Bereich Pionier- und Brückenpanzer lange Zeit ausschließlich auf die *Leopard 1*-Ableger PiPz *Dachs* und BrLPz *Biber*.
Vom BPz 3 *Büffel* wurden seinerzeit 75 Stück beschafft (Bedarf: 150), zwei davon sind an die Ukraine abgegeben, sechs zum leistungsstärkeren und besser geschützten BPz *3A1* umgerüstet. Während die 67 verbliebenen BPz *3A0* ebenfalls verbessert werden, besteht unverändert noch ein Mehrbedarf von mindestens 20 Fahrzeugen, bei Ablösung der verbliebenen BPz 2 sogar noch mehr.
Die BrLPz *Biber* befindet sich mittlerweile in der Ablösung durch das Brückenlegesystem *Leguan*. 31 Stück dieser Gefechtsfeldbrücke sollen beschafft werden.
Für die Ablösung des PiPz *Dachs* wurde in einem Wettbewerb „Gepanzerte Pioniermaschine' der PiPz 3 *Kodiak* ausgewählt. Der Zulauf ist für 2025 vorgesehen. International sind die beiden letztgenannten schon im Einsatz.

Nicht als Unterstützungsgerät, sondern als Ausbildungsgerät fungiert der Fahrschulpanzer. Die seit Jahrzehnten im Einsatz befindlichen Fahrzeuge auf *Leopard 2A4*-Basis sind nun am Ende ihrer sinnvollen Lebenszeit. Noch vor Jahresende 2023 konnte ein Vertrag zur Umstellung auf *Leopard 2A6 A3* (16) / *A7V* (8) unterzeichnet werden. Mit dazu gehören – wie bereits erwähnt – auch die Ausbildungsmittel bzw. Simulatoren.

Vom BPz 3 sind ursprünglich 75 Fahrzeuge beschafft worden, zwei wurden an die Ukraine abgegeben, sechs auf den Stand BPz 3A1 (besserer Schutz) gerüstet. (KMW)

31 Brückenlegesysteme werden den Brückenlegepanzer Biber auf Leopard 1-Fahrgestell ablösen. Statt der hier gezeigten 26-m-Brücke, können auch zwei 14-m-Brücken mitgeführt und verlegt werden. (KMW)

Der PiPz 3 Kodiak soll ab 2025 den PiPz 2 Dachs ablösen. Da der Serienstand noch nicht festgelegt ist, kann hier nur das Demo-Fahrzeug gezeigt werden. (Rhm)

Ausbildung und Bedienung

Ausbildung am Leopard 2

Die funktionsbezogenen Beschreibungen und Details können den Eindruck erwecken, dass es eher anspruchsvoll ist, den KPz *Leopard 2* zu bedienen und somit die Ausbildung sehr herausfordernd und zeitaufwändig ist.

Dieser Eindruck „täuscht“ insofern, als sich die reibungslose Handhabung aller Systemanteile und das Führen des Feuerkampfes im Vergleich zum *Leopard 1* in relativ kurzer Zeit erlernen lässt. Das liegt daran, dass es im höchsten Bereitschaftsgrad „Klar zum Gefecht“ fast nur automatisierte Abläufe gibt. Erforderliche manuelle Eingriffe sind logisch und leicht erlernbar, so dass sich rasch Routine einstellt. Dies ändert sich sofort, wenn es technische Störungen gibt und die Besatzung dazu übergehen muss, korrigierend einzugreifen. Jedoch gibt es eine ganze Reihe von Fehlermeldungen und auch Ersatzbetriebsmöglichkeiten. Das bedeutet, dass die Ausbildung in den Tätigkeiten des Routinebetriebs eher wenig Zeit erfordert.

Trotz einfacher Bedienung ist aber die Ausbildung von Panzerfahrern auch beim *Leopard 2* deutlich aufwändiger. Das richtige Bewegen des Fahrzeugs besonders in schwierigem Gelände lässt sich nicht „mal nebenbei“ erlernen. Der Fahrer muss einen Blick fürs Gelände entwickeln, um vermeidbare Nickbewegungen, Stöße und dgl. zu vermeiden und dennoch zügig offene Abschnitte zu durchfahren. Da gibt es keine Fahrzeugstabilisierung, wie etwa bei der Bordkanone. Auch die Führungsleistung des Kommandanten ist keineswegs einfacher geworden.

Um keine unnötige Verwirrung zu erzeugen, bezieht sich dieser Abschnitt im Wesentlichen auf die neueren Varianten des *Leopard 2*, auch weil sich die älteren bei der Bundeswehr nicht mehr in Nutzung befinden.

Die Grundausbildung für angehende Panzersoldaten dauert ein halbes Jahr, in der die Richt- und Ladeschützen die Abläufe insbesondere im Turmbereich erlernen und einüben. Deut-

Überragende Beweglichkeit im Gelände – hier ein Panzer des PzBtl 363 2023 im GÜZ – darf nicht zur Waghalsigkeit verführen, sondern stets zum raschen Überwinden offener Flächen. (WB)

Die Grenze zwischen Geschick und Leichtsinn ist knapp, ob es klappt wie hier beim Panzer des PzBtl 123 1993 auf dem TrÜbPl Hohenfels... (WB)

...oder ob es schief geht, wie hier bei „Trident Juncture“ 2018 ein Wagen vom PzLBtl 93 dokumentiert. (WB)

lich intensiver als in den Leo-2-Anfangszeiten der 90er-Jahre ist der Einstieg in die Besatzungstätigkeiten mit Hilfe der Simulationstechnik. Hierfür sind die Bataillone mit Ausbildungsanlagen Turm (AAT) sowie Schieß- und Gefechtssimulatoren (ASPT seit 1995 und AGPT seit 1993) ausgestattet. Waren diese in vergangenen Nutzungszeiten noch selektiv zu nutzen, kann dies künftig auch im digitalen Verbund erfolgen, gesteuert über ein entsprechendes Überwachungs- und Leitungszentrum. Dieses besteht aus mehreren Arbeitsplätzen und lässt sich mit taktischer Kommunikation (Lage- und Aufklärungsdaten) koppeln. Hier lassen sich Informationen der Einsatz- und Kampfunterstützung einspielen sowie die unter- und übergeordneten Führungsebenen abbilden, um z. B. das Gefecht im Verbund zu üben.

Die Ausbilder können vor und während der Ausbildungsphasen Lageabfolgen und Zieldaten generieren oder aber im System bereitgehaltene Szenare nutzen. Dabei werden dreidimensionale Gelände- und Fahrzeugansichten (z. B. Feindpanzer) genutzt, die mittels Ziel- und Beobachtungsmitteln aufgeklärt werden können. Die Besatzung agiert quasi in einem virtuellen Gefechtsfeld (*Virtual Battle Space*), so dass die spätere Ausbildungssituation im „richtigen“ Panzer für die Besatzung keine große Umgewöhnung bedeutet! Dies wird mit dem Fachbegriff „Immersion“ bezeichnet, ein Effekt, in dem der Nutzer die virtuelle Welt, in der er sich befindet, als real empfindet und sozusagen Raum und Zeit der echten Welt „vergisst“.

Die erforderliche Präzision beim Anrichten von Zielen wurde dem Richtschützen vor dem ersten scharfen Abschuss der Kanone auf der Schießbahn bereits vermittelt. Da die Überwachungsmöglichkeiten am Ausbilderplatz alles dokumentieren, können Fehler „sichtbar“ gemacht und mangelhafte Abläufe wiederholt werden. Hierfür dient eine Leitungs-Auswertungs- und Kontrollstation (LAKS). Angehende Kommandanten und Zugführer wurden entsprechend bereits an der Truppenschule ausgebildet, so dass sie die verfügbaren Systeme sachgerecht einsetzen können. Selbstredend kann die Ausbildung mit Simulatoren niemals die Praxis ersetzen, und sei sie noch so gut. Sie ist Teil eines „Fünfklangs“, bestehend aus

- Grundlagenunterrichten,
- Sandkasten- und virtueller Kartennutzung
- simulatorgestützter Ausbildung (mit digitalen Abläufen),
- Geländebegehung (mit Ansprechen von Fahrstrecken und Verhaltensmustern),
- Gefechtsdienst am Großgerät

Mit Blick ins Gelände können auch Ziel- und Richtübungen auf Scheiben ausgeführt werden, mit der neuesten *Leopard A7V*-Version erfolgt das Richten, Beobachten, Aufklären und Identifizieren sowie die Zielunterweisung aber voll digital mit Videosicht. Die vielfältigen Einblendoptionen umfassen Tausende hinterlegte Fahrzeuge, Waffensysteme, Ausrüstungsgegenstände und Geländesichten, bei Tag und Nacht und bei jedem Wetter.

Der künftige Panzerfahrer durchläuft dann die Fahrschulausbildung, zunächst in einem Radfahrzeug (mit Straßenfahrt im öffentlichen Bereich), dann im Panzerfahr-Simulator und anschließend im Fahrschulpanzer (auf Straße und im Gelände).

Die Richtschützen werden zunächst am Schießsimulator und der AAT ausgebildet, die Ladeschützen an der AAT, die Kraftfahrer in der Fahrschule (unter anderem auch am Simulator), der Kommandant an ASPT sowie AAT, um folgend die Besatzung in der AAT und dem AGPT „zusammenzuführen“. An-

In der Ausbildungs-Anlage Turm (AAT), auch „Turmtrainer“ genannt, kann effektiv ausgebildet werden, weil aus allen Seiten hindurchgeblickt Handgriffe und Abläufe auch einer größeren Gruppe erläutert werden können. Hier die Seiten- und unten die Vorderansicht. (PzTrS)

Die beiden Fotos zeigen die neueste Variante mit dem Rüststand LEOPARD 2A7. Wesentlicher Unterschied ist, dass die Ziel- und Beobachtungsgeräte in einer digitalen Umgebung kämpfen, es also kein reales Zielfeld im Gelände bedarf, wie bei den älteren Versionen. (PzTrS)

Im Nebenraum des AAT A7 befindet sich die Ausbilderstation (links im Bild) sowie U-Raum-Plätze an denen weitere Besatzungsmitglieder per Bildschirm oder auch Tablets das Gefecht der AAT-Besatzung verfolgen können. (PzTrS)

Bei noch guter Rundumsicht kann im Fahrschulpanzer der Neuling Erfahrungen im Gelände sammeln, mit konkreten Hinweisen des neben ihm sitzenden Fahrlehrers. Für zwei weitere Fahrschüler ist noch Platz. (RZ)

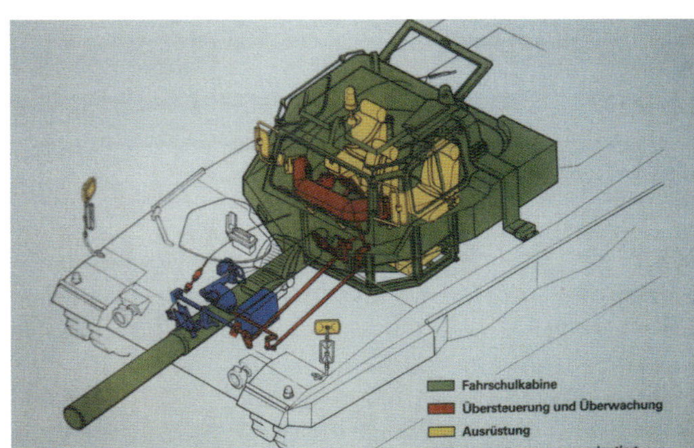

Schaubild mit den Funktionsanteilen des FS-Panzers.

Blick auf die RS und Kdt-Plätze im AGPT (noch A6-Stand), die zur „Realität" keine Unterschiede bedeuten. (PzTrS)

Für den LS ist dies nicht so realistisch, da er keine Exerzierpatronen lädt. Der Abschussknall wird rein akustisch dargestellt. (PzTrS)

Die Umgebung für den Kf ist deutlich realistischer und nicht ganz so vollständig wie im Kf-Ausbildungssimulator. (PzTrS)

Hinter dem Besatzungsraum befindet sich die Leitungskabine, in der alle Vorgaben (Ziel- und Geländedaten) gemacht und in Echtzeit verändert werden können. (PzTrS)

ders als früher entwickeln sie so eine Grundbefähigung für die anschließende Anteile dieser so genannten Vorbereitenden Schießausbildung, auch mit Richtübungen im Panzer am so genannten Kleinen Zielfeld auf bewegliche (verkleinerte) Zielscheiben. Anschließend nach Integration des ausgebildeten Panzerfahrers auch während der Fahrt im Gelände (anfangs mit noch geringer Fahrgeschwindigkeit) mit echten Zielentfernungen. In einer ersten Schießübung werden Zielerfassung, korrektes Anrichten und Entfernungsmessen sowie Richten mit Vorhalt auf bewegliche Ziele geübt und die ersten Schüsse mit Übungspatronen abgefeuert. Der Ladeschütze erlernt das Laden der Kanone in der AAT, dann unter realen Bedingungen

im Panzer. In der nächsten Phase wird alles auch bei Nacht und eingeschränkter Sicht geübt.
Die Bundeswehr nutzt die Simulatoren nicht nur für den Einstieg in die Ausbildung frischer Besatzungen, sondern – vor allem auch vor dem Hintergrund der wesentlich länger dienenden Mannschaftssoldaten – in den Ausbildungsabschnitten zum Erhalt der Fähigkeiten und zur Vorbereitung auf Truppenübungsplatzaufenthalte (u. a. SchÜbZ PzTr, GÜZ, Schießvorhaben ab Zugebene). Zudem ist die Nutzung der Simulatoren ein integraler Bestandteil der Führerausbildung an der zentralen Ausbildungseinrichtung der Panzertruppe, der Panzertruppenschule in Munster (PzTrS).
Relativ rasch erfolgt der Übergang zum so genannten Gefechtsschießen, zum Feuerkampf unter realen Bedingungen auch mit Mehrfachzielen u. a. für das Turm-MG. Um Zeitdruck aufzubauen, klappen die Zielscheiben nur für wenige Sekunden auf. Die Schießübungen werden rasch anspruchsvoller und erfolgen dann auch im Verbund mit den anderen Panzern des Zuges.
Nach mehreren Tagen des Scharfschießens ist das Agieren im Verbund hinreichend vermittelt. Jetzt geht es in die nächsten Phasen der Ausbildung im Gefechtsdienst mit unterschiedlichen taktischen Rahmenbedingungen. Gefechtsübungen im Kompanie- und später im Bataillonsverbund bilden die Höhepunkte der Ausbildung. Nach rund zwei Jahren ist die Besatzung einsatzfähig einschließlich der Beherrschung anderer wichtiger Tätigkeiten wie Technischer Dienst und sonstige Besatzungsaufgaben.

Hier ein Schaubild eines Gefechtssimulators zur Anfangszeit für bis zu vier Besatzungen eines Zuges und der Leitungskabine mit Videosicht durch alle Zieloptiken. Die alten Container werden weiterhin genutzt! (Atlas E.)

Die Software, die in den Simulationsanlagen verwendet wird, hat mittlerweile eine beeindruckende Abbildungsleistung mit hohen Realitätsgraden! (Bohemia)

Tätigkeiten der Besatzung

Führer des Gesamtsystems ist der **Kommandan**t (Kdt), der anfangs natürlich die gesamte Besatzungsausbildung durchlaufen hat und somit die anderen Besatzungsangehörigen sachgerecht aus- und weiterbilden kann. Sein Platz ist rechts oben im Turm, direkt hinter dem Richtschützen.
Je nach Lage hat er mehrere Möglichkeiten, den Panzer lagegerecht zu führen, das Gelände rundum zu beobachten, Zielaufklärung zu betreiben und bei Bedarf auch selbst Ziele zu bekämpfen. Letzteres ist die Hauptaufgabe des vor ihm platzierten Richtschützen (RS), der bedienseitig alle Möglichkeiten der Feuerleitanlage optimal nutzen kann. Dadurch kommt es zu einer sehr raschen Abfolge von sich ergänzenden Tätigkeiten. Schon während der Bekämpfung eines Zieles klärt der Kommandant mit seinem turmunabhängigen Rundblickperiskop (PERI) weitere Ziele auf und weist diese bei Bedarf mit Hilfe der Steuereinrichtung sekundenschnell dem Richtschützen exakt zu. Turm und Kanone nehmen die erforderliche Position ein und der Richtschütze erblickt in seinem Hauptzielfernrohr das Ziel sofort, egal ob bei Tagsicht oder mit Wärmebild (WBG). Auch die jeweiligen Displays zeigen Zielsichten an. Ebenso können Nachbarpanzer und andere Unterstützer Zieldaten übermitteln, das Führungs- und Informationssystem beliebige Lagedaten. Diese mit einander verbundene Sicht- und Aufklärungssysteme haben die Bekämpfungsabläufe deutlich beschleunigt. Bereits im Prototypstatus befinden sich automatisierte Ziel- und Aufklärungsanlagen. Diese detektieren mit optronischen Mitteln jegliche möglichen Ziele und zeigen auch Ident-Markierungen an (z. B. grün = eigenes Fahrzeug). Auch die Rundumsicht des Kommandanten beschränkt sich dann nicht mehr nur auf die Winkelspiegel. Tippt er eingespiegelte Zielmarkierungen mit einem Finger an (Tipp-Visier), wird das Ziel verzugslos angerichtet. Angeboten wurde auch,

Nur das allererste Schießen erfolgt zur „Eingewöhnung“ aus dem Stand, wie hier ein Panzer des PzBtl 363 im Jahr 2022 auf dem TrÜbPl Grafenwöhr. (WB)

Auch die folgenden Übungen in der Bewegung erfolgen noch bei moderatem Tempo, wie hier ein Zug des PzBtl 84 im Jahr 1985 auf dem TrÜbPl Bergen.

Höhepunkte sind dann kurze Zeit später Vorstöße im Zugrahmen mit großem, weil realistischem Tempo und Bekämpfung unterschiedlicher Ziele in Überzahl! Im Hintergrund der Beobachtungsturm für die Schießleitung.

Blick durch die geöffnete Kdt-Luke auf den hochgeklappten Sitz vor der Trittfläche. Der Platz ist eher knapp (wie auch unten beim vor ihm sitzenden RS), erleichtert aber das Abstützen bei heftigen Fahrbewegungen. (RZ)

Dieser Blick (A6-Version) zeigt, dass der Kdt unter geschlossener Luke Rundumsicht durch die Winkelspiegel hat.

solche Abläufe per Blickimpuls zu triggern (*gaze-based*), was aber weniger praxisgerecht ist. Mittels KI-Brillen könnten bei Bedarf alle Besatzungsmitglieder mit Rundumblick-Sensorik gekoppelt werden („gläserner Panzer"), was z. B. in Extremlagen mit latenter Rundumbedrohung (Kampf in Ortschaften und Waldgebieten) große Vorteile bietet. In der Simulatorausbildung werden bereits KI-Brillen mit 3D-Sicht eingesetzt.

Das monokulare Rundblickperiskop PERI-R17 A2 (nach Umrüstung auf das WBG-System ATTICA – *Advanced Thermal Camera with Two dimensional Infrared CMOS Array* – der Firma Hensoldt; Modellbezeichnung A3) besitzt eine maximale Richtgeschwindigkeit von 40° pro Sekunde und zwei Sehfelder (8° bei 8-facher und 30° bei doppelter Vergrößerung). Im WBG-Modus erscheinen drei Sehfelder – je nach Nah- oder Fernsichtbedarf.

Der Panzer wird – je nach Erfordernis – in mehreren Betriebsstufen eingesetzt. Das Betriebsstufenbediengerät lässt sich

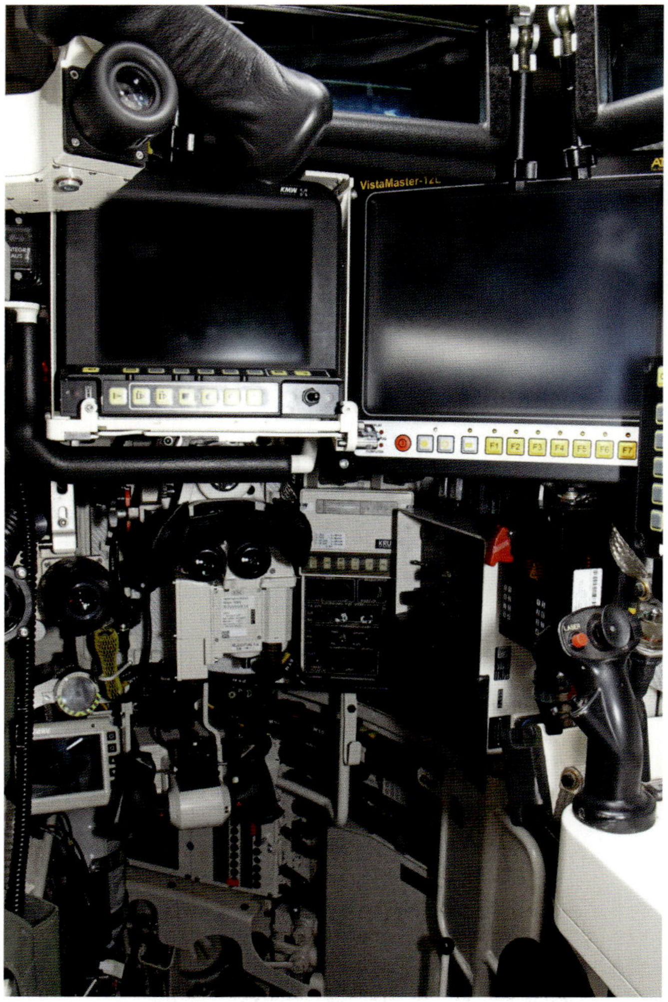

Blick vom Kdt-Platz nach vorn mit Blick auf den Monitor und rechts daneben das IFIS-Display, darunter rechts die Kdt-Steuereinrichtung („Richtgriff"). Links oben ist der PERI-Einblick. (RZ)

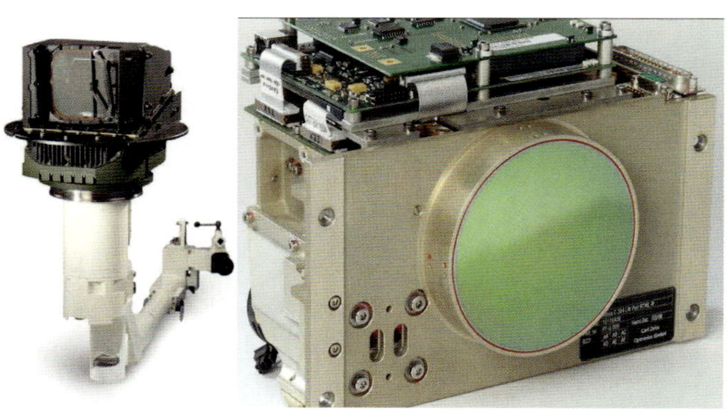

Das PERI R17A3 – in Kombination mit dem leistungsstärkeren WBG ATTICA (Modul rechts im Bild) hat eine kompaktere Einbaugruppe. (Hensoldt)

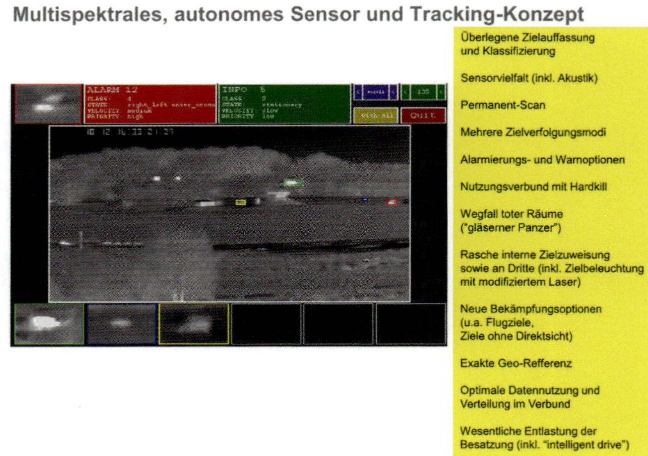

Dieses Schaubild zeigt ein solches automatisiertes Aufklärungs- und Beobachtungssystem, das auf entsprechenden Displays oder direkt in optronischen Zielsystemen abgebildet werden kann. (Rhm)

Integrationsstudien neuer Beobachtungs- und Aufklärungssysteme gab es schon in den 90er Jahren mit entsprechender Sensorintegration im Kdt-PERI sowie Rundumsichtkameraanordnungen an den Turmecken. Obwohl erfolgversprechend, wurde AZEV 2007 beendet. (Rhm)

routinemäßig – bei eingeschalteten Bordnetz – auf die Zustände „BEOBACHT(en)" (z. B. in Ruhephasen ohne Feindbedrohung) oder „STAB(ilisierung) EIN" für die höchste Form der Einsatzbereitschaft schalten. Bei kritischen technischen Lagen kann auch verzugslos „TURM AUS" angesteuert werden. Für die übrigen Permanent-Funktionen verfügt der Kdt über ein Systembediengerät (SBG) rechts neben sich an der Wand mit einer Vielzahl funktionaler Anzeigen und ansteuerbaren Abläufen. Rechts daneben befindet sich das BG für die Bordverständigung (BV). Links daneben (etwas tiefer) ist das BG für die Mehrfachwurfanlage (MWA).

Der Monitor vor ihm zeigt alle relevanten Anzeigen für das PERI in Tag- und WBG-Sicht an und verändert sie bei Bedarf. Dasselbe gilt für Video-Sichten und Sehfeldumschaltung Nah-/Fern. Mittels Kippschalter lässt sich in die Indexpositionen „6"

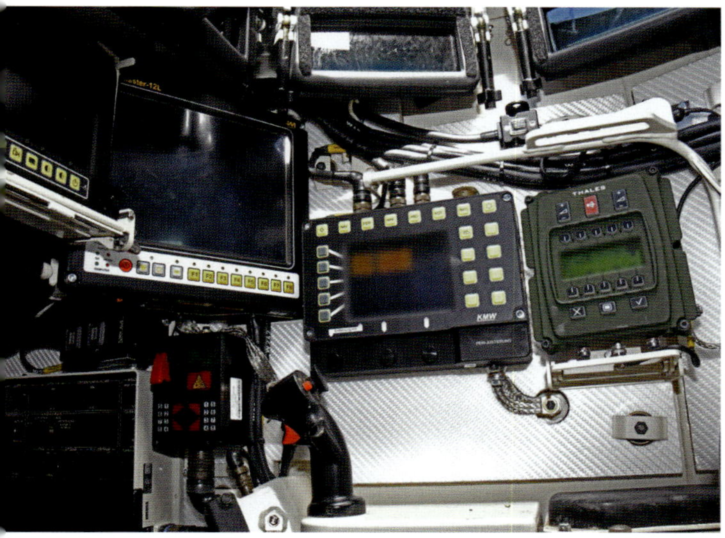

Blick auf die rechte Seite des Kdt-Platzes mit dem neuen Bediengerät in der Mitte. Das rechte Bild zeigt, dass es im A6 deutlich weniger „aufgeräumt“ war! (RZ)

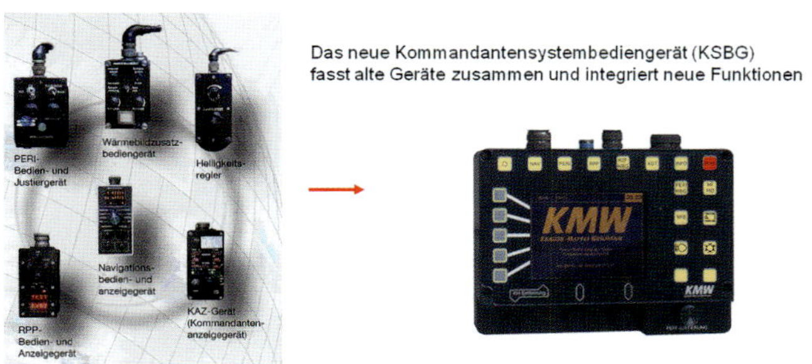

Diese Schaubild verdeutlicht das „Einsparen“ von sechs (!) ursprünglichen, zusätzlichen Bediengeräten beim neuen KSBG (Kdt-Systembediengerät). (KMW)

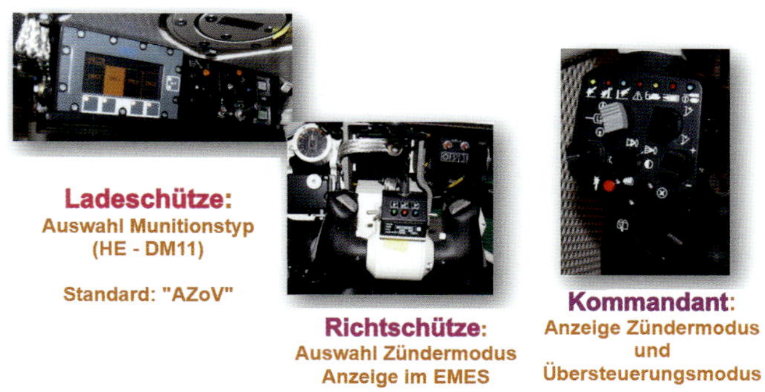

Auch die Anzeige- und Bediengeräte des RS und des LS wurden neu gestaltet. Ab der Katar-A7 Version wird ein zusätzliches Bediengerät links vom Kdt eingebaut. (KMW)

bzw. „12“ Uhr schalten (besonders hilfreich bei Nacht und bei mehreren Zielzuweisungen rasch hintereinander). Außerdem kann sich der Kommandant die relevanten Rechnerwerte anzeigen lassen (z. B. Verkantung oder Entfernung), Helligkeiten regeln und die WBG-Sicht einstellen.

Rechts neben ihm befinden sich das *UltraCap* (Superkondensatoren u. a. mit deutlich höherer Leistungsfähigkeit zur Bordnetzoptimierung) sowie das Notfallfunktionen-BG. Hinter ihm in einer Wandnische sind die Funkgeräte und der Kommunikationsserver eingebaut. Darunter befindet sich die Zentrallogistik und Hauptversorgung (ZL/HV). Unterhalb vor dem Kdt-Platz sitzt der **Richtschütze (**RS). Dieser bedient die Waffenanlage (BK und Turm-MG), betreibt die Zielaufklärung und bekämpft die Masse der von ihm oder dem Kdt aufgeklärten Feindziele. Dabei nutzt er fast ausschließlich das biokulare Hauptzielfernrohr (HZF) EMES 15 A2 mit einem Anzeigenbereich von 200 bis 9990 m (Rechnerverarbeitung bis 5000 m). Der Laser-Entfernungsmesser hat eine Genauigkeit von plus-minus 10 m. Es kann entweder Erst- oder Letztecho angewählt werden, je nach Zielgröße bzw. Vorder-/Hintergrund am Ziel. Das Sehfeld beträgt ca. 5° bei 12-facher Vergrößerung. Bei jedweder Störung des HZF kann der RS auch Ziele mit Hilfe des links davon befindlichen monokularen Turmzielfernrohrs (TZF) FERO-Z18 Ziele bekämpfen (8-fache Vergrößerung).

Waffe und Turm richtet er mit einer beidhändigen Steuereinrichtung (Klappbewegung nach vorn und hinten für die Kanonenerhöhung, Drehbewegung links/rechts für das Schwenken des Turms). Je nach Ausschlag erhöht bzw. verlangsamt sich das Richtmaß. Auf beiden Seiten oben befinden sich Wippen zum Auslösen des Laser-Messimpulses (nach innen gedrückt für Erst-, nach außen für Letztecho). Das Messergebnis wird sofort unten im Blickfeld des HZF angezeigt und von der Waffenanlage vom Aufsatzwinkel her verarbeitet. Jeweils darunter innen befindet je ein Taster für die Anwahl des dynamischen

Blick auf das UltraCap-Schalt- und Bediengerät mit den beiden Schaltern „Notbetrieb" und „Motor Stopp", darunter das Funkgeräte-Prüfzusatzbediengerät. (RZ)

Das Bediengerät für die MWA mit den beiden Abfeuertasten links/rechts und den jeweiligen Ladezustandsanzeigen 1 bis 8. Oben rechts die beiden Anzeigen für Nebel- und (darunter) Sondermunition. Links oben ist der Hauptschalter mit Schutzklappe, daneben die rote Kontroll-Leuchte.

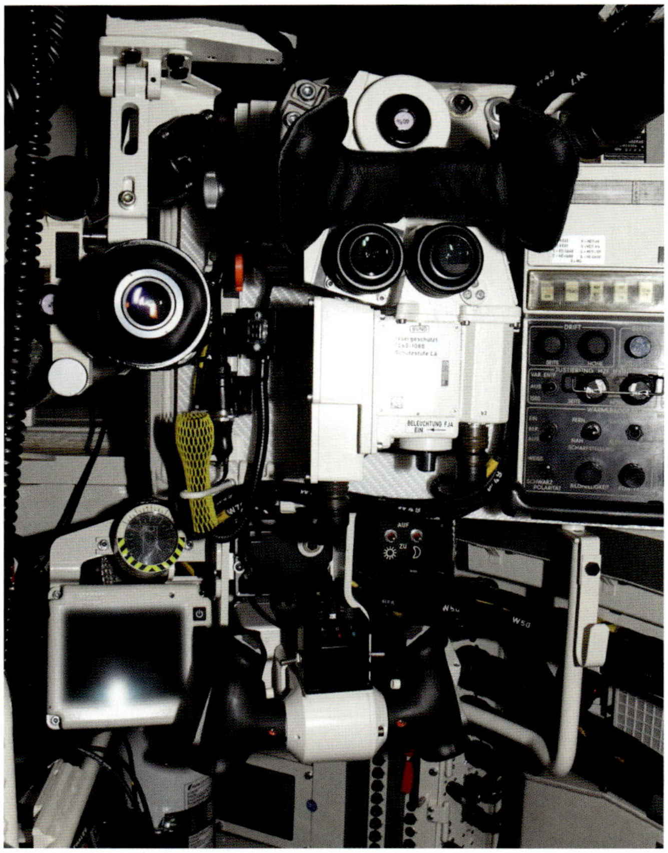

Foto vom RS-Platz mit dem binokularen EMES-Einblick. Links davon das monokulare FERO, rechts davon das RS-Bediengerät. Links vom Doppelrichtgriff befindet sich das RS-Display. (RZ)

Vorhalts in Höhe und Seite. Die Abfeuerungsklinken sind vorn, sozusagen in Zeigefingerposition. Durchgehend ist einer der Handballenschalter gedrückt zu halten, ansonsten kann keine der Funktionen aus Sicherheitsgründen angesteuert werden.
Oberhalb des Richtgriffs befindet sich (ab Ausführung A7) eine Programmiertaster- und Elektronik für die HE-Munition mit Taster für Tag- und Nachtsicht und LED-Anzeigen für die Betriebsmodi der DM11 (blau für Luftsprengpunkt, orange mit und grün ohne Verzögerung). Die HE-Programmierelektronik ist darüber angebracht. Diese Baugruppe hat das Handlungstempo des Richtschützen deutlich optimiert. Links davon befindet sich (unterhalb des Turmstellungsanzeigers) ein 6.5"-Display, das ab Bedienstellung „Beobachten" automatisch die Videosignale vom EMES (Real- und Wärmebild) und auch ATTICA-Wärmebild vom PERI anzeigen kann. Rechts vom HZF befindet sich das RS-BG, daneben das Rechner-BG mit allen erforderlichen Schaltern und Anzeigen.
In den einzelnen Betriebsstufen sind verschiedene Betriebsarten möglich. Dies alles erweckt einen hochkomplizierten und umständlichen Eindruck, was täuscht. Für ausgebildete Besatzungen lassen sich die Anwendungen und die Freischaltung der Übergänge leicht nachvollziehen. Letztere bauen logisch aufeinander auf, d. h. sie verursachen keinerlei Verwirrung oder gar Unsicherheit. Spannung kommt natürlich bei

funktionellen technischen Ausfällen oder Störungen auf. Die dann notwendigen, herausfordernden Notbetriebsmaßnahmen werden in der Ausbildung letztlich intensiver geübt als der Routinebetrieb.

Hauptbetriebsarten:

„RH“ RS führt Hauptwaffe mit Realbild EMES oder FERO

„RW“ RS führt Hauptwaffe mit Wärmebild

„KH“ Kdt führt Hauptwaffe mit Realbild PERI oder Wärmebild ATTICA

„KH-HZF“ Kdt führt Hauptwaffe mit Wärmebild oder Realbild vom EMES (HZF)

PERI-Betriebsarten:

„KP“ Kdt führt PERI mit Realbild oder Wärmebild ATTICA

„ZÜ“ Zielüberwachung

„PIX“ Kdt führt Kf mit PERI in Indexposition 12-oder 6 Uhr

Zwischenbetriebsarten:

„ZZÜ“ Zusätzliche Zielüberwachung, Kdt schaltet während „RH/RW“ auf VIDEO EMES und betrachtet RS-Sicht (Realbild/Wärmebild) auf dem Monitor

„ZZ“ Zielzuweisung Kdt in „KP“ erkennt Ziel, wählt „KH“ -> Kanone läuft auf PERI ein, Löschtaste drücken oder Handballenschalter loslassen -> RS bekämpft Ziel

Betriebsstufe „TURM AUS“

Diese Betriebsstufe ist nach dem Einschalten des Bordnetzes automatisch angewählt. In diesem Fall bleibt die Stellung des Betriebsstufenschalters unberücksichtigt. In der Betriebsstufe „TURM AUS“ werden lediglich die Kampfraumleuchten, die Fahrzeugsprechfunkanlage, die Navigationsanlage, der Notrichtantrieb, die Kombinierte Kühl- und ABC-Anlage (KKA), das Integrierte Führungs- und Informationssystem (IFIS) und die Kfz-Steckdosen mit Strom versorgt. Die Waffe kann mit der Notsteuereinrichtung notgerichtet werden. Das Zielen ist mit dem FERO, das Abfeuern des MGt von Hand und das Abfeuern der Kanone mit der Notabfeuerung möglich.

Betriebsstufe „BEOBACHTEN“

„BEOBACHTEN“ ist die nächsthöhere Betriebsstufe nach „TURM AUS“. Sämtliche Baugruppen der Feuerleitanlage und des Turmes werden aus dem Bordnetz mit Strom versorgt. Kanone und Turm sind nicht lagestabilisiert. Bei Bewegung des Fahrzeuges bleiben Turmstellung und Kanonenstellung, bezogen auf das Fahrzeug immer gleich. Die Funktionsfähigkeit der Feuerleitanlage wird durch das RPP in „BÜ“ laufend überwacht. Richtbewegungen des Turmes und der Kanone können vom RS mit der RS-Steuereinrichtung bei eingeschalteter E-WNA vorgenommen werden. Die Visierlinie des EMES/

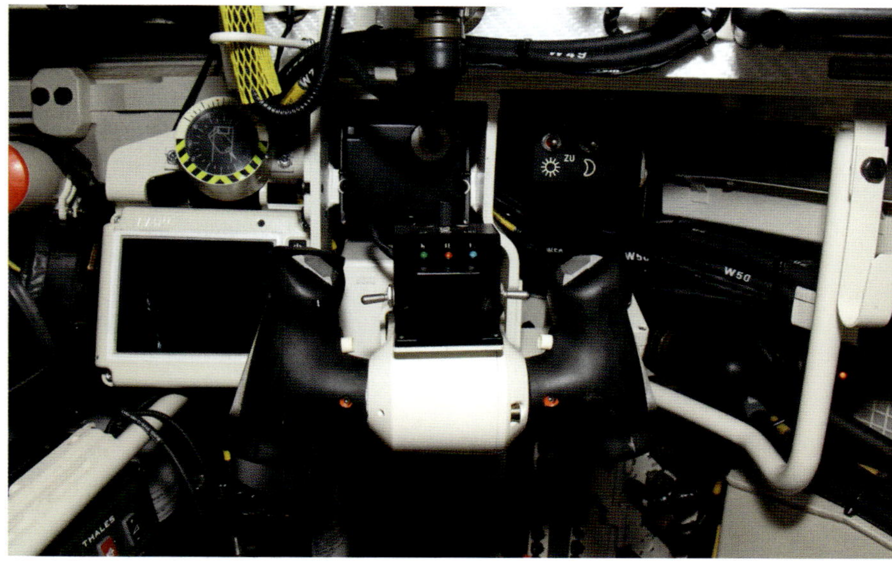

Blick auf die HE-Programmierbox auf dem Richtgriff, links davon das RS-Display und darüber der Turmstellungsanzeiger. (RZ)

Das Bediengerät für die MWA mit den beiden Abfeuertasten links/rechts und den jeweiligen Ladezustandsanzeigen 1 bis 8. Oben rechts die beiden Anzeigen für Nebel- und (darunter) Sondermunition. Links oben ist der Hauptschalter mit Schutzklappe, daneben die rote Kontroll-Leuchte.

WBG folgt der Kanone (Abhängige Visierlinie). Dabei sind die Winkel für Aufsatz- und Vorhalt entsprechend den eingestellten oder gemessenen Einflussgrößen berücksichtigt. Die Laser-Entfernungsmessung ist möglich und wird vom Feuerleitrechner verarbeitet. Da die Stabilisierung der Kanone noch nicht in Betrieb ist, ist diese Betriebsstufe nur für das Schießen aus dem Stand geeignet.Das PERI ist einschaltbar. Es kann im eigenstabilisierten Betrieb durch den Kdt zur Beobachtung oder Zielüberwachung benutzt werden. Die ATTICA kann eingeschaltet werden. Die Bildübertragung von der Einblickbaugruppe EMES zum Monitor ist in Betrieb und kann zur Zielüberwachung eingesetzt werden.

Betriebsstufe „STAB. EIN“

Die Betriebsstufe „STAB. EIN“ kann nur nach „BEOBACHTEN“ geschaltet werden. Die Feuerleitanlage und die E-WNA haben damit die volle Leistungsfähigkeit erreicht.Turm und Kanone sind lagestabilisiert. Die Visierlinien des Kdt (PERI/ EMES) und des RS (EMES) sind eigenstabilisiert. Entsprechende Richtsignale des Kdt und des RS wirken auf die Zielgeräte PERI bzw. EMES/ WBG. Sie führen je nach Betriebsart wahlweise die Kanone. Dabei folgt die Waffe der Visierlinie des führenden Zielgerätes, wobei die Winkel für Aufsatz und Vorhalt entsprechend der eingestellten und/oder gemessenen Einflussgrößen durch den Feuerleitrechner berücksichtigt werden (unabhängige Visierlinie). Die Richtsignale vom RS oder Kdt werden durch den Feuerleitrechner gefiltert, so dass die Visierlinie des führenden Gerätes auch während der Fahrt störungsfrei und unabhängig von der jeweiligen scheinbaren Bewegung des Zieles geführt werden kann. Das Schießen ist sowohl bei stehendem KPz als auch in Fahrt möglich. Durch eine Koinzidenzschaltung im Feuerleitrechner und der Antriebselektronik wird der Schuss nur freigegeben, wenn die Lage der Kanone, unter Berücksichtigung von Aufsatz und Vorhalt, mit dem im führenden Zielgerät anvisierten Punkt übereinstimmt. Der Kdt kann die Kanone mit Hilfe des EMES/WBG führen. Bei Ausfällen oder in Notsituationen kann er Ziele mit Hilfe von PERI oder ATTICA bekämpfen.

Der Platz des **Ladeschützen** (LS) befindet sich links der Kanone. Seine Hauptaufgaben sind das Laden der Kanone mit der befohlenen Munitionssorte (nach einmaligem, manuellen Öffnen des Verschlusskeils), das (Nach-)Laden des links der Kanone eingebauten Blenden-MG sowie – bei Bedarf – das Bedienen des auf Befehl aufzubauenden Fliegerabwehr-MG (Fla-MG). Das Blenden-MG kann er bei Störungen auch per Handabfeuerung auslösen. Auch der LS verfügt über ein Display. Sein BG befindet sich rechts oberhalb des Sitzes. Vor der Munitionsraumtür befindet sich links hinter ihm das BG für die CBRN-Anlage. Die Munitionsraumtür öffnet er aus Gründen der Sicherheit nur zur Entnahme der nächsten Patrone und schließt sie dann sofort mit einem Ellenbogentaster links von ihm. Die Patrone hält er neben dem Bodenstück stehend bereit und schiebt sie nach Auswurf des Hülsenbodens sofort in das geöffnete Patronenlager. Hierzu bewegt sich die Kanone kurz in eine eingestellte Ladeposition. Die Arbeit des LS wird durch die EWNA unterstützt. Nach jedem Schuss fährt die Kanone in eine frei wählbare Ladestellung. Diese lässt sich auch durch Betätigen einer Munitionswahltaste erreichen. Jegliche Gefechtspausen nutzt der LS, um leere Munitionshalter durch aus dem Wannenbehälter entnommene Patronen aufzufüllen und den Behälter für die Hülsenboden zu entleeren. Auch (fast) entleerte Gurte des Turm-MG werden gewechselt. Im Bereich der Trennwand zwischen Kampf- und Triebwerkraum sowie seitlich davon sind weitere Bedien-, Anzeige- und Überwachungsmodule angeordnet, die alle Besatzungsangehörigen erreichen können.

Blick von oben in den Turmbereich des LS, auch eher beengt… Links vom MG-Hülsensack (unter dem Beutel) liegt das klappbare LS-Display, links darüber – in weiß – einer der vier Löschmittelbehälter für die BUA. (RZ)

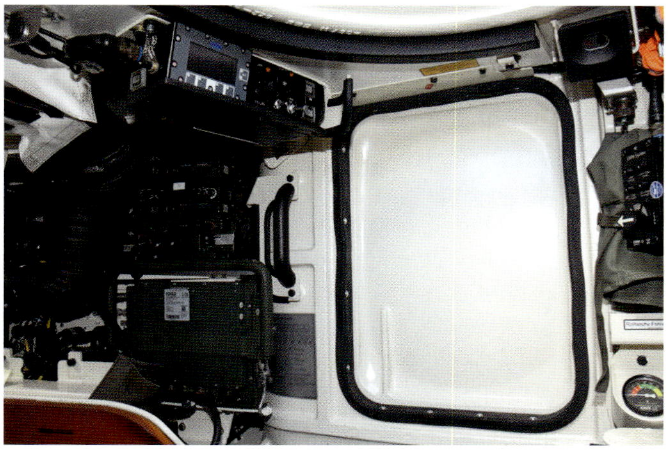

Blick nach hinten auf die geschlossene Mun-Raumtür. Links davon – hinter dem Kdt-Platz – die eingebauten Funkgeräte. Darüber – vor dem Mun-Raum ist oben – das LS-BG. (RZ)

Rechts vom Mun-Raum befindet sich das CBRN-System-BG (Raumüberdruckmesser darunter). Rechts daneben ist das BV-Bediengerät des LS mit Lautsprecher darüber. Unten in der Mitte ist die abgerundete Taste zum Öffnen und Schließen der Mun-Raumtür. (RZ)

Unten oberhalb der Drehbühne befindet sich der Wärmetauscher (mit dem Gebläse darüber) der Kampfraumheizung. (RZ)

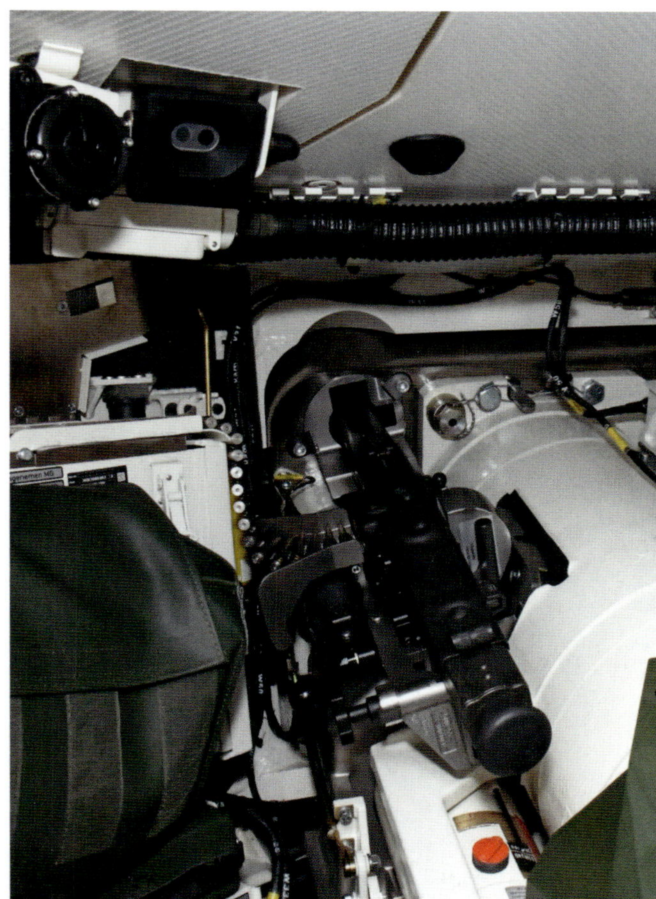

Das Turm-MG – Munitionsgurt eingelegt – links neben der Bordkanone, mit dem Notabfeuerungshebel links daneben, darüber einer der vier Melder für die BUA. (RZ)

Blick von oben auf den Fahrerplatz bei geöffneter Schiebeluke. Links vom Kf ist ein Teil seiner Fahrerbedieneinheit zu sehen. (RZ)

Der **Kraftfahrer** (Kf) ist vorn rechts in der Wanne positioniert. Bei Verlegemärschen auf der Straße, Befahren von Bücken, Eisenbahnverladung und dgl. befindet sich sein Sitz in erhöhter Position und er schaut bei geöffneter Luke oberhalb der Winkelspiegel ins Freie. Bei Nacht unterstützt ihn das SPECTUS-Display, auch bei Rückwärtsfahrt. Ansonsten fährt er „unter Luke" – nicht nur aus Sicherheitsgründen, sondern weil er sonst das vollstabilisierte Turmschwenken blockiert. Ab der Ausführung *A6M* sitzt der Kf in einem an der Decke aufgehängten Gurtsitzsystem. Links von ihm befindet sich seine Bedien- und Anzeigeeinheit. Mittels seines Lenkgriffs kann er stufenlose Lenkbewegungen durchführen, und er fährt mit oder ohne Nutzen eines Gangwahlhebels voll automatisch. Für die Richtungswahl gibt es einen Hebel mit Entriegelungsknopf. Links vor dem Kf ist der Schaltkasten für die Feuerwarn- und Löschanlage (FWLA). Hinter ihm am Wannenboden die nach unten fallende Notausstiegsluke. Damit sie alle Turmbesatzungsmitglieder nutzen können, muss der Turm entsprechend geschwenkt werden.

Die beschriebenen einzelnen Bedienanteile sind für den Einsatz des Panzers in Gefechts-/Übungsphasen relevant. Darüber hinaus gibt es eine Vielzahl gemeinsamer Aufgaben für die Besatzung bei In- und Außerbetriebnahme des Panzers, beim Absolvieren bestimmter Einsatzaufgaben (wie z. B. Kämpfen unter ABC-Schutzbedingungen, Durchfahren von Gewässern, Bergen von ausgefallenen oder festgefahrenen Fahrzeugen).

Der Fahrersitz ist seit der Version A6M aus Minenschutzgründen an Gurten am Wannendach aufgehängt. (RZ)

Fahrersichtgeräte SPECTUS vorn (oben) und hinten. Bei Nichtgebrauch werden die Schiebeklappen geschlossen. (KMW)

Kommt der Panzer zum Stehen und steht unter Beschuss, bietet die Notausstiegluke hinter dem Kf die einzige Möglichkeit, den Panzer einigermaßen geschützt zu verlassen. (RZ)

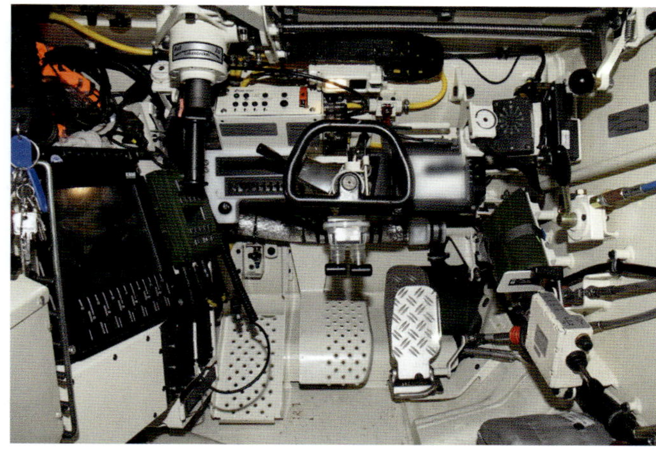

Der Kf-Platz in der Übersicht mit Fahr- und Bremspedal sowie dem Lenkgriff, links davon der Lamellenausströmer und Regelknopf darunter für die Raumkühlung, rechts davon sein Display. Links von ihm ist die Kf-Informationseinheit und dem grünen BV-Bediengerät davor. Links oberhalb des Lenkgriffs sitzt der Schaltkasten für die FWLA, rechts befindet sich der Gangwahlschalter, darunter der Fahrtrichtungshebel. (RZ)

Weiter unten, über dem Schleifringübertrager, befinden sich das BUA-BG mit einer Kontroll-Leuchte und ein Testtaster unter dem Display, sowie links der Status-Drehschalter und ein Testanschluss-Stecker. (RZ)

Hinzu kommen zahlreiche Pflege- und Wartungsaufgaben oder aber Vorbereiten des Fahrzeugs bei akuten Instandsetzungsmaßnahmen, wie z. B. Wechsel eines Schadtriebwerks, Austausch von beschädigten Laufwerkkomponenten, Sicherungsaustausch und dgl. Hierzu verfügt die Besatzung über so genannte Waffen- und Gerätebegleithefte mit Anweisungen und Handhabungsdetails sowie Störmeldeformulare. Unterstützt werden die Besatzungen bei Bedarf durch einen Gefechtsschaden-Instandsetzungs-Trupp (GSI) oder einen Bergepanzer. Früher verfügten die Bataillone praktischer Weise noch über einen eigenen Instandsetzungszug und konnten daher einen Großteil des Instandsetzungsaufkommens selbst erledigen. Für die Erfassung von Routinedaten (Betriebsstunden, Testdaten und dgl.) gibt es Fristenhefte. Bei größeren

Hinter dem Kf sind die Löschmittelbehälter rechts an der Wand befestigt, ausgestattet mit einem Druckmanometer (Fülldruck 123-125 bar) und je einer Anzündkapsel im Ventilkopf. (RZ)

Auch ohne Verschulden der Besatzung kann es zu technischen Ausfällen kommen, wie hier beim PzBtl 104 im Jahr 1994. (RZ)

Schäden, gleich welcher Art, stellt das Bataillon die Verbindung mit zuständigen Instandsetzungsunterstützern her. Darüber hinaus gibt es so genannte periodische Fristenarbeiten, vergleichbar mit zivilen Kfz-Inspektionen. Es würde den Rahmen des Buches sprengen, all diese Tätigkeiten im Detail zu erläutern. Weitere Erläuterungen finden sich bei den Bildtexten der jeweiligen Abbildungen.

Sehr vielschichtig gestalten sich die mannigfaltigen Ausbildungsabschnitte für das Bestehen im Gefecht. Auch hier ist eine Reihe von Abschnitten in Fotos erläutert. Die einzelnen Inhalte kann die Besatzung nicht durch Unterrichtsvorträge oder Durchlesen von Vorschriften erlernen! Das richtige Verhalten im Gelände, das Zusammenwirken innerhalb der Kompanie (und darüber hinaus) sowie mit anderen Kräften der Kampf- und Einsatzunterstützung kann nur in der Praxis erlernt werden. Dazu dienen auch nationale und internationale Gefechtsübungen sowie erste Durchgänge im Gefechtsübungszentrum (GÜZ) der Bundeswehr in der Letzlinger Heide. Eine umfassende Darstellung der Aufgaben der Panzertruppe im Gefecht findet sich im Standardwerk *Panzertaktik* (siehe Literaturnachweis).

Der Gefechtsdienst wird auch mit Hilfe des Ausbildungsgeräts Duellsimulator (AGDUS) durchgeführt, das Treffer(miss)erfolge zweifelsfrei dokumentiert. Dazu wird ins Kanonenrohr ein augensicherer Laser-Sender mit visierlinienabhängigem Strahl eingesetzt. Begeht der RS einen Ziel- oder Messfehler, wird kein Treffer angezeigt. Vier Sensoren an den Turmecken registrieren den eingehenden Impuls und markieren den getroffenen Panzer quasi als ausgeschaltet. Der Treffer kann sowohl per Rundlichtleuchte auf dem Turmdach oder auch – je nach Version – mit einem gezündeten Knallkörper angezeigt werden. Der Abschuss wird mit dem Kanonenabschussgerät (KANAB) dargestellt. Ende 2019 hat die Bw den Systembauer SAAB mit der Einrüstung einer neuen Version (BT-46) beauftragt. Die Modernisierung umfasst WIFI-Technik, *High-Fidelity*-Training und AR (*Augmented Reality*), die in die optischen Anzeigen integriert werden. Die Auswerterechner berücksichtigen echte Fahrzeugsilhouetten und simulieren die Ballistik vollständig per Laser.

Die Gefechtsausbildung der Besatzungen betrifft weniger die taktisch-operative Unterweisung der Führer oberhalb der Kommandantenebene. Vielmehr gilt es, die Besatzungen in routinemäßig anzuwendenden Verhaltensregeln im Gelände zu schulen, die stets zu befolgen sind, egal in welcher Rahmenlage sich der Einzelpanzer oder die (Teil-)Einheit befindet (Angriff, Verzögerung, Sicherung usw.). Elementare Regeln für das richtige Verhalten im Gelände, unter Beschuss und dgl. gelten schlicht für alle Lagen.

Rechte Seite: Bei mutmaßlichen Schäden am Triebwerk kann dieses durch einen der Bergepanzer (BPz) des Bataillons rasch (binnen ca. 30 Minuten) gegen ein Ersatzmodul ausgetauscht werden, das der BPz „huckepack“ auf seinem Heck transportieren kann. (WB)

320

Zum Abheben der Triebwerkraumabdeckung befindet sich ein entsprechendes Hubgeschirr auf dem Heck. Darunter ist der Kasten für Betankungstrichter zu sehen.

Deutlich aufwändiger sind Arbeiten am Laufwerk, wie hier beim erforderlichen Wechsel des äußeren Antriebskranzes, nach dem der Panzer von der zu öffnenden Kette heruntergefahren ist. (WB)

Abschließend gilt es, die beiden offenen Kettenglieder mit Hilfe eines Spezialwerkzeugs wieder miteinander zu verbinden. Nach Schließen der Kette muss diese dann noch gespannt werden. (WB)

Mühselig, aber ohne das Öffnen der Kette sind andere Arbeiten, wie das Auswechseln abgenutzter Kettenpolster, die seitlich herausgeschoben werden müssen, nicht möglich. (WB)

Rechte Seite: Schweißtreibend ist dann das mit Muskelkraft Bugsieren der noch offenen Kette nach und nach über die Stützrollen hinweg bis nach vorn, wie hier bei einem Wagen des damaligen PzBtl 33. (WB)

320

Gründe für Laufwerkschäden sowie Festfahren im Gelände sind vielfältig, wie seitliches Befahren von Schrägen (links) oder Blockieren des Wannenbugs (rechts) bei Wasserhindernissen.

Auch beim routinemäßigen Überwinden durch Tiefwaten (links) oder auch Unterwasserfahren (rechts) sollte die Ein- und Ausfahrten ggf. durch einen begleitenden BPz zuvor präpariert werden.

Deutlich weniger spannend ist das Überfahren einer Panzerschnellbrücke durch einen Brückenlegepanzer, wie den LEGUAN (links) oder das Überfahren einer Schwimmbrücke (rechts) wie vom PzBtl 84 bei der Übung „Rollende Kette".

Gängige Praxis ist auch die Nutzung einer Fähre, wie hier durch das PzBtl 393 bei der Übung „Wettiner Schwert“ 2022. (WB)

Die beiden Panzer sollten nur einzeln auf die Fähre und auch wieder herunterfahren!

Deutlich „denkwürdiger" ist eine Seefahrt auf einem Landungsboot, wie hier PzBtl 83 1991 bei der Übung „Nasser Sand".

Keiner „Eigenleistung" bedarf es bei einer Schiffsverladung, wie hier nach Kanada zum Schießübungsplatz „Shilo".

Routine für die Verbände sind auch Verlegetransporte per Eisenbahn, wie hier Panzer vom PzBtl 141. Einweiser und rollende Panzer müssen stets einzeln, gesondert auf jedem Wagen sein. (WB)

Nach Erreichen „ihres" Waggons werden die Fahrzeuge mittels Metallkeilen gegen Wegrollen gesichert. Anschließend werden noch Zurrketten an den Wagenhalterungen festgemacht.

Ist eine routinemäßige Entladung auf einer Rampe nicht möglich, wird es herausfordernd, wie hier 1985 bei der Übung „Trutzige Sachsen" für einen Wagen des PzBtl 81! (R. Proschko)

Ebenfalls gängige Praxis ist der Straßentransport mit Hilfe eines Schwerlast-Transporters (SLT). Allerdings erfolgt dies stets mit gezurrtem Turm auf 6 Uhr.

Bei Märschen im öffentlichen Straßenverkehr gelten besondere Regeln. Sie erfolgen in einer Kolonne mit Beleuchtung und Rundumkennlicht und bestimmten Fahrzeugabständen. Der Kraftfahrer fährt bei geöffneter Luke, alle Panzer sind gekennzeichnet mit blauer Flagge (letztes Fahrzeug mit grüner). Zeichengebung erfolgt mit Winkerkelle. (WB)

Auch das – unabwendbare – Betanken des Panzers, wie hier 2020 bei der Übung „Thüringer Löwe“, ist Routine, wenn es nicht behelfsmäßig mit Fässern oder dergleichen erfolgen muss sondern, wie hier mit Hilfe eines Tankwagens. (WB)

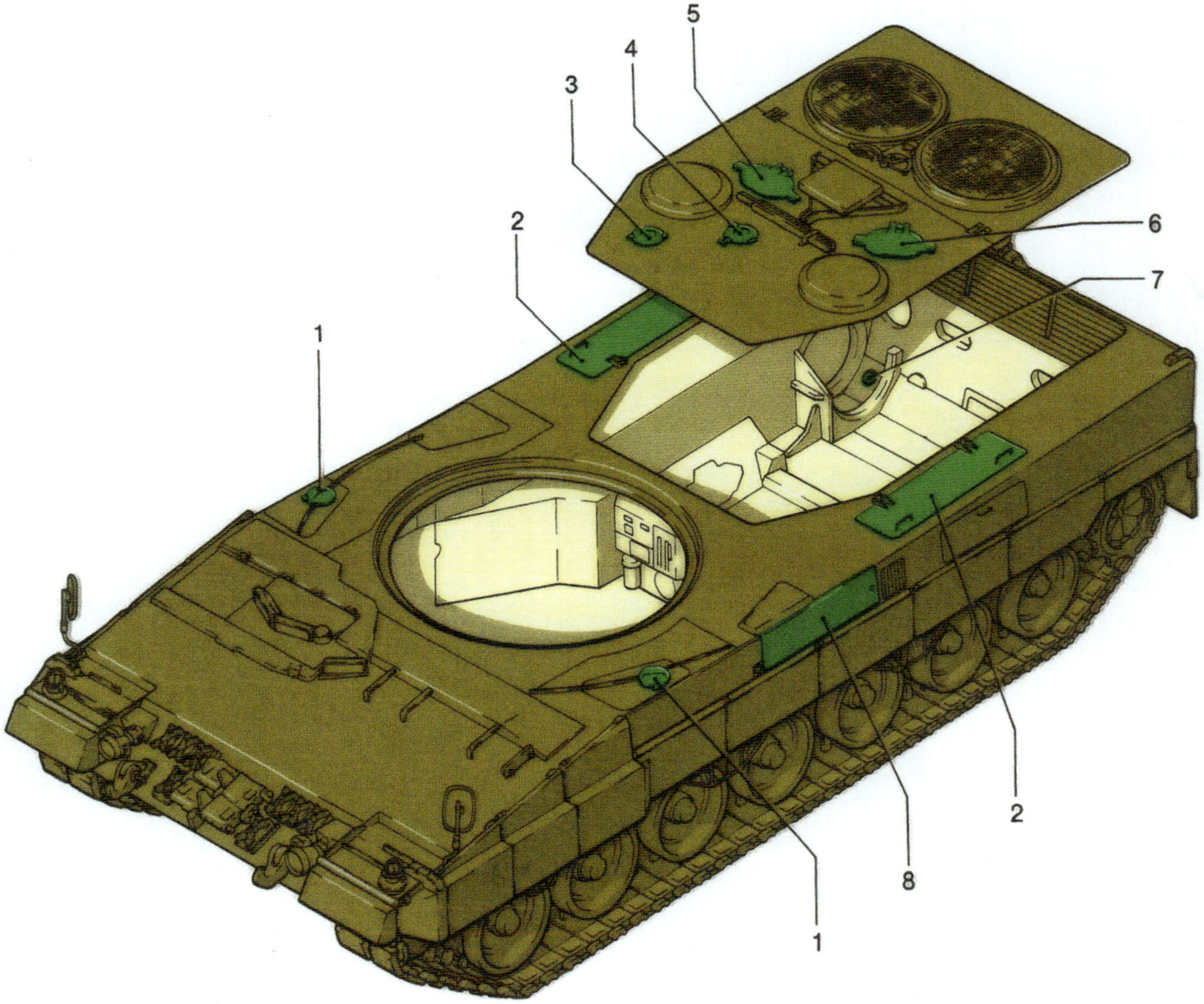

Routinemäßig nutzt die Besatzung eine Reihe von Zugängen, wie oben zu sehen, nicht nur zum Betanken (1 rechts und links, 3 für Fremdbetankung) sondern auch zur Kontrolle der Batterien (links und rechts 2), der Kühlflüssigkeit (5), vom Motor- und Getriebeöl (6), der Bremsanlage (7), der NBRC-Schutzanlage (8) sowie der Feuerwarndrähte und der hydraulischen Abdichteinrichtung (4). Hinzu kommen weitere Außenkontrollen.

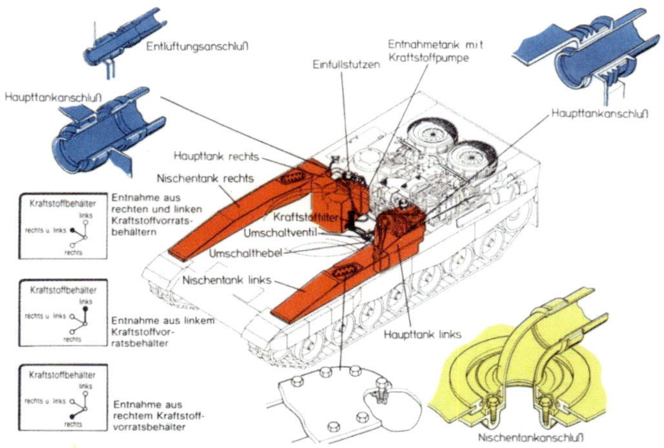

Prinzipskizze der Kraftstoffversorgung mit den beiden Nischentanks vorn seitlich und den dortigen Einfüllstutzen sowie den Kraftstoffumschalthebel.

Bei Schäden an der Waffenanlage kann es auch erforderlich werden, die Justierung zu überprüfen, und auch – wie hier beim Trefferlagebild – entsprechend zu korrigieren. Dazu dient eine Justierscheibe, aufgestellt auf 500 m Entfernung. (RZ)

Gut für die Armmuskulatur ist auch das Aufmunitionieren, wie hier eine Besatzung des PzBtl 393 2022 auf einer Schießbahn auf dem TrÜbPl Grafenwöhr. (WB)

Schweißtreibend nach dem Schießen ist dann das obligatorische Rohrreinigen.

Das AGDUS - hier das neue BT-46-System – mit den vorderen beiden Sensoren an den Turmecken sowie dem LASER-Sender vorn im Kanonenrohr. (SAAB)

Wichtige Vorbereitung von Ausbildungen im Gefechtsdienst ist das Tarnen des KPz, sowohl mit Hilfe des Tarnnetzes als auch von Astmaterial. Wichtig ist, dass die Ziel- und Beobachtungseinrichtungen frei bleiben.

Untergezogen im Verfügungsraum sind auch Tücher hilfreich, zwecks Reduzierung der thermischen Aufklärung, wie hier bei einem Panzer des PzBtl 183. (WB)

Mangelhafte „Tarnung“ ergibt sich auch durch Aufwirbeln großer Mengen von Staub, wie hier bei einem 414er-Leo. (WB)

Von diesem Fahrzeug des PzBtl 31 sind die meisten Äste schon heruntergefegt worden…(WB)

Schneetarnung bei einem Pz des GebPzBtl 8 im Jahr 1995 auf dem TrÜbPl Hohenfels. Richtig ist das Auftragen von unterschiedlichen weißen Flecken, falsch wäre das völlige Weißen des Panzers. (WB)

Bewegungen bei Dunkelheit dürfen nicht zu Leichtsinn führen, per Wärmebildgeräte werden Fahrzeuge gnadenlos aufgeklärt!

Bewegungen im offenen Gelände sind oft erforderlich. Jedoch sollten sie stets im hohen Tempo ablaufen!

Bei Bedarf kann die Besatzung mittels MWA Nebelwurfkörper verschießen. Diese zünden schon in der Luft und haben auch IR-Schutzwirkung, wie hier bei einem Panzer des PzBtl 414. (WB)

Gefechtsfeldbeobachtung von Höhen sollten nach kurzer Zeit beendet werden, hier ein 393er 2022 beim „Stolzen Wettiner". Auf keinen Fall nach vorn über den Hügel fahren! (WB)

Aber auch eine richtige Stellungswahl will gelernt sein. Dieser Wagen der 4./PzBtl 84 steht deutlich zu steil…

Zwei Bilder links und oben: Bewegungen im Gelände sollten möglichst gedeckt und stets unter gegenseitiger Überwachung erfolgen.

Wird das Feuer eröffnet, ist der Panzer sofort aufgeklärt. Jegliches weitere Verbleiben in diesem Abschnitt sollte vermieden werden!

Eröffnet der Feind das Feuer, gilt es mit Höchstgeschwindigkeit diesen Geländeabschnitt zu durchfahren und auszuweichen!

Tagelanges leichtsinniges Herumstehen auf Höhen (ohne Infanteriesicherung) hat im Dezember 2016 bei einem türkischen Verband in Nordsyrien zu empfindlichen Verlusten geführt!

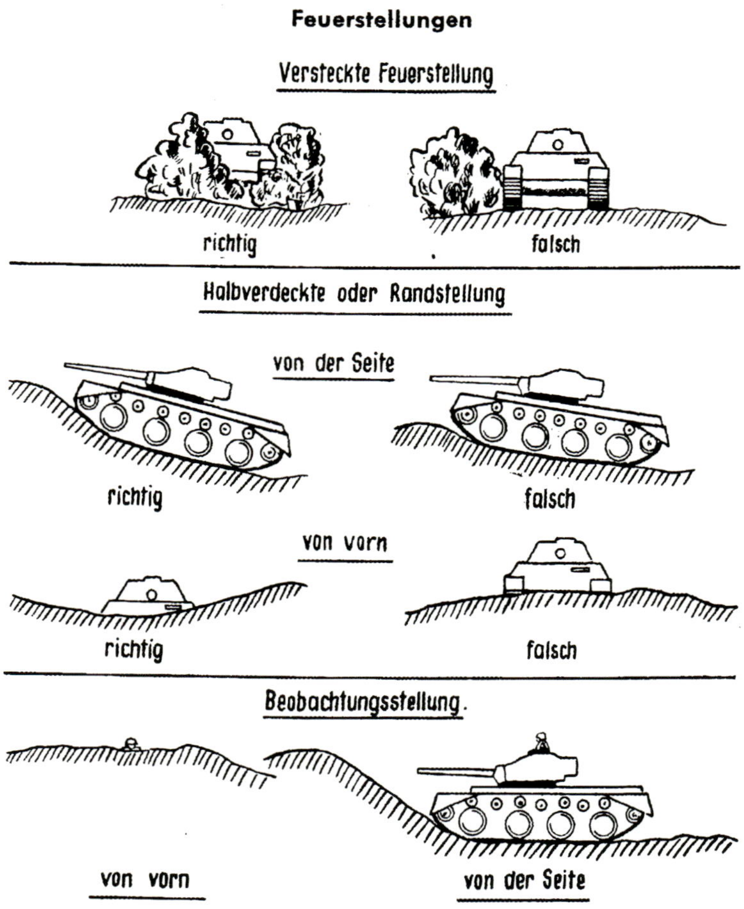

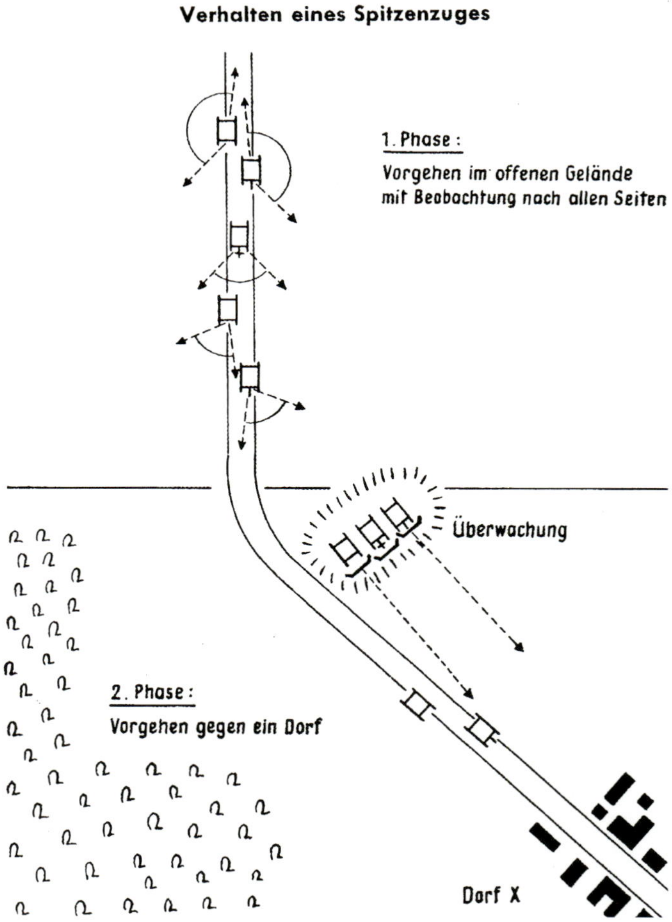

Viele taktische Grundsätze haben auch noch heute Bestand, hier am Beispiel von Ausbildungsunterlagen der Wehrmacht.

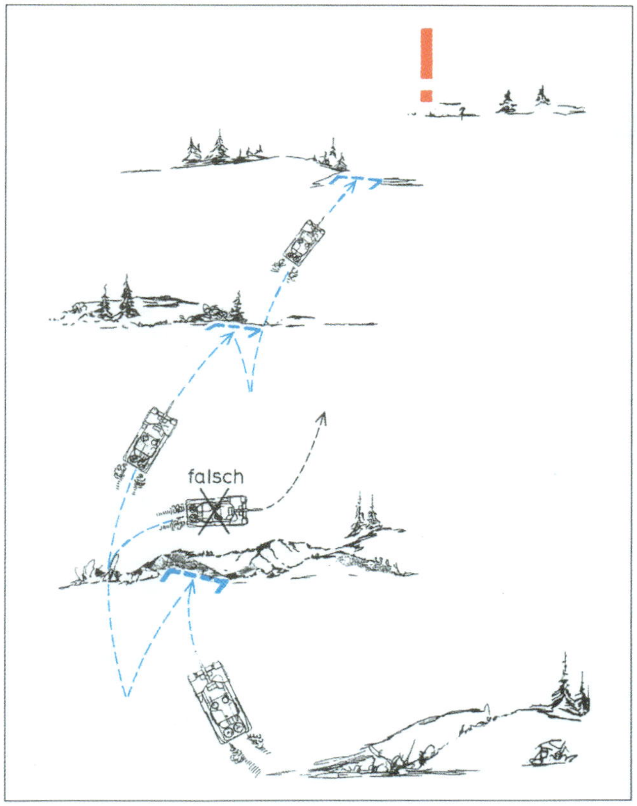

Stellungswechsel mit hoher Geschwindigkeit

Merke: Panzerfront und nicht Breitseite zeigen!

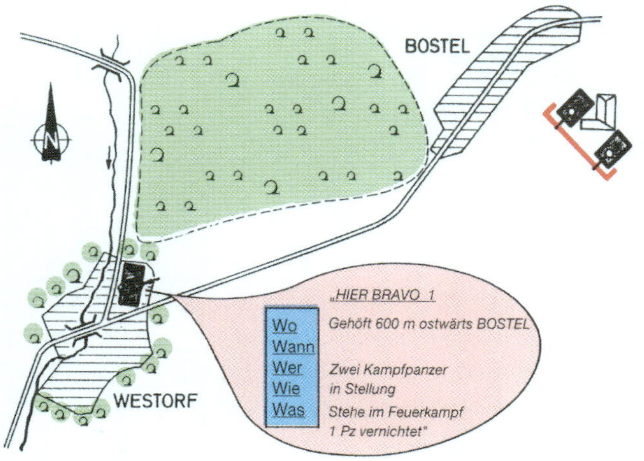

Meldeschema

Wichtig sind auch Feind- und Zielmeldungen, damit andere Kräfte rasch und angemessen agieren können.

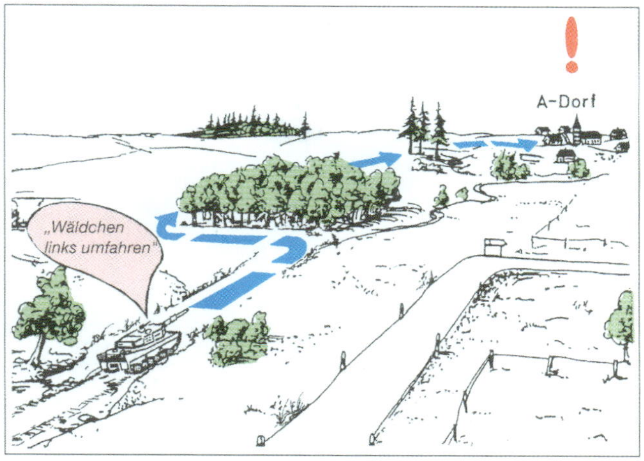

Ausnutzen von Baum- und Buschgruppen

Hier Beispiele aus heutigen Unterlagen, für das richtige „Ausnutzen“ des Geländes.

Auch im rückwärtigen Bataillonsgefechtsstand ist man auf umfängliche Lagemeldungen – mittlerweile zunehmend digital – angewiesen.

Die nächste „Stufe" im Gefechtsdienst ist dann das Zusammenwirken mit anderen Kräften, wie z.B. mit Panzergrenadieren, wie hier ein Panzer des PzBtl 393 mit einem Schützenpanzer PUMA. (WB)

Grundsätzlich eröffnet der Richtschütze sofort das Feuer gegen aufgeklärten Feind, es sei denn der Kommandant unterbindet dies, z.B. um die eigene Stellung nicht zu „verraten".

Noch authentischer wird es, wenn aus einem LEOPARD ein T-72 gebastelt wird…(WB)

„Speziell“ sind auch Ausbildungen unter Lagen mit ABC-Gefährdung. Hier wird ein unter ABC-Schutz eingesetzter Wagen dekontaminiert. (WB)

So „erklimmen“ die Besatzungen eine „Stufe“ nach der anderen in der Ausbildung und entwickeln die erforderlichen Routinen!

Internationale Nutzung

Der *Leopard 2* ist heute geografisch so weit verbreitet wie kein anderer westlicher Kampfpanzer. Dabei sah es zunächst gar nicht danach aus. Lediglich die Niederlande und die Schweiz gehörten zu den frühen Beschaffern. Die erhebliche Leistungssteigerung gegenüber dem *Leopard 1* hatte natürlich ihren Preis, was viele Nationen eher zögern ließ. Der nächste Kunde Schweden sattelte gleich auf der kampfwertgesteigerten Ausführung *A5* auf, und das sogar konsequenter als Deutschland. Schweden und Schweiz wiederum war gemein, dass eigene Neubauprogramme zur Ablösung oder Ergänzung älterer Eigenentwicklungen letztlich an den Kosten scheiterten. Die Entwicklungskosten sind bei geringer Stückzahl und wenig Exportaussichten nur zu rechtfertigen, wenn man die Expertise für Entwicklung und Bau von Kampfpanzern aus nationalem Interesse erhalten will.

Einen Verbreitungsschub erhielt der *Leopard 2* indem zum einen überzählige *Leopard 2* (zunächst nur *A4*) der Bundeswehr wie auch der Niederlande abgegeben wurden, zum anderen Vergleichserprobungen gegen Konkurrenten wie *M1 Abrams* und sogar den neueren *Leclerc* gewonnen werden konnten.
Eine Besonderheit der *Leopard 1* und *2* ist die Zusammenarbeit der meisten Nationen unter dem Begriff LEOBEN (Leopard-Benutzerstaaten). Verschiedene Arbeitsgruppen stellten seit Ende der 1960er-Jahre die Versorgbarkeit, die Weiterentwicklung und die Beschaffung von Ersatzteilen sicher. Desgleichen findet ein Austausch von Informationen und Erfahrungen statt. Mittlerweile eifern andere Systeme diesem Erfolgsmodell nach. Die Beschreibung der internationalen Nutzung erfolgt hier in der Reihenfolge der ersten *Leopard 2*-Ausführung der jeweiligen Nation.

Niederlande

Die Niederlande waren die erste Fremdnation, die den *Leopard 2* beschaffte. Mit 445 KPz *Leopard 2*, die den deutschen Losen 2 und 3 entsprachen, waren sie zudem gleichzeitig und über Jahrzehnte der stückzahlhöchste Nutzer nach der Bundeswehr. Die Auslieferung erfolgte zwischen 1983 und 1986. Zwischen 1996 und 2000 vollzog sich die Umrüstung von 180 *Leopard 2A4NL* auf den Stand *2A5NL*, entsprechend der KWS II, und später ab 2001 auf den Stand A6NL mit der L55-Bordkanone. Das niederländische Heer setzte *Leopard 2A4NL* im Rahmen von IFOR und SFOR (ab 1996 bzw. 1997) in Bosnien-Herzegowina ein, später auch den *A5*. Mittlerweile sind aber alle nicht-umgerüsteten *Leopard 2A4* verkauft oder umgebaut (PiPz *Kodiak*, BrLPz *Leguan*). Nach mehreren Reduzierungsrunden blieben noch ca. 60 *Leopard 2A6NL* übrig, nur um nach einem Beschluss von 2011 ebenfalls abgeschafft zu werden.

Die Niederlande beschafften ab 1983 insgesamt 445 Leopard 2A4. Diese sind alle nicht mehr im Dienst, sie wurden verkauft oder umgebaut.

Damit gab es keine niederländische Panzertruppe mehr, die in NATO-Kreisen einen absolut guten Ruf genossen und bei Vergleichswettbewerben in der Regel vorne mit dabei gewesen war. Unumstritten war diese Entscheidung nicht, und so nutzte man sofort die Möglichkeiten einer Kooperation mit Deutschland. Unter dem Dachbegriff „Taurus" entstand eine tiefe und noch nie dagewesene Zusammenarbeit mit der Bundeswehr in unterschiedlichsten Bereichen.
Für die holländische Panzertruppe bedeutete dies eine Wiedergeburt, wenn auch auf kleiner Flamme. Zum einen wurde eine Kompanie des deutschen PzBtl 414 in Bergen-Lohheide mit niederländischen Soldaten besetzt, ebenso Teile der Stabs- und Versorgungskompanie. Der Kommandeursposten wird im Rhythmus 2:1 deutsch–niederländisch vergeben. Das Bataillon ist der 37. NLD-Brigade unterstellt, die Brigade wiederum der 1. (deutschen) Panzerdivision.

Zum anderen haben sich die Niederlande vertraglich die Nutzung von 18 KPz *Leopard 2A6M* zusichern lassen, falls sie außerhalb der NATO-Strukturen ohne Bundeswehr eine Mission bestreiten wollen. Das Vorbild war die Leihe von 20 *Leopard 2A6M* an Kanada 2007 für den Einsatz in Afghanistan. Seinerzeit musste das Vertragliche nachgezogen werden.
Durch die Weiterentwicklung der Bundeswehr-*Leopard 2* ist die Standardversion beim PzBtl 414 der Leopard *2A6M A3*.
Ungeachtet dieser Lösung versuchen die niederländischen Streitkräfte dennoch, wieder über eigene Kampfpanzer und eine Panzertruppe zu verfügen. Regelmäßig fiel dieser Ansatz aber höher priorisierten Vorhaben zum Opfer, die einen absoluten Verdrängungseffekt beinhalteten, wie z. B. die Beschaffung des sündhaft teuren US-Kampfflugzeugs F-35.
Die Ausführung steht dementsprechend nicht fest. Es ist aber davon auszugehen, dass es moderne neugebaute *Leopard 2* mit möglichst großer Gleichheit zu Bundeswehr-Ausführungen sein sollen. Demnach sieht es derzeit (2024) nach der Version *Leopard 2A8* aus.
Im Bereich Unterstützungsfahrzeuge steht das niederländische Heer recht gut da. Neben älteren 25 BPz 3, die zusammen mit Deutschland gebaut wurden und jetzt auf einen BPz 3A1 ähnlichen Stand gebracht werden, stehen der PiPz *Kodiak* (10, seit 2012) und der BrLPz *Leguan* (10, seit 2019) auf *Leopard 2*-Basis in Verwendung.

Die letzte niederländische Version war der A6, von dem ab 2001 180 Stück beschafft wurden. Zehn Jahre später beschloss man, die Panzertruppe aufzulösen.

Um einen Nukleus für eine Wiederauferstehung der Panzertruppe zu haben, stellt die Niederlande das Personal für eine Kompanie und Stabsanteile im PzBtl 414. Ausgebildet und geübt wird mit deutschen Leopard 2. Hier bei Kettenarbeiten an einem Leopard 2A6M A3. (FL)

Schweiz – Panzer 87 WE

Zurzeit (2024) nutzt die Schweizer Armee 134 Kampfpanzer *Leopard 2* mit der Bezeichnung *Panzer 87 WE* (WE = Werterhaltung). Es handelt sich um eine verbesserte Version des *Panzer 87*, der schweizerischen Ausführung des *Leopard 2A4*.
Die Panzer sind in einzelnen Kompanien in zwei Mechanisierten Brigaden (1 und 11) eingesetzt. Jede Brigade hat ein Panzerbataillon (12 und 13) mit zwei Panzerkompanien und zwei mechanisierte Bataillone (17, 18, 14 und 29), jedes mit einer Panzerkompanie.
Nachdem die Schweiz mit den *Panzern 61* und *68* Eigenentwicklungen eingeführt hatte (die Zahlen entsprechen dem Jahr der Einführung, 61 = 1961), fingen die Eidgenossen zur Ablösung ihrer noch älteren *Centurion*-Kampfpanzer abermals mit einer Eigenentwicklung an, dem *Neuen Kampfpanzer* (NKPz). Mitte der 1970er-Jahre begannen sie eine Studie. Die Kombination von absehbar steigenden Kosten und die Unzufrie-

Obwohl die Schweiz am KWS-Programm beteiligt war, wurde später ein eigener Weg gegangen. Als ‚Werterhaltung' entstanden zwei Prototypen mit deutlich erkennbarer Zusatzpanzerung und einer Waffenstation, sowie zahlreichen weiteren und inneren Verbesserungen.

380 Panzer 87, so die schweizer Bezeichnung für ihren Leopard 2A4, wurden ab 1986 beschafft. Sie sind leicht an den sonst unüblichen zusätzlichen Halterungen für Schneegreifer und Köchern für heiße MG-Rohre am Turm zu identifizieren.

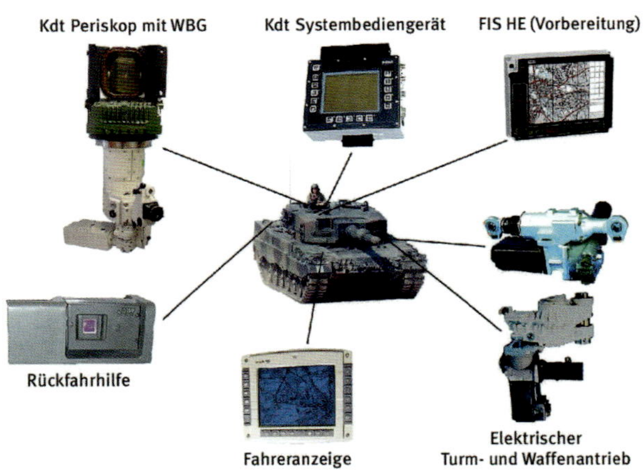

Diese Komponenten fanden bei der Maßnahme dann Verwendung. Das PERI mit Wärmebildgerät verblieb am alten Einbauort, der elektrische Antrieb ersetzte den hydraulischen, die Rückfahrhilfe, und das Kdt Systembediengerät wurden eingebaut, ein Führungssystem zumindest vorbereitet. Ähnliche Zusammenstellungen gab es später auch für andere Nationen.

denheit mit der Eigenentwicklung *Panzer 68* führten 1979 zu Abbruch und Neubetrachtung. Da nur ein Panzer neuerer Generation in Frage kam, reduzierten sich die Möglichkeiten auf zwei Fahrzeuge, die es zu dem Zeitpunkt noch nicht in Serie gab: den deutschen *Leopard 2* und den US-amerikanischen *M1 Abrams*. Letzteren gab es damals nur mit 105-mm Kanone und ohne stabilisiertem Kommandanten-Periskop.

Nach einer Vergleichserprobung und begleitenden Untersuchungen entschieden sich die Schweizer 1985 für den *Leopard 2*. Bis zur Serienproduktion meldeten sie noch zahlreiche Änderungen an, von denen einige leicht als äußere Erkennungsmerkmale dienen können. Dazu gehören etwa die zusätzlichen Schneegreifer-Halterungen am Turm und die Köcher für MG-Rohre an der rechten Turmseite. Im Wesentlichen entsprach der *Panzer 87* dem deutschen Los 5 und damit einem *A4* mit DigBal-Rechner.

Obwohl die Schweiz am KWS Programm mitgearbeitet hatte, verzichtete sie auf dessen Umsetzung. Stattdessen rief sie im Jahre 2000 ein „Werterhaltungsprogramm" mit anderer Zielsetzung und Beginn 2006 ins Leben. Die KWS I–III beruhten im Wesentlichen auf den Forderungen für Duellsituationen, wovon die Eidgenossen jetzt abrückten. Die in zwei Prototypen umgesetzten Maßnahmen zeigten eine klare Auslegung in Richtung *UrbanOps*, also Kampf in bebautem Gelände und asymmetrische Kriegsführung: Turm-Zusatzschutz über den Seitenwinkel 30° hinaus, Autonome Beobachtungs- und Waffenstation (ABWS), Minenschutz. Die anderen Änderungen gehören mittlerweile zum Standard: Rückfahrkamera, Wärmebildgerät für den Kommandanten, Austausch der hydraulischen gegen eine elektrische

Hier ein umgebauter Panzer 87 WE in voller Fahrt. 134 Serienfahrzeuge entstanden. Von den äußerlichen Änderungen der Prototypen blieb nur das etwas größere PERI übrig. Nach einer Phase der parallelen Nutzung findet keine Ausbildung mehr an dem ursprünglichen Panzer 87 statt.

Nachführanlage. 134 Kampfpanzer wurden umgerüstet und ab 2010 eingeführt. Typisch und einmalig für die schweizerischen *Leopard 2* sind die großen, quer über das Fahrzeugheck verlaufenden Schalldämpfer, die aber nicht immer montiert werden.
Der weitere Weg der Schweiz bezüglich *Leopard 2* steht noch nicht fest. Lange Zeit waren die nicht umgerüsteten *Leopard 2A4/Panzer 87* eingelagert und dienten zu eigenen Umbauten (*Kodiak, Leguan*) oder für Abgaben zu unterschiedlichen Konditionen. Ende 2023 sind 25 weitere von knapp 100 noch eingelagerten Fahrzeugen zur Abgabe an Rheinmetall bewilligt worden. Somit stehen der Schweiz fast die Hälfte der ursprünglichen 380 *Panzer 87* nicht mehr zur Verfügung.
Bekanntlich denkt das Schweizer Heer über ein Maßnahmenpaket nach. In welche Richtung es geht und welche Stückzahlen es betrifft, ist derzeit nicht absehbar.
Die Schweiz beschaffte seinerzeit auch 25 Bergepanzer 3 *Büffel* (Einführung ab 2004) und trieb die Entwicklung eines Pionierpanzers auf Grundlage *Leopard 2* mit voran. Das Heer stellte einen *Panzer 87* für die Prototypen-Umrüstung zur Verfügung und konnte so entscheidend auf Konstruktionsmerkmale Einfluss nehmen. 12 Systeme wurden ab 2012 beginnend als *Genie- und Minenräum-Panzer* eingeführt. Auch beim Brückenlegesystem *Leguan* trieb die Schweiz eine KMW/MAN-Entwicklung mit voran, obwohl die einheimische RUAG bereits eine Lösung für Finnland aufzeigen konnte. Wiederum stellte man das Fahrgestell für den Prototypen. 12 Systeme werden beschafft.

Schweden – Strv 122

Schweden hatte sich nach einer Vergleichserprobung von *Leopard 2*, *M1 Abrams* und *Leclerc* für den *Leopard 2* entschieden. In der dann gewählten Ausführung des Leopard 2 setzten die Schweden die KWS-II-Maßnahme des deutschen Kampfwertsteigerungsprogrammes viel konsequenter um. Beim *Strv 122* (*Stridsvagn*, zweite Ausführung mit 12-cm-Kanone) handelte es sich grob um einen *Leopard 2A5* mit zusätzlichen Dachschutz, Fahrgestell-Bugschutz und TCCC-Führungssystem. Dem damaligen Zeitgeist folgend, wurde dieses tief in die Panzer-Elektronik integriert und ein MilBus-System eingesetzt, was wiederum zu erheblichen Unterschieden im Bereich Feuerleitrechner und Anzeige- und Bedienelementen führte. Es gab weitere, weniger auffallende Änderungen, wie zum Beispiel den Wechsel auf schwedische Standardbatterien. Interessanterweise lösten die *Leopard 2* in Schweden nicht die älteren *Centurion*-Kampfpanzer ab, sondern die jüngere

Diese Aufnahme zeigt sehr schön die wesentlichen Unterschiede des Strv 122 zum A5: Bugpanzerung, Turmdach-Panzerung, Galix-Nebelmittelwurfanlage und geändertes Turmheck. 120 Fahrzeuge wurden beschafft, von denen 14 mit dem zusätzlichen Minenschutz ausgestattet sind (Strv 122B.

schwedische Eigenentwicklung *Strv 103*, auch bekannt als *S-Tank*. Schweden kam, ähnlich wie die Schweiz, nach anfänglichen Versuchen wieder einen eigenen Kampfpanzer zu bauen, ebenfalls zum Schluss, das zu erreichende Ziel stehe in keinem Verhältnis zu den Kosten.

Schweden beteiligte sich auch an der Entwicklung des verbesserten Minenschutzes, der später an zunächst zehn Fahrzeugen umgesetzt wurde. Die damit ausgerüsteten *Strv 122* erhielten den Zusatz „B", während die Ursprungsversion nun *Strv 122A* hieß.

Aktuell findet der Umbau auf die Ausführungen *Strv 122C* und *D* statt unter Austausch des mittlerweile veralteten TCCS gegen ein neues Führungssystem. Diese Gelegenheit nutzten die Schweden, um sich von alten Besonderheiten im elektrischen und elektronischen Bereich zu trennen. Schweden hat zwei Panzerregimenter, P 4 in Skaraborgs mit zwei Bataillonen (41 und 42) und P 18 auf Gotland mit dem Bataillon 181 teilaktiv. Von den insgesamt 120 *Strv 122* gab das einst neutrale Schweden zehn als *Strv 122A* an die Ukraine ab, 14 baute es zu *Strv 122B* bzw. *D* um. Der Rest (86) befindet sich im Umbau auf *Strv 122C*.

Aktuell ist eine wirkliche Kampfwertsteigerung vorgesehen. Die *Strv* sollen an den *Leopard 2A7V* mit Waffenanlage L55A1 angeglichen werden und dann *Strv 123* heißen. Grundsätzlich besteht auch in Schweden die Absicht, die an die Ukraine abgegeben Fahrzeuge durch neuere zu ersetzen. Ob diese sich dann am *Strv 123* orientieren oder an späteren Versionen, wird sich zeigen.

Da die Strv 122 auch schon in die Jahre gekommen sind, wurde eine Obsoleszenzbeseitigung eingeleitet, genannt RENO (von Renovation), was zum Strv 122C bzw. D führt. Mittlerweile ist eine umfangreiche Modernisierung ähnlich Leopard 2A7V angestoßen. Die Zielkonfiguration heißt dann Strv 123.

Zum Unterstützungspaket auf Leasingbasis vor Auslieferung der *Strv 122* gehörten 160 *Leopard 2A4* aus Bundeswehrbeständen, in Schweden *Strv 121* getauft. Außer der Funkanlage, dem Tarnanstrich und der Beschriftung sind keine wesentlichen Änderungen bekannt. Nach Auslaufen des Vertrages behielt Schweden 18 Fahrzeuge für den Eigenbedarf (u. a. Umbau in BrLPz *Leguan*). Der Rest ging zurück nach Deutschland, das die Panzer an befreundete Nationen bzw. an die Industrie verkaufte.

Frühzeitig interessierte sich Schweden auch für Bergepanzer 3 *Büffel* und beschaffte 14 Stück, von denen zwei auf einem dem BPz 3A1 ähnlichen Stand gebracht wurden.

In Kooperation mit den Niederlanden wurden 6 PiPz *Kodiak*, auch *AEV 3* genannt, beschafft. Relativ spät trat Stockholm auch dem Nutzerkreis des Brückenlegesystems *Leguan* bei und beschaffte zehn Einheiten.

Spanien – Leopard 2A4E/Leopardo 2E

Spanien verfügt über 219 Kampfpanzer *Leopardo 2E* und 98 *Leopard 2A4*. Ähnlich wie den Schweden wurde den Spaniern eine Kombination aus gebrauchten *Leopard 2A4* und aktuelleren Neubauten angeboten. Während die *A4* auf Leih-/Leasingbasis zur Verfügung gestellt wurden, waren die *2E* (nach damaliger Lesart *A6* wegen der langen L55- Kanone) mit Neuerungen versehen, wie sie von schwedischen *Strv 122* bekannt waren (u. a. Turmdach-Bomblet-Schutz, Wannen-Bugschutz). Komplette Neuerungen betrafen beispielsweise die APU von einem spanischen Hersteller und ein anderes Wärmebildgerät im PERI des Kommandanten. KMW hatte 2001 dazu im Vorfeld den Demonstrator *Leopard 2A6EX* aufgebaut. Während der Bau der ersten 30 Fahrzeuge in Deutschland anlief, bereitete man in Spanien die Übernahme der Produktion vor. Bei vielen Baugruppen suchten sich die meist deutschen Hersteller spanische Lizenzunternehmer. Es spricht einiges dafür, dass sich diese aber im Anschluss nicht mehr um Aktualisierungen, also Obsoleszenz-Management gekümmert haben. Die spanische Flotte stand somit vor einem zunehmenden Versorgungsproblem. Eine Annäherung an das etablierte LEOBEN-Verfahren kam erst spät zustande so dass nun zumindest die Gleichteile versorgbar sind.

Anekdote am Rande: Mitten in der Produktion wollte die spanische Firma Santa Barbara das Werk verkaufen, in dem die spanischen *Leopard 2* gebaut wurden. Letztlich setzte sich der US-Rüstungskonzern General Dynamics als Käufer durch, Hersteller des Konkurrenzproduktes *M1 Abrams*. Dass dies von der bundesdeutschen Regierung seinerzeit einfach so hingenommen wurde, zeigt deren fehlendes Gespür und mangelnde Kompetenz. Wenigstens konnte KMW erreichen, dass der von den Amerikanern eingesetzte Werkschef die Produktionshallen zunächst nicht betreten durfte.

Spaniens Heer stellt immer wieder Kontingente, auch mit Panzertruppe, bei NATO-Übungen und -Vorhaben. So zogen *Leopardo 2E* schon bei Manövern im Baltikum ihre breiten Kettenspuren.

Vor dem Neubau-*Leopard 2* erhielt Spanien 108 gebrauchte und langzeitgelagerte ehemalige *Leopard 2A4* der Panzerbataillone 83 (Lüneburg) und 23 (Braunschweig), die nun die Industrie und unterstützendes Bw-Personal der jeweiligen Nachbar-Bataillone (84 bzw. 24) einer etwas ausgeweiteten Bedarfsinstandsetzung unterzogen. Aufgrund der ebenfalls vorgenommenen Neulackierung ließen sich diese *Leopard 2A4* nur bei genauem Hinsehen aus nächster Nähe als ‚Gebrauchtwagen' erkennen.

108 gebrauchte Leopard 2A4 erhielt Spanien von Deutschland im Vorfeld der Neubauten. Damit konnte die spanische Panzertruppe gut auf die neue Version vorbereitet werden.

In der Draufsicht sind gut die Unterschiede zu frühen Leopard 2 zu sehen: Turmfront Zusatzpanzerung (ab A5), eckiges Turmheck, Turmdach-Panzerung mit Schiebeluken, Wannenbug-Panzerung (alle wie Schweden), lange Kanone (ab A6) und die APU im Fahrgestell hinten rechts.

Die spanische Armee hat 219 Leopardo 2E (so die lokale Bezeichnung) beschafft. Zu dem Zeitpunkt war es der am Weitesten entwickelte Leopard 2. Er vereint die Neuerungen durch A5, A6 und Strv 22 plus APU.

Durch die Stationierung, zumindest zeitweise, in den spanischen Enklaven Ceuta und Melilla auf nordafrikanischen Boden und der Nutzung australischer Übungsplätze durch Singapur war der *Leopard 2* auf allen Kontinenten vertreten.

Eine radikale Verkleinerung blieb der spanischen Panzertruppe anscheinend erspart. Die Masse der spanischen Panzertruppe ist teilaktiv in zwei Divisionen eingesetzt, „Castillejos" in Huesca und „San Marcial" in Burgos. Zwar stehen längst nicht mehr alle *Leopard 2A4E* im aktiven Dienst und zehn wurden an die Ukraine abgegeben, aber eine Reduzierung auf 10-15 % (wie in Deutschland) oder eine vollständige Auflösung (wie in Holland) gab es in Spanien nie. Während die Neubauten bisher immer nur im typisch spanischen Armeegrün erschienen, behielten die A4 ihren Dreifarbanstrich bei.

Äußerlich gab es außer einer kleinen Nachtfahrkamera auf der oberen Bugplatte ganz hinten in Nähe des Drehrings keine Veränderungen. Ob in Zukunft größere Umbauten auf die spanischen Leoparden zukommen, liegt wie überall, an verfügbaren Haushaltsmitteln. Als Familienfahrzeuge auf *Leopard 2*-Basis führte Madrid bisher 16 BPz 3 als *Buffalo 3E* ein. Der Typ besitzt starke Ähnlichkeit zum deutschen BPz 3.

Dänemark – Leopard 2A7 DNK

Nach Ende des Kalten Krieges, aber noch in einer Phase der Unsicherheit, konnten Spanien und Schweden zunächst von überzähligen *Leopard 2A4* der Bundeswehr profitieren. Juristisch blieben die Panzer jedoch Eigentum der Bundesrepublik Deutschland, da zunächst nur geleast. Als Dänemark im Dezember 1997 dann 51 Fahrzeuge kaufte, wurde es zum vierten „echten" ausländischen Eigner des *Leopard 2*,

Derzeit (2024) nutzt Dänemark 44 *Leopard 2A7DNK*, die sich in hohem Maße am *2A7V* der Bundeswehr orientieren. Die Programme liefen halbwegs parallel, so dass über gegenseitige Absprache eine gewisse Gleichheit hergestellt werden konnte. Während Dänemark noch den Sprung von einer *A5*-Version auf *A7* vollzog, verfügte Deutschland mit dem *A7* bereits über eine geringe Anzahl von *Leopard 2* mit Energieerzeugungseinheit 20kW APU, Kampfraumkühlanlage, HE-Anpassung und weiterem.

Auch die dänischen *Leopard 2A5* waren bereits mit einer APU ausgestattet, allerdings der kleineren 7,5-kW-Anlage, die als nicht zuverlässig genug bewertet wurde. Einigen in Afghanistan eingesetzten Fahrzeugen verpasste man in einer ad-hoc-Aktion einen Minenschutz. Weitere Änderungen nahmen die Dänen daheim sowie im Einsatzland selbstständig vor. All dies geschah, um die Besatzungen besser zu schützen und auf einen einheitlichen Stand mit anderen *Leopard 2*-Nationen zu kommen. Dänische Unterschiede zum *A7V* blieben: äußerlich fallen ein Beleuchtungsscheinwerfer, der Drahtschneider auf dem vorderen Turmdach, Staukästen sowie wie die linke hintere Wannenschulter auf. Sie verfügt über eine Abdeckung, die der Kontur der rechten Seite mit APU entspricht. Es handelt sich aber um keinen festen Aufbau. Ein Nachtsicht-Fahrgerät fehlt noch. Zwar ist das Spectus-System angedacht, aber noch befindet sich am Bug nur ein Staukasten.

Die ursprünglichen 51 dänischen *Leopard 2* erfuhren später Verstärkung durch 18 weitere Fahrzeuge. Alles in allem wurden 57 auf Stand *A5* gebracht; die übrigen dienten der Ersatzteilgewinnung. Zehn der 51 Fahrzeuge aus dem ersten Kauf

Dänemark baute die von Deutschland gekauften Leopard 2A4 ähnlich zu A5 um, ging jedoch mit der 7,5kW APU und der Bug-Panzerung (wie schwedischer Strv 122) einen Schritt weiter.

Dänemark setzte schon öfter Kampfpanzer in Auslandseinsätzen ein, wie z.B. Leopard 1 bei UNPROFR / IFOR / SFOR auf dem Balkan. Zunächst ohne konkreten Anlass wurde ein Fahrzeug entsprechend vorbereitet. Nicht zu spät, denn kurze Zeit später wurde ein verstärkter Zug nach Afghanistan gesandt.

Mittlerweile sind alle dänischen Leopard 2 (44) auf den Stand Leopard 2 A7DNK gerüstet. Grundsätzlich gleich oder ähnlich zum deutschen A7V (z.B. Wechsel auf die 20kW APU), gibt es durch ein unterschiedliches Verstaukonzept optisch Ablagen.

nutzten die Dänen temporär in ihrer *A4*-Version genutzt, um *Leopard 2*-Erfahrung zu sammeln.
Von 2007 bis 2014 kamen dänische *Leopard 2A5* in Afghanistan zum Einsatz. Ihr Hauptauftrag war die Unterstützung von infanteristischen Kräften eigener und verbündeter Streitkräfte. Trotz guter Erfolge plante man, dem allgemeinen Trend folgend, in der Heimat bereits die weitere Reduzierung. Die Zahl aktiver Fahrzeuge sollte auf unter 40 sinken, die man jedoch einem kleinen Modernisierungsprogramm unterziehen wollte. Bevor dies noch umgesetzt wurde, schuf Russland 2014 durch die Annexion der Krim eine neue politische Situation. In Folge machten die Dänen aus dem kleineren Maßnahmenpaket ein größeres, das dann zum *A7* führte. Zusätzlich definierten sie ihren Gesamtbedarf auf 44 Fahrzeuge. Von der einstmals relativ großen dänischen Panzertruppe blieb nur noch das Panzerregiment in Holstebro erhalten. Die übrigen *Leopard 2* hielten oder halten sie zum Aufbau einer *Leopard 2*-Familienfahrzeug-Flotte zurück. Zunächst orderte Kopenhagen bei KNDS die *Leguan*- Gefechtsfeldbrückensysteme. Als nächster Schritt steht die Beschaffung von Berge- und Pionierpanzern an. An die Flensburger Firma FFG erging der Auftrag zur Lieferung mehrerer *Wisent 2* in Berge- und Pionierversionen. Hier herrscht erhöhter Druck, da alle *Leopard 1*-basierten Unterstützungsfahrzeuge (so auch der *Wisent 1*) bereits an die Ukraine abgegeben wurden.

Österreich – Leopard 2A4Ö/AUT

Von den ehemals 114 von den Niederlanden übernommenen *Leopard 2A4* stehen offiziell noch 48 im aktiven Dienst des österreichischen Bundesheeres. Grundsätzlich sind wohl noch bis zu 60 Fahrzeuge verfügbar, dazu gehören auch vier Fahrschulpanzer. Jüngst wurde ein Vertrag mit KMW/KNDS geschlossen, der davon 58 Fahrzeuge einer neuen Konfiguration zuführt, die eher einer großen und umfangreichen Obsoleszenz- und Schwachstellenbeseitigung gleicht. Eine tatsächliche Kampfwertsteigerung in den Bereichen Schutz und Mobilität ist nicht zu erkennen, Verbesserungen finden im Bereich Wirkung (neue Munition) und Aufklärung (Wärmebildgeräte 3. Generation) statt:

Turm

Umbau auf elektrische Richt- /Waffennachführanlage
Feuerleitanlage digital, inkl. neue Mun-Sorten
ATTICA-Wärmebildgeräte für Kdt und RS
Neues Bedienkonzept

In Millimeterarbeit wird hier ein österreichischer Leopard 2A4Ö durch eine Engstelle gelotst. 58 Leoparden werden modernisiert. Der Stand orientiert sich dabei am deutschen A7V, auch wenn vieles nicht übernommen wird.

Drei österreichische Leopard 2 auf dem Kriegsmarsch. Von ehemals 114 Fahrzeugen sind nur noch rund die Hälfte übrig. Diese sollen nun erheblich verbessert werden.

Neues Verstaukonzept

Fahrgestell
FBI für Fahrer
SPECTUS-Nachtsicht vorn und hinten
UltraCaps

Von den ursprünglich 114 Fahrzeugen sind viele wieder verkauft worden. Die deutsche Industrie ist immer wieder eingesprungen, wenn Länder ihre *Leopard 2*-Flotte verkleinern wollten. Aus dieser Phase ist man allerdings wieder heraus. Niemand hat mehr etwas abzugeben, *A4*-typische Ersatzteile sind rar.
Österreich hat einen Verband, das Panzerbataillon 14 in Wels.
Österreich verfügt über keine *Leopard 2*-Familienfahrzeuge. Im Rahmen einer Neubetrachtung stehen aber alle Unterstützungsfahrzeug-Modelle im Fokus und sollen auf *Leopard 2*-Fahrgestell eingeführt werden.

Norwegen – Leopard 2A4 NOR/A8 NOR

Norwegen will 54 neue *Leopard 2A8* beschaffen. Diese sollen die bisher genutzten, um 2002 von den Niederlanden gekauften 52 *Leopard 2A4* ablösen. Der Vertrag wurde im Januar 2023 unterschrieben. Die Lieferung des ersten Fahrzeugs wird für 2026 erwartet. Die Option auf weitere 18 wird nicht ausgelöst, die dafür vorgesehenen Mittel führen die Norweger lieber der bodengestützten Luftabwehr zu. Hier herrschen anscheinend in vielen Nationen gewisse Lücken.
Die Bezeichnung der Panzer änderten die Norweger schon nach der Verhandlung in Abstimmung mit Deutschland von *A7* in *A8,* da sich diese Ausführung vielfach von Vorgängermodellen unterscheidet. Norwegen arbeitet in der LEOBEN-Arbeitsgruppe FSS (*Full Spectrum System*) mit und trat hier bereits früh für modernere Bedienelemente ein. Auch die zukünftige Pflicht eines aktiven *Hard-Kill*-Schutzsystems wurde hier bereits verkündet. Auch wenn der *Leopard 2A8* noch keine umfängliche NVGA-Architektur erhalten wird, wird doch ein erster Ansatz im Turm verwirklicht. Auch eine neue Bildschirmkonfiguration wird dazu gehören. Aktuelle oder zu erwartende Forderungen nach 360°-Sicht kann die alte Konfiguration nicht leisten.
Gesetzt ist mit dem *Leopard 2A8* auch das APS „Trophy“. Eine Waffenstation stand lange Zeit zur Diskussion. Sollte es dazu kommen, wird es eine von Kongsberg sein. Die Aufnahme dazu wird vorbereitet sein.

52 Leopard 2A4NL hat Norwegen Anfang der 2000er Jahre erstanden und mit dem Umbau auf die deutsche Nebelmittelwurfanlage und der Rückfahrhilfe ein Kleinstverbesserungsprogramm durchgeführt. Nun werden diese Fahrzeuge durch Leopard 2A8 ersetzt, geplanter Beginn 2026.

Da es sich letztlich um kleine Stückzahlen handelt, besteht die Absicht, möglichst keine Unterschiede zuzulassen, allenfalls geringfügige bei eher „nicht-logistischen" Bauteilen.
Die Panzer sind im Panserbatalionen SETERMOEN eingesetzt. Der norwegische Ansatz erschien etwas kurios: Zunächst stellte Oslo die gesamte Unterstützungsflotte auf *Leopard 2*-basierte Fahrzeuge um. Beim Nachfolgeprojekt für Familienfahrzeuge wurde das Kernfahrzeug aber quasi wieder in Frage gestellt. Diese Flotte besteht aus je 6 Bergepanzern *Wisent 2*, Pionierpanzern *Wisent 2* und Brückenlegesystemen *Leguan*.
Die Ausschreibung für den *Leopard 2A4*-Ersatz ließ am Ende nur noch den *Leopard 2* und den südkoreanischen *K2 Black Panther* übrig, die zu einer Vergleichserprobung im Januar/Februar 2022 eingeladen wurden.

Finnland – Leopard 2A4 FIN/2A6 FIN

Finnland verfügt derzeit (2024) über je 100 *Leopard 2A4* und *A6*. Den höherwertigen *A6* beschafften die Finnen von den Niederlanden, als die zunächst angedachte Übernahme der 105 *A5* der Bundeswehr nicht zustande kam. Über fünf Jahre wurden jeweils 20 instandgesetzte *Leopard 2* übernommen. Aus rein technischer Sicht sind die Fahrzeuge nicht verändert. Hingegen erfolgten Änderungen, um das Leben der Besatzungen einfacher und sicherer zu machen. Dazu gehören beispielsweise die größeren Ausschnitte in den leichten Kettenblenden, um den Aufstieg mit Winterstiefeln zu vereinfachen.

100 Leopard 2A6 hat Finnland von den Niederlanden gekauft und durch ein kleines Anpassungsprogramm geschleust. Diese Aufnahme zeigt zusätzliche Halterungen an der seitlichen Turmzusatzpanzerungen, größer ausgeschnittene Aufstiegshilfen (Stichwort Winterstiefel), Abdeckung des Staukorbes und einen Feuerlöscher hinter den Nebelwurfbechern, die auf niederländischem Stand geblieben sind. (Kirchhoff)

Typisch finnisch ist der Splittertarn-Anstrich. Grundsätzlich beobachtet Finnland die Möglichkeiten weiterer Anpassungen, hat aber nach hiesigem Stand für die *A6* keine konkreten Maßnahmen geplant.
Bereits vor ca. 20 Jahren beschaffte Finnland 128 deutsche *Leopard 2A4,* später ergänzt um weitere 11 Fahrzeuge. Man geht davon aus, dass von diesen 17 zur Ersatzteilgewinnung herangezogen und 22 zu Spezialfahrzeugen umgebaut wurden. Bei der Beschaffung der 100 ex-niederländischen *A6* bestand zunächst die Absicht, sich von den *A4* zu trennen. Die Lageentwicklung seit Mitte der 2010er-Jahre führte zu einem Umdenken.
Die Unterstützungsfahrzeuge basieren auf *Leopard 2A4* aus eigenem Bestand. Darunter 10 *Leguan*-Brückenleger, die allerdings einer anderen Integration entsprechen, als die *Leopard 2-Leguane* anderer Nationen. Seinerzeit trat RUAG als Entwickler in Erscheinung, mittlerweile ist KMW/KNDS dafür zuständig. Etwas unkonventionell kommen die sechs Minenräumer daher, welche die Finnen mit einem anderen Aufbau ohne Turm und einem Minenräumpflug von Pearson versahen (wahlweise auch Räumschild). Stimmen die Angaben über finnische Ukraine-Abgaben, sind diese nun dort zu finden.
Recht spektakulär erscheint die letzte Entwicklung zum *Leopard 2 Marksman*: die Finnen beschafften in Großbritannien entwickelte Flugabwehrtürme mit 35-mm-Zwillingsmaschinenkanonen von Oerlikon zum modularen Einsetzen in verschiedene Panzerwannen; seinerzeit in *T-55*-Fahrgestelle. Grundsätzlich erinnert der

100 Kampfpanzer Leopard 2A4 hat Finnland im Dienst. Diese waren um 2002 gekauft und sollten nach Zulauf der A6 abgegeben werden. Davon ist auf Grund der geänderten Bedrohungslage seit 2014 nicht mehr die Rede.

Turm an den des Flakpanzers *Gepard* der Bundeswehr, nur das Letzterer zusammen mit dem Fahrgestell ein Gesamtsystem bildet. Die Modularität des *Marksman*-Turmes nutzend, bauten die Finnen sechs „T-55-Flakpanzer" auf *Leopard 2*-Fahrgestelle um.
Es ist davon auszugehen, dass sich Finnland zunächst der *Leopard 2A4* annimmt, um diese zu verbessern und wieder versorgbarer zu gestalten. Letztlich geht das Veralterungsproblem aber auch an den *Leopard 2A6* nicht vorbei.
Außer in der PAROLA Armor School sind die Panzer gegenwärtig in einer Kompanie Teil des „Häme" Bataillons.

Polen – Leopard 2A4 POL/2A5 POL/2PL

Polen nutzt 105 *Leopard 2A5* aus ehemaligen Bundeswehrbeständen und eine wachsende, aber unklare Menge von *Leopard 2PL*, die auf einer alten Zahl von 128 *Leopard 2A4* basiert, die vor längerer Zeit aus Deutschland übernommen wurden. Da Polen 14 *Leopard 2A4* an die Ukraine abgab, ist nach derzeitigem Kenntnisstand die Zahl von 114 *Leopard 2PL* kaum überschreitbar.
Die *Leopard 2A4* und *A5* haben die Polen, soweit bekannt, nur beim Tarnanstrich verändert. Interessanter gestaltet sich die Version *2PL*. Um die alternden *Leopard 2A4* leistungsfähiger und versorgbarer zu machen, schrieb Polen eine Kampfwertsteigerung aus. Dabei scheint der Schwerpunkt auf Beteiligung der einheimischen Industrie gelegen zu haben, weniger auf Gleichheit mit anderen Versionen der eigenen Kräfte oder auch der Verbündeten.
Die technische Lösung erarbeitete freilich Rheinmetall, wobei das deutsche Unternehmen im Unterauftrag der polnischen Firma Burma agierte. Die ersten Fahrzeuge wurden termingerecht in Deutschland gebaut und erprobt. Weitere sollten dann bis zum Anlaufen der Fertigung in Polen in Bausatzform geliefert werden. Polnischen Medien zufolge war bereits beim zweiten Schritt erheblicher Zeitverzug eingetreten.

Alle polnischen A4 sollen auf den Stand 2PL gebracht werden. Die Strukturänderungen (EMES höher, PERI versetzen) eines A5 haben sie zwar nicht erhalten, ähneln diesem aber auch: Zusatzschutz nur am Turm, Wärmebild-Gerät im PERI, Rückfahrkamera, elektrischer Turmantrieb. Der Leopard 2PL hat zusätzlich noch die 3-Modus-HE Verschießbarkeit und eine 17kW APU, auch wenn das jeweils eigene Lösungen sind.

Insgesamt hat Polen 142 KPz Leopard 2A4 von Deutschland übernommen, welche viele Jahre unverändert im Dienst standen. Durch Abgaben an die Ukraine und Umbauten auf den Stand 2PL wird diese Version langsam verschwinden.

Auf dem Papier gleich der *Leopard 2PL* dem *Leopard 2A5*, hat jedoch bei nahezu jedem Einzelaspekt eine andere Umsetzung. EMES und PERI bekamen Wärmebildgräte polnischer Produktion (Asteria). Ersteres wurde nicht höher gesetzt, Letzteres verbleib an der alten Stelle. Die 17-kW-APU sitzt an der mittlerweile üblichen Stelle, stellt aber eine technisch andere Lösung dar. Zusatzpanzerung ist nur am Turm angebracht. Das Fahrzeug verfügt nun über die HE/DM11-Befähigung,

Anfang bis Mitte der 2010-Jahre wurden 105 Leopard 2A5 an Polen abgegeben. Diese Fahrzeuge sind ohne Änderungen übergegeben worden. Wie hier zu sehen, wurde nur ein hellerer Braunton bei der Lackierung gewählt.

eine Rückfahr-Kamera und den elektrischen Turmantrieb. Am Turmheck wurde ein neuer Staukasten angebracht. Gegenüber dem *Leopard 2A4*, aus dem er entstand, stellt der *2PL* aufgrund der Beseitigung von Schwachstellen eine klare Verbesserung dar. Ein großer Schritt nach vorn ist er aber nicht. Polen hat zwei mit dem LEOPARD 2PL ausgestattete Verbände, das 1. Panzer- und das 24. Ulanenbataillon der Panzerbrigade 10 sowie zwei mit A5 ausgestattete, das 1. Und das 2. PzBtl der 34. Panzerbrigade.

Aufwuchs der polnischen Panzertruppe
Nach Abschluss aller Pläne wird Polen über rund 1600 Kampfpanzer verfügen. Beauftragt wurden 250 US-amerikanische *M1A2 SEP V3 Abrams*, 180 südkoreanische *K2* und anscheinend auch 820 *K2PL* (der Typ muss allerdings erst noch fertig entwickelt werden). Hinzu kommen 116 *M1A1 Abrams* aus Beständen des US-Marineinfanteriekorps. Damit besäße Polen mit Ausnahme Russlands die mit Abstand größte Kampfpanzerflotte Europas.
Die einstigen logistischen Herausforderungen mit der Mischflotte *Leopard 2A4/2A5/2PL*, *T-72* und *PT-91* werden nur gegen neue getauscht bzw. erweitert. Trotz gleichem Kaliber ist die Munition nicht automatisch austauschbar.
Der *K2PL* soll auf dem *K2* basieren. Die zu erwartende Dauer, bis diese Version geliefert und auch die genannte Stückzahl übernommen werden kann, lässt die Frage aufkommen, ob diese Fahrzeuge dann noch hinreichend lange bedrohungsgerecht sein können.

Griechenland – Leopard 2A4 GRC/2HEL

Die Reihenfolge der Nationen in dieser Abhandlung richtet sich nach der Übernahme von *Leopard 2* in die Nutzung, unabhängig von der Version und ob Neubau oder gebraucht. Wäre der Neubau entscheidend, hätte Griechenland nach Deutschland, Niederlande und Schweiz (jeweils *A4*), Schweden (*Strv 122/S*) und Spanien (*Leopardo 2E*) den sechsten Platz belegt.

Griechenland verfügt über 183 *Leopard 2A4* und 170 *Leopard 2HEL* (auch *2A6GR*). Die *Leopard 2A4* stammen aus ehemaligen Beständen der Bundeswehr. Sie wurden vor Abgabe von der deutschen Industrie einer Bedarfsinstandsetzung unterzogen und mit einem neuen, Griechenland-spezifischen Tarnanstrich ausgeliefert. Ansonsten gab es keine Änderungen.

Der *Leopard 2HEL* basiert auf dem 2002 vorgestellten Demonstrator *Leopard 2A6EX*, bei dem alle seinerzeit verfügbaren Maßnahmen verbaut waren. Vorgeschaltet war 1998 eine Vergleichserprobung gegen *M1A2 Abrams*, *Challenger 2*, *Leclerc*, *T-80U* und *T-84*. Der *Leopard 2* überzeugte, die Entscheidung fiel aber erst 2002, da außer der Leistung noch weitere Gesichtspunkte eine Rolle spielten. Die griechische Industrie wurde maßgeblich am Bau beteiligt. Beispielsweise wurde die Firma Metka durch KMW qualifiziert, Türme

183 Leopard 2A4 hat Griechenland aus Bundeswehr-Beständen erhalten. Mit den 170 neugebauten 2HEL verfügt man über rund 350 Leopard 2-Kampfpanzer und damit, neben der Türkei, über die größte Leopard 2-Flotte überhaupt.

und Wannen zu bauen. Davon profitieren heute noch *Leopard 2*-Neubauprojekte, da in Deutschland diese Fähigkeit abgebaut wurde.

Auffallend ist auch hier die spezielle Vierfarb-Tarnung. Statt WBG-X und ATTICA kamen mit dem OPHELIOS 2.Genera-

Nach dem Leopardo 2E der Spanier war Griechenland der nächste Kunde neugebauter Leopard 2. 170 Fahrzeuge wurden gebaut. Auffallend sind diese Fahrzeuge durch den besonderen Tarnanstrich. Die Version Leopard 2HEL wurde mit meteorologischem Sensormast geliefert, der die Temperatur und den Querwind an die Feuerleitanlage gibt.

Heckansicht des LEOPARD 2HEL.

tions-Wärmebildgeräte zum Einbau. Die Feuerleitanlage bekam erstmalig wieder einen Sensormast für Temperatur und Querwind. Die weiten und offenen Flächen im Szenar der griechischen Armee machen dies sinnvoll. Anders als Spanien hat sich Griechenland für die MKK3-Kühlanlage und die original 7,5-kW-APU entschieden, was dem ursprünglichen EKKA-Ansatz entspricht.

Die griechische Panzertruppe besteht aus 10 teilaktiven Bataillonen, zwei in jeder mechanisierten Infanteriedivison (Bn 7, 12, 16 und 311) und in der 20. Panzerdivision zwei in jedem der drei Brigaden (Bn 516 und 565 in der Brig 21, Bn 21 und 24 in Brig 23 und Bn 22 und 25 in Brig 25).

Griechenland hat durch die damalige Lieferung von *Leopard 2A4* und *2HEL* sowie weiterer *Leopard 1A5* ältere *Leopard 1*, *M48* und *M60* außer Dienst gestellt. Weitere Reduzierungen hat es nach hiesiger Kenntnis nicht gegeben.

Türkei – Leopard 2A4 TUR

Mehr oder weniger im Gleichschritt gingen über Jahrzehnte die Rüstungsunterstützungen für Griechenland und die Türkei. So erhielt die Türkei 354 Fahrzeuge in zwei Losen von der Bundeswehr. Ähnlich wie bei Griechenland durchliefen diese eine Bedarfsinstandsetzung bei der deutschen Industrie. Außer einer leichten Veränderung des Tarnverlaufs sind keine Änderungen bekannt.

Für Aussehen sorgte der Einsatz eines *Leopard*-Bataillons im Südosten der Türkei und auf syrischem Territorium, bei dem im Dezember 2016 und noch später mehrere *Leopard 2* der türkischen Armee wohl überwiegend durch Lenkflugkörper verloren gingen. Man geht von einem Verlust von mindestens 10 *Leopard 2* aus. Da davon auch Fahrzeuge aus anderen Gründen aufgegeben und später von der türkischen Luftwaffe zerstört wurden, sind die teilweise dramatischen Aufnahmen der Panzer wenig aufschlussgebend über den genauen Hergang der Zerstörung. Jedenfalls bemühte sich die türkische Führung schnell um eine Beschaffung von aktiven Abwehrsystemen und wurde in Deutschland fündig. Die Lieferung scheiterte jedoch an der damaligen Bundesregierung, die auf Grund ihrer militärischen Aktivitäten die Türkei mit einem Waffenexportverbot belegte.

Wiederum ähnlich zu Griechenland schrieb die Türkei einen neuen *Main Battle Tank* aus und untersuchte verschiedene Modelle aus dem Kreis der üblichen Verdächtigen. Als Wunschkandidat der Panzertruppe ging der Leopard 2 hervor, welcher als Leopard 2A6EX getestet wurde. Tatsächlich aber wollte die Türkei keinen Kampfpanzer kaufen, sondern als TN-MBT (*Turkish New Main Battle Tank*) mit einem Hersteller entwickeln und im Lande bauen. Know-how-Transfer inklusive. Übrig blieb zuletzt nur die südkoreanische Firma Hyundai Rotem, die gerade am *XK2* arbeitete, dem Prototyp des jetzigen *K2*. Es entstand der nun *Altay* getaufte Kampfpanzer, der aus diversen Gründen nicht wirklich ins Laufen kam.

Währenddessen gab es verschiedene Versuche, die *Leopard 2A4* zu verbessern. Zunächst mit dem Vorschlag der türkischen Firma Aselsan, eine neue Feuerleitanlage zu verbauen. Es folgte, ebenfalls unter der Federführung von Aselsan, ein umfassenderer Schritt mit dem so genannten *Leopard 2 NG* (*Next Generation*), bei dem z. B. zusätzlicher Schutz und eine Waffenstation angedacht waren. Nach anfänglicher Euphorie (wie beim *Altay*) herrscht seit längerem Stille.

Konkreter scheinen Maßnahmen zu werden, die sich ausschließlich auf den Schutz konzentrieren. Zuletzt wurde ein *Leopard 2* vorgestellt, der ein umfangreiches Schutzpaket aus passivem, reaktivem und SLAT-Schutz bekommen hat. Ob die angekündigte Serie tatsächlich kommt, wird sich zeigen sehen.

Die vertrieblich rührige Firma Aselan versucht ansonsten überall Fuß zu fassen, wo Länder ihre *Leopard 2*-Flotten aufrüsten wollen. Nach zahllosen Auftritten, scheint dies nun in Chile gelungen zu sein.

354 Leopard 2A4 erhielt die Türkei aus Deutschland. Damit hatte sie die zeitweise die größte Leopard 2-Flotte überhaupt. Änderungen und Kampfwertsteigerungen sind bisher nicht bekannt, obwohl die Firma Aselsan eine neue Feuerleitanlage anbot.

Bei ihrem Einsatz von Leopard 2-Kampfpanzern auf syrischem Kurdengebiet hatte die türkische Armee kein glückliches Händchen. Mindestens 10 gingen verloren, eine offizielle Bestätigungen gibt es naturgemäß nicht. Mehre sollen Opfer von Lenkflugkörpern geworden sein.

Von Firmen des SSB-Verbandes soll diese Schutzauslegung entwickelt worden sein, welche aus Reaktiven- , Passiven- und Slat-Elementen besteht. 2020 wurde veröffentlicht, dass dieser Rüstsatz in der Stückzahl 40 beschafft werden soll.

Chile – Leopard 2A4 CHL

In der allgemeinen Abgabe- und Schenkerlaune bundesrepublikanischer Regierungen der 2000er-Jahren konnte auch Chile letztlich 172 Kampfpanzer *Leopard 2A4* ergattern. Da hierzulande Lagerräumung vor Preis ging und die chilenische Armee vom seinerzeit hohen Kupferpreis profitieren konnte, kam es schnell zu einer Einigung. Chile erhielt auch zusätzliche Unterstützung bezüglich Ausbildung und Logistik, wollte man wohl ähnliche Verhältnisse wie seinerzeit bei den *Leopard 1* vermeiden. Nach anfänglicher Euphorie und enger Bindung an Deutschland ist mittlerweile wenig über die Situation in Chile bekannt. Um die allgemeine Lage bezüglich *A4*-spezifischer Ersatzteile sollte es dort aber stehen wie anderenorts auch. Geändert wurden die Turbolader, damit der Motor mit der dünneren Luft im chilenischen Hochland zurechtkommt.

Es soll mehrere chilenische Versuche gegeben haben, das WBG-X zu ersetzen, vermutlich ohne Erfolg. Von den 172 Fahrzeugen war von vornherein eine gewisse Anzahl zur Ersatzteilgewinnung gedacht. Wie viele aktiv im Dienst sind, ist daher unklar.

Chile hat 172 KPz Leopard 2A4 aus Bundeswehrbeständen gekauft. Technisch nennenswerte Änderungen hat es bis auf die Höhenluftanpassung des Turboladers nicht gegeben. Da einige von vornherein zur Ersatzteilgewinnung vorgesehen waren und die Versorgungssituation insgesamt bei der A4-Version schwierig ist, bleibt offen, wie viele Leopard 2 tatsächlich im Dienst sind.

Singapur – Leopard 2/L2SG

Zunächst erhielt Singapur über 200 Leopard 2A4, von denen einige direkt als Ersatzteilspender vorgesehen waren und andere in einer fast unveränderten Form genutzt wurden. Parallel erarbeitete man ein umfassendes Verbesserungsprogramm in zwei Schritten. Wegen der Enge im Stadtstaat übt man auch in Australien und Deutschland.

Singapur erhielt ab Ende der 2000er-Jahre über 200 Leopard 2A4 aus ehemaligen Beständen der Bundeswehr. Es ist nicht ganz klar, wieviele davon modifiziert als Kampfpanzer im Dienst stehen. Geschätzt werden um die 180. Die Fahrzeuge wurden in mehrfacher Hinsicht kampfwertgesteigert. Noch in Deutschland wurden sie mit der elektrischen Waffennachführanlage, einem Kühlgerät für den Kampfraum (MKK6), der 7,5-kW-APU und einer Rückfahrkamera ausgestattet. In Singapur wurde dann eine auffällige Zusatzpanzerung montiert, deren Technologie von IBD (Ingenieur Büro Deisenroth) stammt. Ebenso der anders als bei dem Leopard 2A6M aufgebaute Minenschutz. Seit einigen Jahren wird das PERI R17A1 gegen das COAPS (Commanders Open Architecture Panoramic Sight) aus Israel ausgetauscht. Da dieses über einen Wärmebildkanal und einen Laser-Entfernungsmesser verfügt, stellt es eine klare Verbesserung dar.

Als erste Nation hatte Singapur die Unterstützungsfahrzeuge komplett auf Leopard 2-Fahrgestell beschafft und dabei eigene Bezeichnungen eingeführt: L2-ARV (Armoured Recovery

Vehicle/ Bergepanzer), L2-AEV (Armoured Engineer Vehicle/Pionierpanzer) und L2-AVLB (Armoured Vehicle Launching Bridge/ Brückenlegepanzer).

Der hier gezeigte Leopard 2SG (L2SG) zeigt nahezu alle Änderungen: Zusatzpanzerung und SLAT-Elemente an Turm und Fahrgestell, Kühlanlage am Turmheck, 7,5kW APU, Rückfahrkamera sowie das neue Elbit-Periskop vor der Kommandaten-Luke.

Portugal – Leopard 2A6 PRT

Portugal beschaffte 37 *Leopard 2A6* von den Niederlanden und nahm diese 2008/2009 in Nutzung. Mittlerweile wurden drei davon an die Ukraine übergeben.
Die portugiesischen *Leopard 2A6* sind unverändert. Ein kleines Maßnahmenpaket ist angedacht, das sich an Lösungen anderer *Leopard 2*-Nationen orientieren soll. Genaueres steht aber nicht fest. Portugal hat ein Panzeregiment in der mechanisierten Infanteriebrigade.

34 Leopard 2A6 (ex-NL) hat Portugal nahezu unverändert im Dienst. Die Panzertruppe steht dort nicht im Schwerpunkt, so dass für die Zukunft nur ein kleines Maßnahmenpaket angedacht ist.

Kanada – Leopard 2A4 CAN/2A4M CAN/2A6M CAN

Zählt man die Zeit hinzu, in der Kanada von Deutschland geliehene Leopard 2 eingesetzt hat, gehört das nordamerikanische Land schon seit 2007 zu den Nutzern. Für den Einsatz in Afghanistan übergab die Bundeswehr 20 Fahrzeuge der besser minengeschützten Version *2A6M* an Kanada, nachdem diese einen optisch auffallendem *Slat*-Schutz (Käfigpanzerung) erhalten hatten. Ebenso erhöhten die Kanadier die Zahl der Antennen und setzten diese auf T-förmige Träger. Die obere Bugplatte erhielt noch eine Abstandsplatte. Für die Besatzung wurden Kühlwesten eingeführt, die ein Schlauch mit dem Kühlgerät verbindet. Eine Anti-Sprengfallen-Einrichtung war auf dem Dach in zwei Boxen installiert. Kurz nach Ankunft in Afghanistan stattete man die *Leopard 2A6M* mit dem Barracuda-System aus, insbesondere um eine isolierende Schicht gegen die Sonneneinstrahlung zu erhalten.

20 Leopard 2A6M wurden durch Kanada für den Einsatz in Afghanistan von Deutschland geliehen. Diese sind ohne die hier gezeigten SLAT-Elemente mittlerweile in Kanada im normalen Ausbildungs- und Übungsbetrieb. Ein kleines Obsoleszenzbeseitigungsprogramm führt zur Version Leopard 2A6M C2.

Die Schneegreifer und die Ersatzkettenglieder an der Bugplatte wurden später entfernt, um mittels Adapterrahmen einen Minenroller der KMT-5-Reihe anbringen zu können. Waren diese Roller ein typischer Ausrüstungsgegenstand der Warschauer-Pakt-Armeen, wirkten diese an *Leopard 2* zunächst gewöhnungsbedürftig fürs Auge.

Die Fahrzeuge bewährten sich in Afghanistan außerordentlich. Bald zeichnete sich ab, dass sie nicht zum ursprünglich gedachten Termin zurückgegeben werden konnten, insbesondere da auch mehrere durch IED-Anschläge übermäßig beschädigt worden waren. Bei der Suche nach einer Alternative wurde Kanada in den Niederlanden fündig und kaufte dort 20 *Leopard 2A6* sowie 80 *Leopard 2A4*.

Die 20 ex-niederländischen *Leopard 2A6* sollten auf Kosten Kanadas bei KMW in Bundeswehr-*Leopard 2A6M* umgebaut werden. Den dazu erforderlichen Zerlegungsgrad nutzten die Deutschen praktischer Weise wiederum für weitere Maßnahmen. So entstand die neue Version *Leopard 2A7* (Siehe Kapitel Leopard 2A7).

Alle Leopard 2A6M CAN stehen instandgesetzt in kanadischen Diensten. Sie werden dort ohne *Slat*-Elemente genutzt. Durch ein kleineres Maßnahmenpaket sollen sie technisch und logistisch näher an den *Leopard 2A4M* herangeführt werden, um die Versorgung zu erleichtern.

Leopard 2A4M CAN

Von den 80 in den Niederlanden gekauften *Leopard 2A4* brachten die Kanadier 20 auf den Stand *Leopard 2A4M CAN*. Bei diesen verbauten sie erstmalig den bei *UrbanOps*/PSO-Einsätzen entwickelten Schutz. Da die Winkel der Turmfrontmodule gleich sind zu dem üblichen Schutzmodulen ab *Leopard 2A5*, sieht er auf den ersten Blick auch wie ein solcher. Das PERI und das EMES wurden aber nicht versetzt bzw. hochgesetzt. Zunächst blieb das alte PERI R17A1, es wurde aber mittlerweile gegen das PERI R17A3L4 mit ATTICA-Wärmebildgerät gewechselt. Das Fahrzeug erhielt des Weitern die elektrische Waffennachführanlage sowie den Standard-Minenschutz. Auf der oberen Bugplatte sitzt wie beim *A6M CAN* ein Abdeckblech. Auf eine Umrüstung auf die lange L55-Kanone verzichteten die Kanadier bewusst. Der *Leopard 2A4M CAN* erhielt eine so genannte Pionierschnittstelle, mit der sich Anbaugeräte wie Minenpflug oder Räumschild steuern und mit Energie versorgen lassen. Früher geschah dies oft über Winkelspiegelschächte.

Von den 20 Fahrzeugen kamen noch fünf in Afghanistan zum Einsatz, bevor der Einsatz 2011 endete.

Ein kanadischer Leopard 2A6M mit KMT-5 in Afghanistan. Diese Kombination wirkt auf Personen, die im Kalten Krieg groß geworden sind, zunächst skurril. Diese beiden Szenarien sind aber nicht vergleichbar. ‚Show of Forces' und Infanterie-Unterstützung war der Hauptauftrag am Hindukusch.

Leopard 2A4 CAN

Zusätzlich zu den je 20 Einsatz-Versionen (*A4M CAN* für *Urban Ops/A6M CAN* für Duell) wurden 42 der aufgekauften *Leopard 2A4* für Trainingszwecke in Kanada nur leicht modifiziert. Der Fahrer erhielt den Minenschutzsitz sowie das querschnittlich kanadisch genutzte Nachtfahrgerät vorn und hinten. Am Heck ist eine Außenbord-Sprechstelle verbaut. Der Turm erhielt ein dem *A5/A6* angenähertes Heck und eine 6+2-Mehrfachwurfanlage, ansonsten blieb er ein reiner *Leopard 2A4* mit hydraulischer Waffennachführanlage. Kanada übergab acht Fahrzeuge dieser Version an die Ukraine. 18 der 80 aufgekauften *Leopard 2A4* plus weitere Panzer wurden den Firmen RLS und FFG übergeben, um daraus Bergepanzer 3 (18) bzw. Pionierpanzer *Wisent 2* (18) zu bauen.

Die kanadischen Panzer sind kompanieweise im Royal Canadian Armoured Corps / Corps blindé royal canadien eingesetzt.

Neben den Einsatzversionen A4M CAN und A6M CAN wurden weitere 42 Leopard 2A4 (ex-NL) mit einem Minimalpaket nur für Ausbildungszwecke beschafft. Dabei wurde das Turmheck an die Version A5/A6 angeglichen. Ein Verstautraum für jeden alten A4-Mann. Die A4-typische hydraulische Waffennachführanlage verblieb jedoch. (CAN MoD)

20 Leopard 2A4M CAN entstanden parallel zum Einsatz der A6M in Afghanistan. Gezielt auf UrbOp getrimmt, wurde die Zusatzpanzerung gegen Hohlladung optimiert und die kurze L44-Kanone belassen. Später erhielt auch der Kommandant ein Periskop mit Wärmebildgerät.

Indonesien – Leopard 2A4+/2RI

Wenn es darum ging, überzählige Leopard 2 aufzukaufen, nutzten die Firmen KMW und RLS jede Gelegenheit. Mit 103 von Deutschland und der Schweiz abgegebenen *Leopard 2A4* konnte RLS einen Auftrag von Indonesien beliefern. 42 blieben in einem fast unveränderten Zustand, sie erhielten lediglich eine Kühlanlage für den Kampfraum.
Die weiteren 61, *Leopard 2RI* genannten Fahrzeuge wurden durch ein umfangreiches Maßnahmenpaket kampfwertgesteigert. Durch seine umfangreiche Zusatzpanzerung erhielt das Fahrzeug ein stark geändertes Aussehen. Es gibt eine gewisse Ähnlichkeit zu der frühen Version von Singapur, allerdings von einer anderen Firma umgesetzt und damit technisch unterschiedlich: Kühlanlage, 17-kW-APU, Fahrersicht-Unterstützungssystem, elektrische Nachführanlage. Als Zusatz verfügt die Waffenanlage über die Möglichkeit, die DM11 in allen Zündermodi zu verschießen. Geblieben ist das PERI R17A1 ohne Nachtsicht.
Immer wieder ist zu lesen, bei den *Leopard 2RI* und *2PL* handle es sich um Ableitungen des Rheinmetall-Demonstrators *MBT Revolution* von 2010. Das ist nicht der Fall. Lediglich die Schutzkomponenten zeigen eine gewisse Ähnlichkeit. Die technische „Revolution", nämlich die komplette Renovierung aller Elektrik-, Elektronik- und Optronik-Baugruppen sowie der Bedienelemente, blieb bei den Exportaufträgen aus.

Von den 103 Leopard 2 Indonesiens verblieben 43 im Stand A4. 61 wurden auf den hier gezeigten Leopard 2RI-Stand gebracht. Auffallend ist die montierte Zusatzpanzerung an Fahrgestell und Turm. Die Fahrzeuge für dieses Programm stammten aus Beständen von Rheinmetall.

Katar – Leopard 2A7+ QAT

Schon früh versuchte Katar, ähnlich wie Saudi-Arabien, *Kampfpanzer Leopard 2* zu beschaffen. Für das als eher gemäßigt geltende Katar standen die Chancen aber wesentlich besser, auch wenn Waffenexporte in die arabischen Staaten (außer durch die USA, Großbritannien und Frankreich) unter besonderer Beobachtung lagen. 2013 kam ein Vertrag zustande, der KMW beauftragte, die Waffensysteme, Unterstützungssysteme und Ausbildungsmittel für immerhin zwei Brigaden zu liefern. Darin enthalten 31 Kampfpanzer je Brigade.

Nach längerer Zeit wurden in Deutschland nun Kampfpanzer *Leopard 2* neu gebaut.

Verbaut wurde alles, was auf der Liste des Möglichen stand. Da Katar auch keine Beteilung inländischer Unternehmen bzw. deren Aufbau forderte, konnte KMW aus dem Vollen schöpfen. Alles neu entwickelte oder in Entwicklung befindliche wurde beauftragt. Eine Waffenstation war zwar schon beim *Leopard 2A7+/PSO-VT* montiert, aber nach Fallenlassen des Projekts nicht weiter untersucht worden.

Als erster Serien-*Leopard 2* erhielt das *Leopard 2A7+ QAT* genannte Fahrzeug ein RTWL Periskop für den Kommandanten. Die Feuerleitanlage besitzt einen bisher nicht erreichten Digitalisierungsgrad. Die Waffenstation FLW200 ist und die Station für das Blenden-MG erhielten das belgische 7,62-mm-MG FN MAG. Eine weitere Neuerung war die BUHLA-Feuerlöschanlage für den Motorraum. Zu ersten Mal kam auch das neue Kühlkonzept zur Verwendung: Kampfraum-Kühlanlage mit ABC-Schutzanteil im Turmheck und Zusatz-Kühlanlage für den Fahrer in der linken Wannenschulter (wie jetzt beim *A7V*

Der Leopard 2A7+ QAT ist letztlich eine Ableitung aus dem A7+ Projekt, nur als Neubau. Neben dem sandfarbenen Anstrich zeigt er die Unterschiede FLW 200 Waffenstation, 20kW APU und innen die nächste Generation der Feuerleitanlage. Die 62 Fahrzeuge waren der erste Leopard 2-Neubau seit Griechenland.

Panzer der katarischen Armee bei der Schießausbildung. Für den Betrachter erweckt die linienartige Aufstellung eher den Eindruck einer Show-Veranstaltung!

Die 62 Fahrzeuge waren 2013 nach mehr als fünf Jahren Unterbrechung wieder ein Neubauauftrag für KMW. Zu diesem Zeitpunkt war Europa noch im sicherheitspolitischen Tiefschlaf.

der Bundeswehr). Die Kühlung des Motors wurde verbessert. Zwei weitere Besonderheiten stellen die 230-V-Steckdose außen und eine klappbare Leiter als Aufstiegshilfe am Fahrzeugheck dar. Zum schon bekannten Umfang gehören die volle Verschussmöglichkeit der DM11, ein 20-kW-APU und ein Dachschutz mit Schiebeluken. 2015 wurde das erste Fahrzeug geliefert.

Als Unterstützungsfahrzeuge beschaffte Katar je drei Berge- und Pionierpanzer *Wisent 2,* ebenfalls mit Waffenstation FLW 200.

Ungarn – Leopard 2A7 HU

2018 bestellte Ungarn bei KMW 44 Kampfpanzer *Leopard 2* und war damit die achte Nation, für die *Leopard 2* neu gebaut werden sollten. Bis dahin hatte Ungarn *T-72M/M1* aus Zeiten des Kalten Krieges genutzt, die im Laufe ihrer Verwendungszeit zudem nicht modifiziert worden und daher nun endgültig veraltet waren. Die neue *Leopard 2*-Version erhielt die Bezeichnung *Leopard 2 A7 HU*. Erklärte Absicht der Ungarn war es, so nah wie möglich am *Leopard 2A7V* der Bundeswehr zu bleiben. Da es sich bei der deutschen Ausführung um Umbauten aus Alt-Fahrzeugen handelte, bei denen einige Teile modifiziert werden, aber als Neubauten geändert werden mussten, war die gewünschte Gleichheit nicht 1:1 möglich.

Da die Fertigung des *Leopard 2A7+ QAT* für Katar noch nicht allzu lange her war, konnte dieser als Grundlage für die Ungarn-Version dienen. Detailanpassung fand dann zum *Leopard 2A7V* statt. Der seit der Produktion für Schweden bekannt Dachschutz, der seitdem zum Standard für Neubauten gehörte, wurde gewichtsoptimiert eingebaut. Die Feuerleitanlage von RME (Rheinmetall Electronics) entspricht weitestgehend der Katar-Version, hat einen höheren Digital-Anteil als ältere Anlagen und verfügt über den meteorischen Sensormast auf dem hinteren Turmdach. Bei der Waffenanlage handelt es sich um die L55A1-Ausführung. Damit ist Ungarn gut für kommende Munitionsentwicklungen gerüstet. Als Blenden-MG dient das bekannte 7,62 mm FN MAG. Markant und einmalig ist die Waffenstation von FN Herstal – ein Sonderwunsch, den KMW neu integrieren musste. Bisher wurde nur die KWM-eigene FLW 200 in Serie verbaut. Mit der 12,7-mm-Waffe (cal. .50 Browing) steht ein schweres MG zur Verfügung, dessen Kaliber gut zwischen das 7,62-mm-Blenden-MG und die 120-mm-Bordkanone passt. Bedient wird die Station durch den Ladeschützen, der dadurch auch über die höchste Optik des Kampfpanzers verfügt, die allerdings nicht in ein Gesamtbeobachtungskonzept intergiert ist. Hier wäre noch Platz für eine sinnvolle Weiterentwicklung. Auffallend bei den ungarischen Fahrzeugen ist ihr mehrfarbige Tarnanstrich. Alle Fahrzeuge besitzen wie der *A7V* der Bundeswehr Halterungen für den so genannten 360°-Schutz“; Ungarn orderte Schutzmo-

12 Leopard 2A4, aufgebaut aus Beständen von KMW, wurden zeitnah nach Vertragsschluss auf Leihbasis an Ungarn gegeben, um dort die Umschulung von T-72 auf Leopard 2 vorzubereiten.

44 Leopard 2A7HU gab Ungarn in Auftrag. Damit wurde man zur achten Nation, die Neubau Leopard 2 erhält. Die Version ist eine Weiterentwicklung basierend auf der Katar-Version, aber auch eine Angleichung an den A7V Deutschlands. Die Waffenstation kommt diesmal von FN Herstal aus Belgien.

dule für die Ausstattung einer Kompanie. Entstanden sind die Module im Rahmen der „PSO-Entwicklung“ (*Peace Support Operations*), als man unter dem Eindruck so genannter asymmetrischer Bedrohung stand. Heute steht wieder die Bündnis- und Landesverteidigung im Vordergrund.
Die Lieferung des ersten Panzers erfolgte 2023, der letzte ist für 2025 vorgesehen. Da der Auslieferungsbeginn erst für 2023 vorgesehen war, stellte KMW 12 *Leopard 2A4* zur Verfügung, damit die Ungarn mit der Umschulung von *T-72* auf *Leopard 2* beginnen konnten. Auch wenn sich die *A4*- und *A7*-Versionen unterscheiden, ist die Bedien- und Instandsetzungsphilosophie gleich – aber wiederum komplett unterschiedlich zu Kampfpanzern aus der ehemaligen Sowjetunion, wie dem T-72. So wird die ungarische Panzertruppe frühzeitig vorbereitet. Die Firma KMW garantiert die Verfügbarkeit der *Leopard 2A4*, die im Anschluss ins Eigentum Ungarns übergehen. Die neuen Panzer werden im 11. Tank Battalion TATA verwendet.
Der Auftrag an KMW umfasst auch eine großes, auf Simulation beruhendes Ausbildungszentrum sowie mehrere *Leopard 2*-basierte Unterstützungsfahrzeuge: 3 Brückenlegesysteme *Leguan*, 6 BPz *Wisent 2* sowie 2 PiPz-Umbausätze. Über einen anderen Vertrag mit Rheinmetall kommen noch 9 BPz 3 hinzu.

Tschechische Republik – Leopard 2A4 CZE

Der erste von 14 Leopard 2A4 bei der Übergabe. Sie wurden der Tschechischen Republik als Ersatz für an die Ukraine abgegebene T-72 überlassen. Die Fahrzeuge sollen den Weg zu Neubau-Leopard 2 ebnen.

Die Tschechische Republik verfügt über 14 Kampfpanzer *Leopard 2A4*, die sie im Rahmen eines so genannten Ringtausches erhielt. Als Ausgleich für an die Ukraine abgegebene *T-72* lieferte die deutsche Industrie komplett überarbeitete Fahrzeuge aus eigenen Beständen. Das erste Fahrzeug wurde noch Ende 2022 übergeben. Die Tschechische Republik bestand zusätzlich auf einen BPz 3. Während die Kampfpanzer aber aus alten Beständen zusammengebaut werden konnten, gibt es beim Bergepanzer Bauteile, die selten sind und lange Lieferzeiten haben.
Letztlich soll dies aber nur eine Überbrückungslösung sein. Schon seit längerem benötigen die Tschechen Ersatz für die (zwar für *T-72*-Verhältnisse recht gelungene) Kampfwertsteigerung *T-72M4 CZ*. Vorrang hat aber die Ablösung der Schützenpanzer sowjetischer Bauart und die Neubeschaffung westlicher Muster.
Durch die Beschaffung von *Leopard 2* der nächsten Generation *A8* durch Deutschland und Norwegen ergibt sich nun für interessierte Nationen die Möglichkeit, sich an die anlaufende Neufertigung anzuschließen. Es wird angenommen, dass die Tschechen zwischen 50 und 60 Kampfpanzer benötigen werden. Dazu kommen Unterstützungsfahrzeuge. Der Vorteil einer gemeinsamen zeitnahen Beschaffung liegt nicht nur in möglicher vorteilhafterer Preisgestaltung, sondern insbesondere in leichter erreichbarer Gleichheit. Zumindest solange diese nicht durch Sonderwünsche konterkariert wird.

Slowakische Republik – Leopard 2A4 SVK

Wie die Tschechische Republik gab auch die Slowakei einen Großteil der eigenen *T-72*-basierten Flotte an die Ukraine ab. Im Ringtausch stellte Deutschland der Slowakei 15 KPz *Leopard 2A4* zur Verfügung. Diese wurden von Rheinmetall unter Zuhilfenahme von Teile-Restbeständen der Bundeswehr zusammengebaut. Im Unterschied zu Tschechien ist außer einer unverbindlichen Aussage slowakischer Regierungskreise nichts von einer Beschaffung modernerer Versionen bekannt.

Die Slowakische Republik gab ebenfalls zahlreiche T-72 an die Ukraine ab. Sie erhält 15 Leopard 2A4 aus Beständen der deutschen Industrie. Schon allein die kürze der Zeit, ließ keine Änderungen zu.

Anstehende Lieferungen

Litauen

Litauen hat offiziell den Bedarf an Kampfpanzern verkündet. Für diese eher kleine Nation wäre die Teilnahme an einer gemeinsamen Beschaffung mehrerer Nationen sinnhaft, was zurzeit auf *Leopard 2A8* hinauslaufen würde. Aus finanzieller Sicht bleibt aber der südkoreanische *K2* eine günstigere, wenn auch in technischer und taktischer Hinsicht weniger wertvolle Alternative.

Unterstützungsfahrzeuge stehen ebenfalls auf der Bedarfsliste. Auch hier spräche die Verfügbarkeit für *Leopard 2*-basierte Fahrzeuge.

Italien

Obwohl Italien mit der Eigenentwicklung *C-1 Ariete* den *Leopard 1* ablöste, blieben die auf diesem Fahrgestell entwickelten Unterstützungsfahrzeuge unverändert im Dienst. Technisch ist der *C-1* eher mit dem *Leopard 2A4* vergleichbar, hat aber weniger Entwicklungspotenzial. Italien zeigt daher starkes Interesse an einer *Leopard 2*-basierten Ablösung, möchte aber die einheimische Industrie eingebunden wissen. Die jüngst geschlossene Verbindung zwischen KNDS/KMW und der italienischen Firma Leonardo spricht dafür.

Italien wollte ursprüngliche eine engere Einbindung in das deutsch-französische MGCS-Projekt. Da es sich hier aber um eine „geschlossene Gesellschaft" handelt und MGCS sich ohnehin verzögert, bietet sich der *Leopard 2* neuester Ausführung durchaus als Übergangslösung an.

Am 21. Februar 2024 entschied das italienische Parlament 132 LEOPARD 2A8 IT und 140 Unterstützungspanzer (zumeist Bergepanzer) für 8,25 Mio EURO zu beschaffen. Einige Fahrzeuge werden bis 2026 geliefert, das komplette Programm startet dann 2027 mit Endfertigung bei Leonardo.

Sachstand Ukraine

Zur Abwehr des russischen Angriffs und für Gegenoffensiven stellten mehrere Staaten der Ukraine KPz *Leopard 2* zur Verfügung. Nach derzeitigem, bekanntgegebenem Stand (Ende 2023) waren dies:
Leopard 2A4: Polen (14), Spanien (10), Norwegen (8), Kanada (8)
Leopard 2A5/A6: Deutschland (18), Schweden (10 *Strv 122*), Portugal (3)
Weitere Länder unterstützen durch *Leopard 2*-basierte Spezialfahrzeuge:
BPz 3 *Büffel*: Deutschland (2), Kanada (1)
Minenräumer *Leopard 2R:* Finnland (6)

Die Lieferung von Leopard 2 Panzern, hier ein Strv 122, aus verschiedenen Nationen verführte einige ‚Experten' zu recht optimistischen Äußerungen über deren Auswirkung auf den Kriegsverlauf. Schon allein die geringe Anzahl, die Art der Kriegsführung (taktisch wie operativ) und die riesige Frontlinie lassen dies nicht zu.

Über den Einsatz der *Leopard*-Panzer in der Ukraine gibt es eine Vielzahl von (mehr oder minder sachdienlichen) Berichten, zumeist von Laienjournalisten, selbst ernannten „Experten", aber auch propagandistischer Unsinn. Genaue Zahlen werden der Öffentlichkeit derzeit weder von ukrainischer noch von „Erzeugerseite" bekannt gegeben. Um es klar auszudrücken: *Jedes* Waffensystem kann ausgeschaltet werden, wenn beim Einsatz grobe Fehler gemacht werden. Das Kapitel „Ausbildung und Bedienung" geht auf solche Aspekte ein. Aufgrund der Rundumbedrohung zu Land und aus der Luft können einsatzrelevante Fehler verheerende Folgen haben, wenn taktische Grundsätze nicht oder falsch angewandt werden (sorgloses Herumstehen ohne Deckung und Sicherung, langsames Bewegen durch offenes Gelände, unnötiges Passieren von bebauten und bewaldeten Räumen, unzureichende Zusammenarbeit mit anderen Waffen usw.). Wenn also z. B. mehrere *Leopard 2A6* in eine Minensperre fuhren, ist es nicht verwunderlich, dass alle durch Laufwerkschäden gestoppt wurden. Trifft ein Lenkflugkörper das Turmheck eines *A4* und setzt die Munition um (kein Eindringen in den Besatzungsraum), ist der Panzer danach bis zur Schadensbeseitigung nicht mehr einsatzfähig. Bezogen auf die hauptsächlichen Absichten der ukrainische Kräften, die Zurückeroberung von Gelände, sollten Panzer nicht – wie geschehen – als Infanterie-begleitende „Sturmgeschütze" wie im 2. Weltkrieg eingesetzt werden, sondern als „Schlagwaffe", wie seinerzeit die Kavallerie des 18. Jahrhunderts bei der Zerschlagung der in Lineartaktik kämpfenden Fußtruppen. Oder auch wie bei Panzereinsätzen des 2. Weltkriegs und danach gemäß der Devise „Klotzen, nicht kleckern". Auch muss klar festgestellt werden, dass jeder größere Gefechtseinsatz unvermeidlich eine Exposition gegenüber starkem Beschuss bedeutet (zumeist mit Waffen aller Kaliber). Treffer sind unvermeidbar, können aber in den Bereichen des **üblichen** Duellgefechts von den Schutzkomponenten „aufgefangen" werden. Ohne Wenn und Aber gilt es daher, andere, weniger gut geschützte Bereiche möglichst nicht dem Feind zu „präsentieren". Dies klingt banal, ist aber die Grundlage richtigen Panzereinsatzes. Dass also mehrere ukrainische *Leopard 2* ausgeschaltet wurden, ist alles andere als überraschend, hat aber mit mangelnder Qualität des

Von Schweden erhielt die Ukraine 10 Strv 122. Diese wurden mit dem Tarn-Kit Barracuda geliefert. Insgesamt zwei Bataillone konnten mit Leopard 2 ausgestattet werden. Der Einsatz erfolgt aber nicht geschlossen.

Systems nichts zu tun. Im Gegenteil: Mehrere ukrainische *Leopard*-Besatzungen schilderten Einsätze, bei denen ihre Panzer teils heftige Treffer erhielten und ausfielen – ohne dass ein Besatzungsmitglied zu Schaden kam. Dass diese Fahrzeuge dann zeitraubend geborgen und instandgesetzt werden mussten, liegt nahe.

Bezogen auf die konkreten russischen „Bedroher" lässt sich Folgendes feststellen: Der ballistische Schutz der eingesetzten *Leopard 2* gegen russische 122-mm-Projektile erwies sich im Frontalbereich als sehr hoch. Auch moderne Munitionsvarianten wurden erst bei Kampfentfernungen deutlich unter 1000 m wirklich bedrohlich. Die meisten Wirkungstreffer, die zu einem Ausfall führten, erfolgten in den Bereichen Laufwerk und Motorraum, weil eben dort das Schutzniveau deutlich niedriger liegt. Dasselbe gilt für Hohlladungswirkkörper, deren Treffer mit Masse nicht zum Totalausfall führten, jedoch die Panzer so stark beschädigten, dass sie für das weitere Gefecht ausfielen, geborgen und aufwändig instandgesetzt werden mussten. Eine große Bedrohung stellten so genannte Kamikaze-Drohnen dar, die von oben – also z. B. gegen das Turmdach – wirkten.

Von den 71 (im Jahr 2023) gelieferten *Leopard 2* fiel rund die Hälfte bis Anfang 2024 (also binnen eines knappen Jahres) durch Waffenwirkung oder technische Schäden aus. Dies war alles andere als vermeidbar und kann nicht salopp als „Schwäche" ausgelegt werden! Die Zahl der *Leopard*-Totalausfälle soll bei sieben Panzern liegen, also bei rund zehn Prozent. Diese Zahlen sind ähnlich hoch wie bei den gelieferten US-amerikanischen *M1 Abrams*- oder britischen *Challenger*-Kampfpanzern sowie bei allen anderen Kampffahrzeugen. Verglichen damit waren die Ausfallraten ukrainischer Panzer russischer Bauart signifikant höher, auch wegen ihrer sich als große Schwachstelle erwiesenen Munitionslagerung unterhalb der Turmbesatzung. Entsprechend hoch waren die Abschusszahlen russischer Panzer durch *Leopard 2*.

Foto von einem der zahlreichen Onlineportale, das einen von einer Kamikaze-Drohne getroffenen M1 ABRAMS zeigt, offenbar mit Perforation des Turmdachs. Da aus der Luft aufgenommen, ist die Fotoqualität mäßig.

Ein Leopard 2A6, wie er von Deutschland geliefert wurde, mit Zeichen der Ukraine. Den Großteils noch aus Sowjetzeiten stammenden Fahrzeugen Russlands ist er überlegen, der Erfolg hängt aber von sehr viel mehr Faktoren ab.

Zukunft des Leopard 2 und Perspektiven für die weitere Entwicklung der Panzerwaffe

von Autorenteam Krauss-Maffei-Wegmann GmbH & Co KG

Nach der Erfolgsgeschichte der kontinuierlichen Modernisierung des *Leopard 2*, in der dieser eine beeindruckende Leistungssteigerung erfuhr, stellt sich die Frage nach der Zukunft des deutschen Kampfpanzers. Wird er weiter der Träger für wesentliche Modernisierungsschritte bleiben, wie er es für den passiven Schutz, die Steigerung der Feuerkraft, die Einbindung der Kampftruppe in das digitale Gefechtsfeld usw. stets gewesen ist? Wird er sich weiter den verschiedenen operativen Aufgaben stellen: Bündnis und Landesverteidigung, friedensschaffende Operationen, Einsatz im urbanen Umfeld usw,? Oder droht ihm ein ähnliches Schicksal wie seinerzeit dem *Leopard 1A5*: über Dekaden im internationalen Gebrauch zu verbleiben, ohne wesentliche Weiterentwicklung zu erfahren?

Entscheidend wird hier die Frage nach der Entwicklung der militärischen Anforderungen sein. Außerdem: welche Alternativen gibt es? Was lässt sich im *Leopard 2* noch an fortschrittlicher Technik umsetzen? Und natürlich: Welcher Kunde wird die Zukunft bestimmen?

Die kurzfristige Zukunft wird durch die Programme *Leopard 2A8* für Norwegen und die deutsche Nachbeschaffung von *Leopard 2A8* bestimmt werden. Die Beschaffung durch weitere Nationen zeichnete sich bereits 2023 ab. In der von Norwegen angesetzten Vergleichserprobung konnte der *Leopard 2* – noch in der Version *A7* – gegenüber der koreanischen Konkurrenz punkten. Die Forderungen Norwegens gehen allerdings über den aktuellen Entwicklungsstand hinaus.

LEOPARD 2A7 vor der Tribüne in Munster-Süd mit eingerüstetem TROPHY-System (Attrappe) bei einer Vorführung.

Neben der stets notwendigen Anpassung der elektronischen Ausstattung ist der *Leopard 2A8* durch die Einrüstung eines aktiven Schutzsystems „Trophy“ charakterisiert. Die Aufgabe, einen derartig zukunftweisenden Schutz zu schaffen, nahmen Technologieprogrammen bereits Ende der 90er-Jahre in Angriff; verschiedene Konzepte wurden entwickelt. Aber erst mit der Entscheidung der Bundesrepublik, 17 *Leopard 2A7A1* mit dem System „Trophy“ der Firma Rafael auszustatten und unter Vertrag zu nehmen, wurden alle Schritte für eine qualifizierte *Leopard 2*-Lösung erreicht. Rafael entwickelte das abstandsaktive System seinerzeit für den Kampfpanzer *Merkava* und den Schützenpanzer *Namer.* Der Schutz gegen moderne Panzerabwehrwaffen war zur zwingenden Notwendigkeit geworden, weswegen diese Technologie bereits frühzeitig mit hoher Priorität vorangetrieben wurde. Dieser Bedrohung hat sich der *Leopard 2* in der Vergangenheit stets mit passivem Schutz gestellt, allerdings stets nur im frontalen Bereich. Der Einsatz in Afghanistan hat hier die Forderung nach 360°-Schutz bei *Leopard 2*-Nutzern angeregt: Der hierfür im *Leopard 2A4 CAN* entwickelte passive Rundumschutz verfügt zwar über eine sehr hohe *Multihit*-Schutzwirkung, aber das Schutzniveau bleibt begrenzt und ist im Rahmen eines gewichtsmäßig akzeptablen Gesamtsystems kaum zu steigern. Erst der aktive Schutz ermöglicht es dem *Leopard 2,* sich auch in Bereichen zu exponieren, in denen mit dem Einsatz moderner Panzerabwehr-Lenkwaffensystemen zu rechnen ist.

Die Kriege in der Ukraine, in Nahost und auch die russische Besetzung von Berg Karabach zeigten deutlich die Notwendigkeit auf, sich gegen diese Bedrohung zu schützen. Zusätzlich wurde deutlich, dass das moderne Gefechtsfeld mit Drohnen (UAV) weitere Bedrohungen aufweist, denen der *Leopard 2A8* alleine nur schwer begegnen kann.

Im Bereich der Wirkung schreitet die Weiterentwicklung von Waffen und Munition stetig fort. Die Waffenanlage L55 A1,

neue Munitionsentwicklungen mit HE-Geschossen und nochmaliger Leistungssteigerung der KE-Munition 120 mm verschaffen dem System *Leopard 2A8* einen deutlichen Leistungsgewinn.
Im Bereich der oben aufgeführten kontinuierlichen Weiterentwicklung Elektronik sind die Themen Führung und Kommunikation hervorzuheben. Nachdem im *Leopard 2A7+ QAT* die vollständige Digitalisierung der Feuerleitanlage und des Anzeige- und Bedienkonzeptes erreicht wurde, nutzt der *Leopard 2A8* weiter konsequent die Vorteile der Digitalisierung. Bedienoberflächen und Bediengeräte werden systematisch modernisiert und die von anderen Waffensystemen bekannte zeitgemäße Bedienung über interaktive Bildschirme finden Eingang in die Bedienstände. Dabei gilt es die Bedienung über althergebrachte Möglichkeiten weiter zu berücksichtigen, um die Akzeptanz erfahrener Besatzungen zu behalten. Neue Funktionen lassen sich über ergonomisch und funktionell neu gestaltete Bediengriffe durch die Besatzung direkt steuern. Diese Entwicklungsschritte in der Ergonomie erfolgten im bewährten Umfeld der LEOBEN-Gemeinschaft unter Einbindung der Panzertruppe und finden hohe Akzeptanz. Die Integration von hochauflösenden Sichten erlaubt zum einen eine deutliche Reichweitenverbesserung in der Feuereröffnung, zum anderen eine deutliche Verbesserung der Führbarkeit des Systems im Nahbereich sowie eine bessere Verfügbarkeit von Führungs- und Fahrzeuginformationen für die Besatzung. Technologien, wie sie von fliegenden Systemen bekannt sind, finden so Eingang in die Panzertechnik des *Leopard 2*.
Der *Leopard 2A8* ging aus dem *Leopard 2A4* der 80er-Jahre hervor. Er stellt in seiner Grundkonfiguration zwar immer noch den „alten“ *Leopard 2* dar, auf Grund der erwähnten Merkmale aber auch den überlegenden Kampfpanzer der zweiten Dekade des 21. Jahrhunderts, den die Truppe benötigt, um militärische Überlegenheit sicherzustellen.
Die eingangs aufgeworfenen Fragen zur Zukunft des *Leopard 2* lassen sich anhand der Entwicklung des *Leopard 2A8* zunächst dahingehend beantworten, dass dieser auch in den nächsten Jahren über genügend Potenzial für weitere Modernisierungen verfügt. Gerade im wichtigen Bereich der Einbindung in moderne Assistenz-, Führungs- und Informationssysteme wird er kommenden Herausforderungen gerecht. Auch die Übertragung von Informationen aus begleitenden Systemen wie UAV (*Unmanned Aerial Vehicles*) und UGV´(*Unmanned Ground Vehicles*) ist Dank der modernen *Leopard 2A8*-Elektronik umsetzbar. Mit Assistenzsystemen lassen sich die komplexen Aufgaben der Panzerbesatzung erleichtern und ermöglichen den *24/7*-Einsatz: automatisierte Gefechtsfeldüberwachung, *Tracking* (Zielverfolgung), Feuerkoordination. Auch die zu erwartende Dynamik in der Entwicklung aktiver Schutzsysteme und von Bedrohungsszenarien wird ein Einfrieren der *Leopard 2*-Konfiguration nicht zulassen. Allerdings zeichnen sich folgende wesentliche Herausforderungen ab, die ggf. die grundsätzliche Struktur des *Leopard 2* in Frage stellen:

- Schutz gegen UAV
- Zuwachs an Gewicht
- Forderungen an Steigerung der Waffenwirkung
- Elektronischer Kampf
- Exponierung von Soldaten
- Unbemannte Operationen

Grundsätzlich liefern hier die Arbeiten zum deutsch französischen MGCS (*Main Ground Combat System)* Visionen und Überlegungen, die wegweisend für die Entwicklung moderner Landsysteme sind. Gleichzeitig gibt es bereits bestimmte Entwicklungen in modernen deutschen Systemen, die hier ebenfalls die Zukunft bereiten.
Jenseits der besonderen Herausforderungen des Betriebes von Heeresgerät gilt es Entwicklungen und Überlegungen zu verfolgen, die in anderen Teilstreitkräften bereits fester Bestandteil militärischen Geräts sind. Aktuell sind dies Lösungen der Automatisierung bis hin zur autonomen Operation von Systemen: Marschflugkörper, UAV, Torpedos, Lenkflugkörper sowie Luftraumüberwachung liefern prägnante Beispiele, die als Referenzen einen richtungsweisenden Blick auf moderne automatisierte Heerestechnik erlauben.
Die Entwicklung eines generell neuen Kampffahrzeugs/Systems als Nachfolger des *Leopard 2* wurde bereits am 25. Juni 2012 in einer Absichtserklärung zwischen Frankreich und Deutschland vereinbart, der eine Reihe weiterer Willensbekundungen folgte. Mit der Entwicklung und der Definition des MGCS wurde politisch eine technologische Revolution im Bereich der Panzerentwicklung und – um korrekt zu sein – eigentlich des gesamten Heeres eingefordert. Die Integration in das bestehende System Heer wurde zwar schmallippig mitgeführt, aber in der konzeptionellen Gestaltung spielte die Einbindung in das Umfeld von „Altsystemen“ nur eine untergeordnete Rolle. Dominant steht hier das bisherige Konzept des scheinbar autarken Panzers im Raum, das nun eine vernetzte und zum Teil autonom operierende Gruppe von Einzelfahrzeugen ersetzen soll, die auf vielfältige Weise den Gegner bekämpfen können. Bei diesem so genannten Multiplattformkonzept wird die Gesamtheit aller Anforderungen an einen zukünftigen Kampfpanzer auf einen Verbund spezialisierter Gefechtsplattformen sinnhaft aufgeteilt. Die Mobilitätsplattform ist jeweils identisch. Der Ansatz beruht folgerichtig auf dem Gedanken der Modularisierung bzw. Schnittstellen-Standardisierung und erfordert einen hohen Grad an Digitalisierung. Plakativ bedeutet das: Nicht „jede“ Plattform muss „alles“ können, aber alle Plattformen zusammen bilden ein überlegenes, hochvernetztes Gefechtssystem. Unterscheidungsmerkmale der Plattformen finden sich z. B. in der Art der Effektoren (Großkaliberwaffen,

Prinzipdarstellung des MGCS-Konzepts mit unterschiedlichen Systemen auf gleicher Plattform (Großkaliber-Kanone, Flugkörper- sowie LASER-Anti-Drohnen-Bewaffnung) (BMVg)

Lenkflugkörper, Drohnen usw.) und der Anzahl der Bediener, was letztendlich den Grad der Automatisierung widerspiegelt. Der Multiplattformansatz bietet zudem die Möglichkeit der Erweiterung des Fähigkeitsspektrums (z. B. NLOS-Fähigkeit), oder Einsatz von direkt richtenden Wirkmitteln mit Reichweiten und Durchschlagleistungen jenseits konventioneller Großkalibermunition.

Die Integration all dieser Fähigkeiten in eine Einzelplattform hätte zwangsläufig zu sich teils widersprechenden technischen Anforderungen (z. B. Rohrerhöhung, Platzbedarf, Fahrzeughöhe usw.) und zu überschweren Plattformen mit erheblichen Mobilitätsdefiziten geführt.

Durch die Erfahrungen der Dekaden, in denen Landes- und Bündnisverteidigung aus dem Fokus rückten und die Panzerentwicklung in Frankreich und Deutschland nur noch begrenzt erfolgte, ging man wohl auch davon aus, dass die MGCS-Entwicklung langfristig angegangen werden kann und die bestehende Technik für ein bis zwei Dekaden ausreichend modern sei. Zu einem späteren Zeitpunkt sollten die europäischen Landstreitkräfte vollständig auf MGCS umgestellt werden. Diese ganzheitliche technologische Revolution in der Panzertechnik war so zunächst ab 2035 geplant. Zwar schuf diese Art des Angehens Freiraum für Technologie-Diskussionen und Grundsatzüberlegungen zum modernen Gefechtsfeld, aber gleichzeitig rückten die tatsächlichen Entwicklungen und Bedarfe aus dem Fokus der Debatte. Parallel zum herrschenden militärpolitischen Druck zur Beschaffung moderner Systeme verfestigten sich nationale Überlegungen zur Panzerentwicklung, die sich auf die MGCS-Entwicklung lähmend auswirkten.

Demgegenüber stand und steht der *Leopard 2* stets unter internationalem Modernisierungsdruck – sei es die Kampfwertsteigerung, der Wettbewerb oder die Neufertigung. Der *Leopard 2A8* wäre ohne diese internationalen Programme heute nicht darstellbar. Dieser Druck wird auch weiterhin bestehen, bis ein neues System die Position des *Leopard 2* als Kampfpanzer in Gestalt eines überlegenden, tatsächlich Raum gewinnenden Kampfsystems übernimmt.

Auch die kriegerischen Konflikte des beginnenden 21. Jahrhunderts belegen, dass diese Fähigkeit weiterhin gefordert ist. Allerdings zeigen sie auch, dass die Bewältigung dieser Aufgabe in aller Regel nur im Verbund mit anderen Waffensystemen Erfolge zeitigt. Das Bild eines autark operierenden Kampfpanzers, gleichsam eines Schlachtschiffs des vorletzten Jahrhunderts, ist unzutreffend, auch wenn dies als Abgrenzung zum MGCS so stilisiert dargestellt wurde. In der Landkriegs-Geschichte wurden Kampfpanzer stets im Verbund mit Infanterie, später mit für diesen Einsatz spezialisierten Schützenpanzern und Panzergrenadieren eingesetzt. Konsequenter Weise kann man heute im Zeitalter digital vernetzter Operationen die Panzerentwicklung nur im Tandem aus Kampfpanzer und Schützenpanzer denken. Folglich müssen diese vergleichbare Eigenschaften und optimierte Schnittstellen aufweisen, um im Verbund die vom MGCS erwarteten Merkmale eines überlegenen vernetzten Einsatzes zu erzielen und um auf dem Gefechtsfeld „miteinander Schritt halten" zu können.

Das Tandem KPz *Leopard 2A8* und SPz *Puma* stehen hier für einen modernen Verbund von Gefechtsfahrzeugen, die bereits eine Vielzahl der Eigenschaften des MGCS aufweisen: die schwere Kanone, der Lenkflugkörper, der auch auf einer indirekten Flugbahn das Ziel vernichtet, eine gemeinsame Führungsfähigkeit durch die Integration moderner Kommunikations- und Führungssysteme, als auch eine hohe Beweglichkeit im Gelände.

Den Bedarf für die fahrzeugunabhängige Aufklärung durch UAV weist dieser Verbund bereits für den nächsten Modernisierungsschritt auf: Die *Non Line of Sight*-Fähigkeit des *Puma*, Lenkflugkörper und die Kampfdistanz des *Leopard 2* mit der Sprengmunition erfordern schon heute eigentlich die feste Integration von UAV in das System. Die Bedrohungen durch so genannte *Loitering*-Munition („Lauermunition") erfordert entweder den aktiven Schutz durch eine automatisierte Waffenstation auf dem *Leopard 2* oder eine engere digitale Verbindung zwischen *Leopard 2* und *Puma*, der sich dieser Bedrohung mit seiner Maschinenkanone erfolgreich erwehren kann.

Der *Puma*-Turm (RCT30) bspw. auf IFV *Puma* oder *Boxer* verfügt nachweislich bereits heute über die Fähigkeit zur Detektion, Identifikation, Verfolgung und Zerstörung von Drohnen. Die zielgenaue Bekämpfung während der Fahrt wurde 2022 im Feldversuch nachgewiesen. Somit wird mit Integration dieser Waffe in einen Gefechtsverband bspw. aus *Leopard 2* und *Puma* ein wirkungsvoller, kollaborativer aktiver 3D-Schutz aufgebaut.

Mit Sicherheit wird die Optimierung dieses Verbundes im Bereich der Vernetzung, der Kampfassistenz usw. aber auch der Ausstattung mit zusätzlichen Gefechtselementen (UAV) die Weiterentwicklung des *Leopard 2* vorantreiben. Es ist das stetige Merkmal militärischer Entwicklung, dass ein hoher Grad an Zusammenarbeit und schnellem Zusammenwirken die Vorherrschaft auf dem Gefechtsfeld erringen und auch scheinbar überlegene Gegner überwinden kann. Die norwegische Entwicklung des ICS CORTEX, einem digitalen Führungsansatz auf Fahrzeug und Zugebene, weist hier den Weg. Sie ist auch Gegenstand der norwegischen *Leopard 2A8*-Konfiguration und soll die Zusammenarbeit zwischen dem norwegischen Infanteriegefechtsfahrzeug *CV 90* und dem *Leopard 2* verbessern.

Bedeutet dies nun, dass das MGCS eine akademische Übung bleibt und die Zukunft dem *Leopard 2* im digitalen Verbund mit einem Schützenpanzer *Puma* gehört? Dies würde bedeuten, technische Entwicklungen und neue Technologien zu negieren, die eine Neugestaltung von Kampfsystemen erfordern. Grundsätzlich sind Größe und Gewicht des *Leopard 2* grenzwertig und erlauben kaum noch die Integration weiterer moderner Teilsysteme (aufwändigerer aktiver Schutz, schwere Waffenanlagen etc.). Der Gesichtspunkt der Automatisation bis hin zur Durchführung autonomer Operationen und die notwendige Gestaltung des Systems kann sicher im bestehenden *Leopard 2* nicht in der Form dargestellt werden, wie dies ein modernes Kampfsystem erfordert.

Das bisherige System *Leopard 2* wird durch den 3-Mann-Turm dominiert. Hierdurch entstehen zwangsläufig konstruktive Vorgaben, beispielweise durch die Stehhöhe eines Ladeschützen. Die russischen *T*-Panzer (schon seit *T-64*!), der französische *Leclerc* und der südkoreanische *K2* setzen bereits heute auf den automatischen Lader, um Türme kleiner zu halten und wertvolle soldatische Kapazität nicht für den Ladeprozess zu verschwenden. Auch das von Rheinmetall vorgestellte Konzept eines zukünftigen Panzers verharrt beim 3-Mann-Konzept mit bemanntem Turm, das freilich auch Vorteile bietet. In der *Leopard 2* Entwicklung zeichnet sich aber ab, dass der Raum und die Person des Ladeschützen eigentlich für die Wahrnehmung von anspruchsvolleren Aufgaben „freigehalten" werden

Besonders in bewaldeten Räumen operieren LEOPARD 2 und SPz PUMA im engen Verbund.

Bild vom RCH 155 mit besatzungslosem Turm und Ladeautomatik. Auch Schießen während der Fahrt ist technisch möglich.

sollten; als da sind die Bedienung von Waffenstationen (soweit eingeführt) oder des Führungssystems.
Zieht man ferner die bisherige Entwicklung der 120-mm-Munition und den damit verbundenen Zuwachs an Gewicht und Unhandlichkeit der Patronen in Betracht, stellt ein manueller Ladebetrieb das Schießen aus der Fahrt in Frage. Geht man von einem weiteren Aufwuchs in diesem Bereich aus, ist die Einführung eines automatischen Laders unabdingbar. Allerdings stellt sich dann auch die Frage, ob dieser Schritt ausreicht oder der unbemannte Turm der richtige Schritt sein muss.
Überlegungen zu einem unbemannten Panzerturm sind in grundsätzlichen Studien zur Scheitellafette etc. eingeflossen, auch die MGCS-Entwicklung geht von einem unbemannten Turm aus. Der russische *T-14 Armata* hat ihn bereits bekommen. Die Vorstellung von bemannten Türmen auf Kriegsschiffen mutet als Anachronismus an. Neben diversen Überlegungen zu Größe, Silhouette usw. stellt der Betrieb einer Waffenanlage für eine Besatzung in einem Kampfraum eine erhebliche Herausforderung und Belastung dar.
Scheiterte man in der Vergangenheit an technischen Herausforderungen, weisen derzeit der SPz *Puma* und das fernbediente *Boxer*–Artilleriesystem *RCH 155 mm* nach, dass deutsche Wehrtechnik unbemannte Türme beherrscht, sei es in Hinblick auf komplexe und leistungsstarke Feuerleitung, als auch im Hinblick auf großkalibrige Waffenanlagen. Im Schießbetrieb gibt es keine Begrenzungen aufgrund des Automatikbetriebes gegenüber dem bemannten Turm. Während im *Leopard 2* der Platz des Kommandanten noch durch den möglichen freien Blick ins Gelände gekennzeichnet ist, strebt das zukunftsweisende MGCS-Konzept dessen Verlegung in das Innere des Panzers an. Dies wurde bereits heute im *Puma* und auch im russischen KPz *Armata* umgesetzt. Hier sind alle internen und externen Informationen gut sichtbar zugänglich, ein optimierter und gewichtsreduzierter Schutz lässt sich gewährleisten, weder abrupte Turmdrehungen noch Waffenbetrieb behindern die Operation. Die Richtigkeit dieser Überlegung, die bereits in der Marine vor Jahrzehnten den Weg von der Brücke in die OPZ wies, bestätigt sich auch im *Puma* mehr und mehr.
Die Einführung eines unbemannten Panzerturmes und damit die Verlagerung der Besatzung in das Fahrgestell erfordern entsprechend eine Neugestaltung des Fahrgestells. Damit stellt sich die Frage nach einem grundsätzlich neuen Ansatz für das schwere Gefechtssystem der Zukunft, wie sie folgerichtig für das MGCS postuliert wurde. Konsequenterweise ist hier dann auch im gleichen Zuge ein weiteres zentrales Merkmal des MGCS Konzeptes zu beantworten, welchen Grad an Automatisierung, Autonomie usw. man sich zu dem Zeitpunkt vorstellen kann.
Im Rahmen der MGCS-Entwicklung besteht das Ziel, Gefechtsfahrzeug in einem Fahrzeugverbund autonom zu betreiben. Autonom operierende Systeme, d. h. Systeme, die unabhängig einer unmittelbaren menschlichen Entscheidung fahren, schießen usw. können, werfen häufig rechtliche und ethische Bedenken auf. Da die Zunahme an Autonomie ein zentrales Merkmal zukünftiger Gefechtsfahrzeuge ist, sei hier eine allgemeine Betrachtung von Autonomie von Waffen gestattet, denn Autonomie ist bereits seit langem praktizierte Wirklichkeit in der Wehrtechnik.
Die Kriegsführung kennt bereits verschiedene Formen von autonom reagierenden und agierenden Systemen, denen Autonomie sowohl in Hinblick des zeitlichen Einsatzes oder der räumlichen Wirkung zugebilligt wird. Beispielhaft sind hier die bereits aus alten Zeiten bekannten, menschlich unabhängig wirkenden Mittel der Falle und der Sperre zu nennen. Zu diesen traten die Mine und in heutiger Zeit die Endphasen-gesteuerten Systeme mit autonomer Zielauswahl (SMArt-Artilleriemunition, *Hit2Kill*-Lenkflugkörper), Überwachungssysteme mit Zielidentifikation, Marschflugkörper usw. Der Grad an Autonomie ist hier äußerst unterschiedlich: Eine Richtmine kann einen sehr begrenzten Raum für Tage autonom überwachen und einmalig Ziele bekämpfen, ein SMArt-Artilleriegeschoß wählt autonom Ziele in einem recht großen Zielgebiet aus, allerdings nur in einem Zeitraum von Sekunden. Die menschliche Kontrolle beschränkt sich hierbei auf das „In Betrieb nehmen“, die Zuweisung von Räumen und auf eine zeitliche Begrenzung. Darüber hinaus ist die Möglichkeit zum manuellen Abschalten ein Merkmal für menschliche Kontrolle von Autonomen Systemen, komplexere autonom agierende Systeme (Lenkflugkörper, Torpedos usw.) verfügen über spezielle Abbruch-Funktionen oder zum *downlink/uplink*-externen Eingriff, bzw. zum Übersteuern. Darüber hinaus besteht bereits heute die Fähigkeit, Systeme so zu gestalten, dass sie autonom durch *onboard*-Logik ihren Einsatz abbrechen können

(z. B. zur Vermeidung von Kollateralschäden beim Erkennen von Nichtkombattanten in Zielgebieten).
Der Betrieb autonomer kompletter Gefechtssysteme weist keinen prinzipiellen ethischen Unterschied zu den oben angeführten Mitteln auf. Das Maß der Autonomie in Bezug auf Funktion, Kontrolle, Raum und Zeit sowie die Anzahl an Bekämpfungsvorgängen kann weiter gestaltet werden. Das Maß ist wie jeder Waffeneinsatz eine ethische Frage.
Ubemannte Operationen werden bei Überschreitung der so genannten DDD-Demarkationslinie (*Dirty, Dull, Dangerous*) d.h. von Robotikanteilen relevant: Überall dort, wo Intensität und Geschwindigkeit eines Gefechts menschliche Fähigkeiten übersteigen, werden unbemannte Operationen Leben schonen und Einsatzerfolge verbessern.
Der Weg zur Autonomie von Waffensystemen und ihrer Leistungssteigerung führt logischer Weise über die Übernahme menschlicher Aufgaben durch Maschinen, Algorithmen usw. Der Blick auf den bisherigen Fortschritt erlaubt den Ausblick. Autonomie kann hierbei den Einsatz von Kampfpanzern verbessern, indem sie Funktionen wie erweiterte Navigation, Hindernisvermeidung und autonome Entscheidungsfindung ermöglicht. Dies kann zu einer verbesserten Effizienz, einem verbesserten Lagebewusstsein und möglicherweise einem geringeren Risiko für menschliche Bediener führen. Bilderkennungs und Zielverfolgungssysteme erlauben die maschinelle Übernahme von identifizierten Zielen aus einem Sensorsystem (PERI etc.) durch eine direkte Waffe-Ziel-Einrichtung (*target tracking*), eine bei Lenkflugkörpern eingeführte Technik.

Foto von der zweiten EMBT-Version auf der Pariser EUROSATORY-Messe. (KMW)

Hierdurch könnte die traditionelle Aufgabe des Richtschützen entfallen. Die Zielbekämpfung und deren menschliche Kontrolle würde sich auf nur ein Mitglied der Besatzung begrenzen. Ebenfalls ist zu erwarten, dass die diversen Assistenten den Fahrer von der eigentlichen Fahrfunktion befreien und es ihm gestatten, weitere Funktionen im System zu übernehmen. Weiterhin besteht durch Vernetzung von Informationen und automatisierten Auswertungen usw. die Möglichkeit, auch die Bedienung der Sensorik und somit auch die Lagebeurteilung weitgehend zu automatisieren.
Ein wesentliches Zwischenziel auf dem Weg zum autonomen System wäre somit ein stabiles Zwei-Mann-Bedienkonzept, das in den zentralen sicherheitsrelevanten Funktionen (Bewegung und Feuer) den „*Man in the loop*" sicherstellt.
Erste systematische Untersuchungen hierzu fanden bereits zu Beginn der 90er-Jahre systematisch statt. Der Ansatz wurde allerdings wegen des damals fehlenden, aber heute zur Verfügung stehenden Grades an Assistenz nicht weiter verfolgt.
Ein Zwei-Mann-Konzept würde allerdings die Fragen der Wahrnehmung heutiger zusätzlicher Aufgaben, wie die Bedienung von Drohnen usw. sowie anspruchsvollerer Kommunikation und Sensorsystemen, sowie der Erfüllung traditioneller Aufgaben der Logistik und im Gefecht nicht beantworten. Konsequenterweise geht das als „*System of Systems*" ausgelegte MGCS von einer größeren Besatzungszahl in der bemannten Komponente aus.
Der Thematik der Plattform und Systemgestaltung widmet sich das Unternehmen KNDS in besonderem Maße. Die KNDS ging aus dem Zusammenschluss der Systemhäuser des deutschen *Leopard 2* und des französischem *Leclerc* vor dem Hintergrund der deutsch-französischen MGCS-Entwicklung hervor. 2018 wurde zunächst mit der ersten Version des EMBT zum einen die Zusammenarbeit des deutschen und französi-

Bild vom ersten EMBT-Konzept. (KMW)

Blick auf den „Kettenboxer" MRCT. (KMW)

schen Panzerteams demonstriert, zum anderen war es eine Darstellung eines Drei-Mann-Panzerkonzeptes basierend auf serienreifer NATO-Panzertechnologie, das seine Funktionsfähigkeit im Vorfeld der Ausstellung demonstrierte. 2022 wurde eine weitergehende Version des EMBT vorgestellt. Ziel des Demonstrators war es, im Vorfeld der MGCS-Technologiephase einen möglichen Technologieträger vorzustellen. Hervorzuheben ist das *Leopard 2*-Fahrgestell, das zwei moderne Arbeitsplätze aufwies, die ggf auch den Betrieb eines unbemannten Turmes ermöglichen sollten. Beim Turm handelte es sich um eine Weiterentwicklung des *Leclerc*-Turmes mit 3-cm-Leichtwaffenstation, neuem elektronischen Konzept des Spähfahrzeugs *Jaguar* und neu entwickelter Waffe Nexter ASCALON.

Den innovativsten Ansatz für die Zukunft eines schweren Kampfsystems bietet die Konzeptstudie MRCT mit einem unbemannten Turm, die ebenfalls auf der Eurosatory 2022 präsentiert wurde. Hier wurden die beiden Elemente für die zukünftige Gestaltung von Waffensystemen angesprochen: *Remote*-Turm (d. h. ferngesteuerter Turm) mit Panzerkanone und Modularität als Merkmale zukünftiger Auslegungen. Die Besonderheit des vorgestellten unbemannten Turmes war nicht nur seine flache Silhouette, sondern auch die Lagerung der Waffe. Im Unterschied zu allen bisherigen Panzertürmen benötigt dieser Turm keinen Freiraum in der Wanne für den Freigang der Waffe. Der vorgestellte Demonstrator wies den gleichen Raum für die Besatzung aus, wie er aus den *Boxer*-Modulen für Infanteriegruppen bekannt ist. Ein derartiger Turm ist die Voraussetzung für eine kompakte Gestaltung von Waffensystemen und gleichzeitig ein wesentlicher Schritt, auch Panzertürme so zu gestalten, dass sie als Modul für verschiedene Anwendungen Verwendung finden können. Beim Fahrzeugsystem, auf dem der Turm vorgestellt wurde, handelte es sich um den Prototypen des Kettenfahrzeuges MRCT, das KNDS als Demonstrator für den Einsatz von *Boxer*-Modulen auf Kettenfahrzeugen für den Einsatz in schwierigem Terrain vorstellte.

Damit wurde überzeugend vorgeführt, dass Modularität nicht nur eine Lösung für Radfahrzeuge der mittleren Kräfte ist, sondern auch Merkmal zukünftiger schwerer Kampfsysteme wie MGCS sein kann, bzw. sein sollte. Im *Leopard 2* wurde Modularität bereits umgesetzt, soweit es die Logistik, die Instandsetzung oder auch das Modernisierungspotenzial anging: beim Laufwerk, beim Triebwerksblock, bei den Bediengeräten und sogar beim ballistischen und beim Minenschutz.

Modularität ist ein zentrales Merkmal militärischer Ausstattung/Bewaffnung. Sie gestattet die Anpassung an den Einsatz, das Ersetzen von Teilen bei Beschädigung und Verlust, damit auch die Unterstützung von Partnern, und sie erlaubt die schrittweise Modernisierung und Verbesserung des ganzen Systems über die Zeit. Das Prinzip und der Erfolg der modularen Gestaltung wird besonders deutlich bei Flugzeugen mit unterschiedlichen Einsatzausstattungen. Um Modularität erfolgreich umzusetzen, bedarf es Standards, wie sie die NATO in vielen Bereichen setzt.

Die Forderungen an das MGCS und das Schlüsselmerkmal Multi-Plattform-Konzept weisen direkt auf eine modulare Auslegung hin. Ein System, das aus mehreren Plattformen besteht, das einen bemannten und unbemannten Betrieb ermöglicht und auch in Hinblick auf die logistische Betreuung modern gestaltet werden soll, muss konsequenterweise aus Modulen aufgebaut sein. Insbesondere, wenn sich nationale Ausprägungen bei der MGCS-Entwicklung abzeichnen. Auf Grund unterschiedlicher Anforderungen oder auch nur, um die ersten Fahrzeuge des MGCS-Systems reibungslos in die Bestandsflotte einführen zu können, ist die Modularität ein Ausweg aus dem Zwang zu einer einheitlichen Gesamtlösung. Allem gemeinsam bleibt die zwingende Notwendigkeit zur Interoperabilität aller national ausgeprägter Landsysteme mit besonderer Betonung auf Einbindung von Bestandssystemen (*Leopard 2*, *Leclerc* etc.) zur Befähigung von *Joint* und *Combined Missions* (Streitkräfte-gemeinsamen und Teilsstreitkraft-gemeinsamen Einsätzen).

Weiterhin ist in Betracht zu ziehen, dass mit dem Fortschritt in diversen Technologiefeldern weitere Applikationen entstehen, die ebenfalls in ein MGCS-System eingebunden werden müssen. Damit ergibt sich zwangsläufig ein modulares Grundkonzept als Grundlage für die MGCS-Auslegung.

Im Unterschied zum *Boxer*, der auf Grundlage eines gepanzerten Transportfahrzeuges entstand und damit auch die Bedürfnisse der mittleren Kräfte abdeckt, erfordert das MGCS die konzeptionelle Auslegung für ein duellfähiges Gefechtsfahrzeug, das von Anbeginn auch den Aspekt des unbemannten Betriebes berücksichtigt.

Grundlage für die modulare Gestaltung des MGCS müssen die Besonderheiten des Kampfsystems sein:

- Duellfähigkeit im Stand und in der Bewegung
- Hoher Schutzgrad
- Minimierte Silhouette
- Hohe Beweglichkeit im Gelände

Gleichzeitig sind Herausforderungen zukünftiger Entwicklungen adäquat zu berücksichtigen:

- Entwicklungen von Effektoren
- Autonomer/*Remote*-Betrieb ohne Besatzung
- Herausforderu gen im Bereich der wohl zukünftig immer mehr automatisierten Logistik

Fasst man die oben getroffenen Aussagen in einer sinnvollen Entwicklungsstrategie für die Weiterentwicklung der Panzer zusammen, ergeben sich folgende Schlussfolgerungen: Zum einen wird der *Leopard 2* in Kombination mit dem schweren Schützenpanzer *Puma* weiterhin das Rückgrat einer vernetzten Operationsführung bleiben. Zum anderen werden bestimmte Merkmale des schweren Kampfpanzers auf Grund der technologischen Entwicklung nicht mehr für alle Operationen adäquat sein: Bewaffnung, bemannter Turm, Gewicht usw. Kurzum: Zumindest für bestimmte Szenarien ist eine neue Plattform erforderlich.
Die Erwartungen an ein komplettes MGCS in Hinblick auf Autonomie und vernetzter Operation werden sich sicher erst im avisierten Entwicklungszeitraum bis 2040 (+) verwirklichen lassen, zumal neben der Plattformentwicklung wesentliche Technologiethemen Gegenstand der MGCS-Entwicklung sind.
Der *Leopard 2* bietet aber weder in Hinblick auf Gewicht und damit auf Schutz und Bewaffnung, noch in Hinblick auf Autonomie das Aufwuchspotenzial, das die globale Panzerentwicklung in absehbarer Zeit erfordert. Damit stellt sich die Frage nach einer Interimslösung, die zum einen den richtig erkannten konzeptionellen Gedanken des MGCS folgt und zum anderen der Umsetzung des anspruchsvollen MGCS Konzeptes nicht im Wege steht.
Ein möglicher Ansatz eines Brückenkonzeptes wäre ein modular gestalteter Kanonenträger, der sich zunächst in den digitalen Verbund und das taktische Konzept des *Leopard 2/ Puma*-Tandems eingliedert und später Element des MGCS werden kann. Geht man davon aus, dass viele Aufgaben, insbesondere Führungsaufgaben und Betreuung, im Verbund der Fahrzeuge sichergestellt werden kann und dieses Fahrzeug im wesentlichen Träger des direkten Feuerkampfes sein soll, sind auch Abstriche gegenüber den Forderungen an einen heutigen schweren Kampfpanzer möglich. Die Besatzung ließe sich entsprechend signifikant reduzieren. In der Diskussion um Zwischenlösungen für das MGCS stellt ein derartiger knapp bemannter Kanonenträger im Verbund und integriert in bestehende Verbände eine mögliche Lösung für einen vorzeitigen Technologiesprung im Bereich der Panzerwaffe dar. Diese Fahrzeuge würden den Verbänden zusätzliche und überlegende Feuerkraft zur Verfügung stellen.
Dies System erlaubt ggf. auch die ersten Schritte für begrenzte autonome bzw. *remote* (unbemannt) geführte Operationen. Dies sowohl auf Grund des notwendigen Automatisationsgrades, als auch wegen der kleinen Besatzung, die von anderen Gefechtsfahrzeugen des Verbandes bei diesen unbemannten Operationen aufgenommen werden kann.
Neben dieser stringenten Betrachtung der Panzerentwicklung vom *Leopard 2A8* zum „*System of Systems*“ (MGCS) werden viele politische und technologische Entwicklungen den Weg bestimmen. Mit Sicherheit wird die Realität der aktuellen Konflikte ebenso relevant sein wie traditionelle Sichtweisen auf den Panzer. Ebenso wird die Entwicklung abhängig bleiben von der deutsch-französischen Partnerschaft im MGCS oder der Stärke von militärtechnischen Entwicklungsprogrammen der EU, wie dem aktuellen Programm EDIP zur Entwicklung eines neuen Panzerkonzeptes.

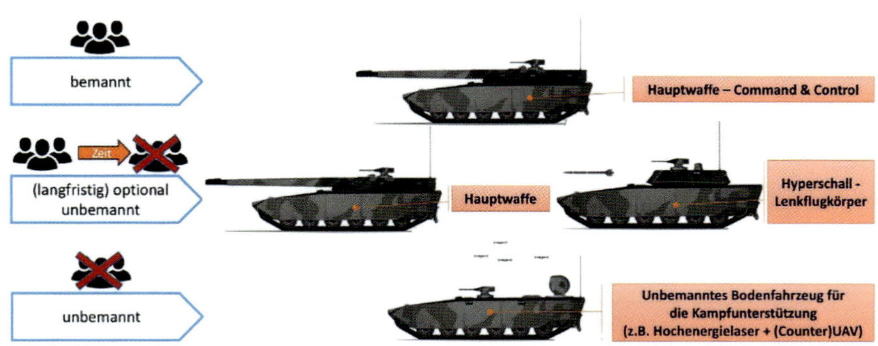

Perspektivische Darstellung der Entwicklung des MGCS-Projekts hin zu (teil-) autonomen Plattformen, die im Verbund operieren und sich in den Fähigkeiten ergänzen. (BMVg)

Skizzen und Technische Daten

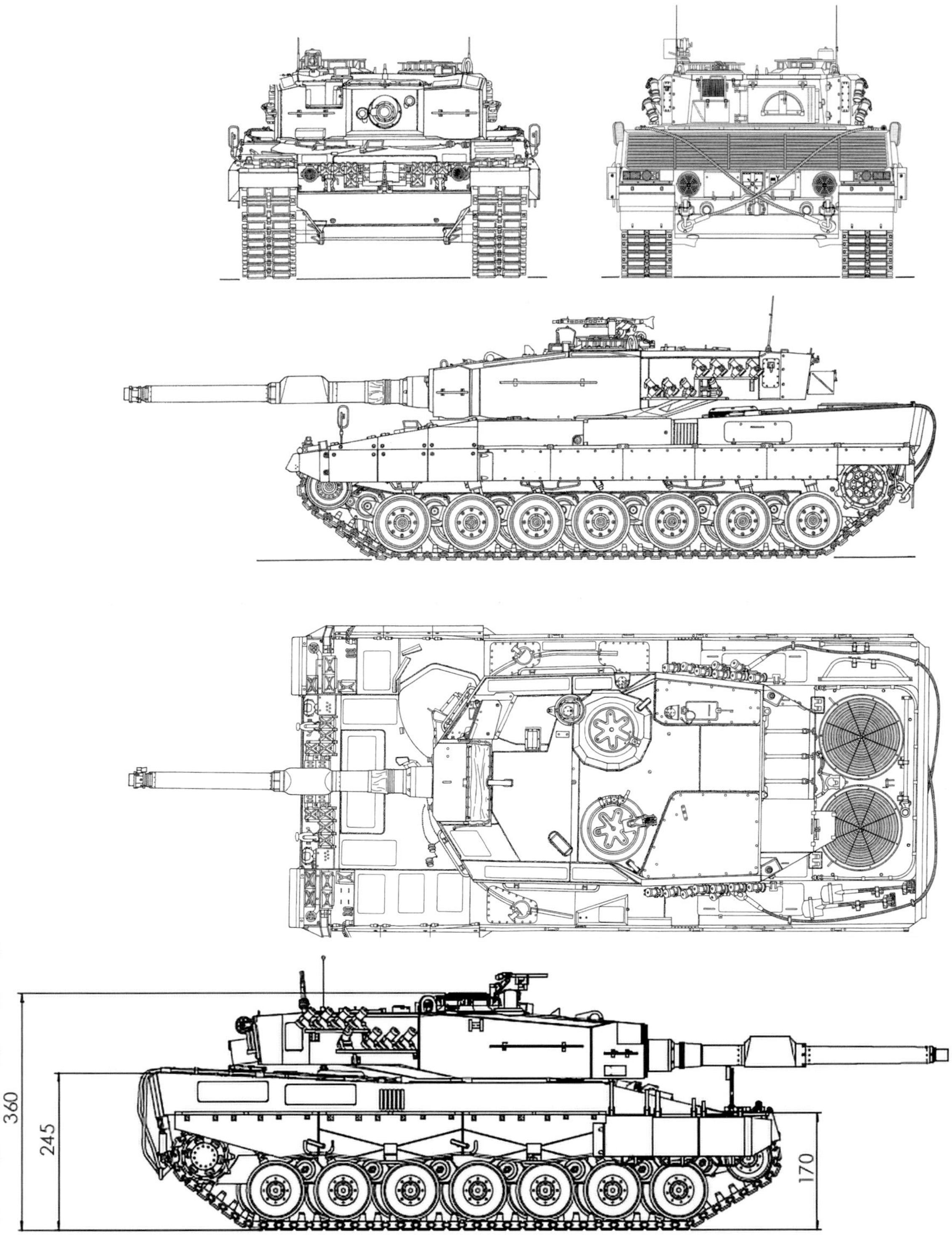

Fünfseitansicht des LEOPARD 2A4 ab Los 5. (ohne Munitionsladeluke)

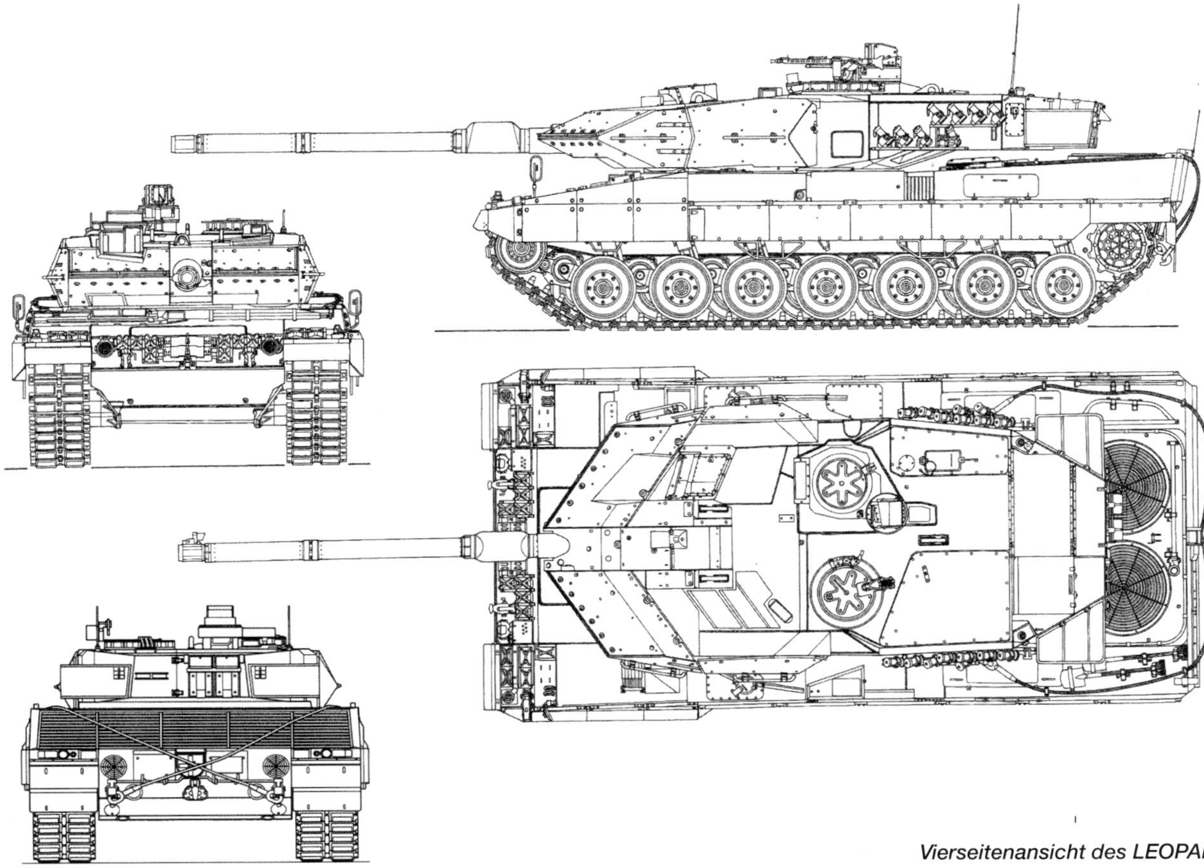

Vierseitenansicht des LEOPARD 2A6

Kampfpanzer LEOPARD 2 - Technische Daten					
Daten	**A4**	**A5**	**A6**	**A6M**	**A7**
Gewicht (t)	55,15	59,9	60,5	62,5	64,1
Länge (m)	9,67	9,67	10,97	10,97	10,97
Höhe (m)	2,79	3,03	3,03	3,03	3,03
Breite (m)	3,70	3,76	3,76	3,81	3,81
Max. Geschwindigkeit (km/h)	72	68	68	68	68
" rückwärts (km/h)	34	31	28	28	28
Fahrbereich Straße	ca. 340 km				
Fahrbereich Gelände	ca. 240 km				
Kraftstoffvorrat	1160 Liter				
Munitionsvorrat					
120 mm BK	37 Patronen				
7,62x51 mm MG3	4250 Patronen				
9x19 mm MP/P8	480 Patronen				
76 mm MWA-Patronen	16 Stück				
Handgranaten DM51	4 Stück				

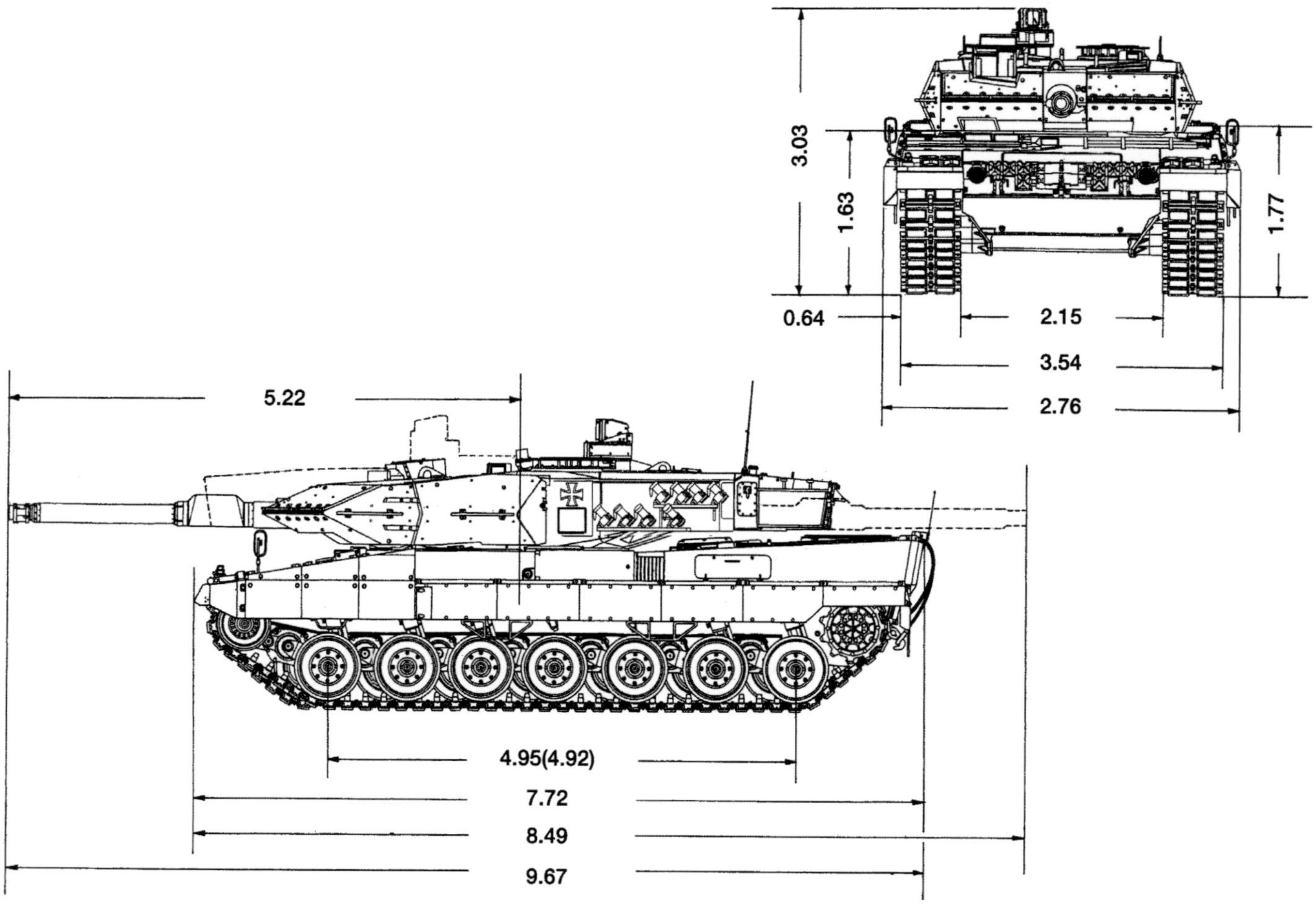

Abmessungen beim LEOPARD 2A5, also noch mit dem L44-Waffenrohr. Die beiden Werte beim Abstand der äußeren Laufrollennaben zeigen den Unterschied zwischen linker und rechter Seite.

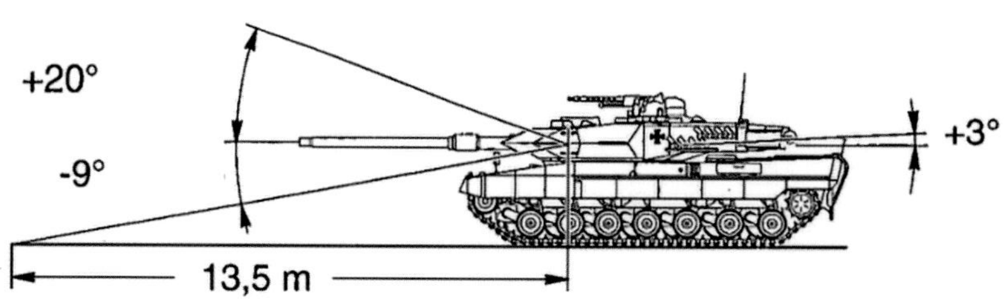

Der Höhenrichtbereich der Kanone beim LEOPARD 2A6.

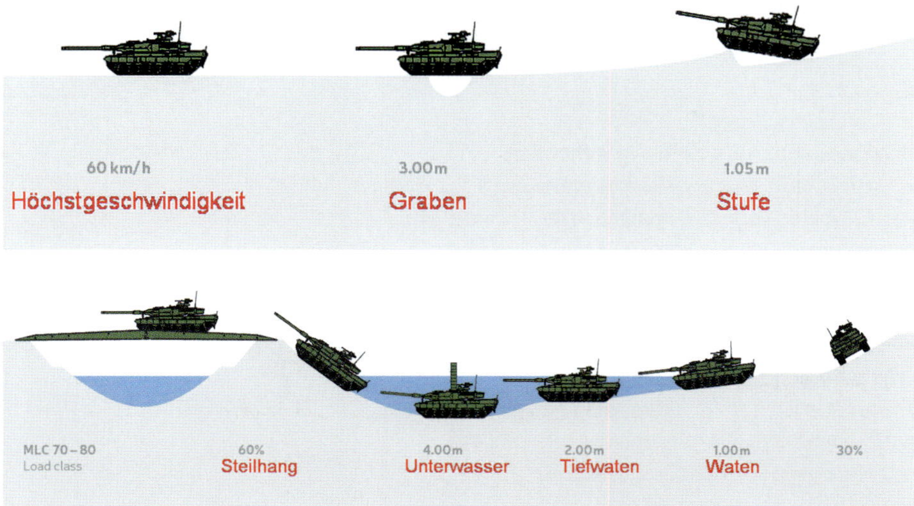

Beweglichkeitsdaten des LEOPARD 2. „MLC“ ist die militärische Lastenklasse. (Die Skizzen stellte dankenswerter Weise das japanische TANK MAGAZINE in Tokyo zur Verfügung.)

Nicht näher bestimmt werden konnte diese interessante Version. Hinweise von Seiten der Leser sind willkommen!

Abkürzungen

A

AAT — Ausbildungsanlage Turm
AB — *Air Burst* (Luftsprengpunkt)
ABWS — Autonome Beobachtungs- und Waffenstation
ADLER — Artillerie Daten-Lage-Einsatz-Rechnerverbund
AEV — *Armoured Engineer Vehicle* (Pionierpanzer)
AGDUS — Ausbildungsgerät Duellsimulator
AGPT — Ausbildungsgerät Gefechtssimulator Panzertruppe
APDS — *Armor Piercing Discarding Sabot* (Panzerbrechendes Wuchtgeschoss mit Treibspiegel/-käfig)
APFSDS-T — *Armour Piercing Fin Stabilized Discarding Sabot-Tracer* (panzerbrechendes flügelstabilisiertes Leuchtspurgeschoss mit zerlegendem Treibkäfig)
APS — *Active Protection System* (Abstandsaktive Schutzanlage)
APU — *Auxiliary Power* Unit ([Hilfs-]Energieerzeugeranlage)
ARV — *Armoured Recovery Vehicle* (Bergepanzer)
ASPT — Ausbildungs-Schießsimulator Panzertruppe
ATTICA — *Advanced Thermal Camera with Two dimensional Infrared CMOS Array* (Fortschrittliche Wärmebildkamera mit zweidimensionalem Infrarotsehfeld CMOS)
AVLB — *Armoured Vehicle Launching Bridge* (Brückenlegepanzer)

B

BAKWVT — Bundesakademie für Wehrverwaltung und Wehrtechnik
BiV — Bildverstärker(-Gerät)
BG — Bediengerät
BGK — Bediengerät Kommandant
BK — Bordkanone
BrLPz — Brückenlegepanzer
BPz — Bergepanzer
BUS — systemische Kommunikationsform
BV — Bordverständigung(sanlage)
BWB — Bundesamt für Wehrtechnik und Beschaffung

C

CBRN — chemische, biologische, radiologische, nukleare Substanzen
CCC — *Combustible Cartridge Case* ([Teil-]Verbrennbare Treibladungshülse)
COAPS — *Commanders Open Architecture Panoramic Sight* (Panorama-Sichtgerät offener Bauweise für Kommandanten)

D

DDD — *Domain-drven Design*
DU — *Depleted Uranium* (abgereichertes Uran)

E

ECCM — *Electronic Counter-Measure Mode* (Stör- und täuschungssichere Betriebsart bei Funkgeräten)
EDIP — *European Defence Investment Programme* (Europäisches Verteidigungs-Investitionsprogramm)
EKKA — Energie- und Kampfraum-Kühlanlage
EM — Entfernungsmesser
EMBT — *European Main Battle Tank* (Europäischer Kampfpanzer)

EMES	Entfernungsmessgerät (Raumbildentfernungsmesser)
ERA	Explosive Reaktivpanzerung
ESB	Einsatzbedingter Sofortbedarf
EWNA	Elektrische Waffennachführanlage

F

FBI	Fahrbedien- und Anzeigegerät
FJA	Feldjustieranlage
FüH	Führungsstab Heer
FüWES	Führungs- und Waffeneinsatzsystem
FWLA	Feuerwarn- und Löschanlage

G

GebPzBtl	Gebirgspanzerbataillon
GFK	Glasfaserverstärkter Kunststoff
GSI	Gefechtsschaden-Instandsetzung
GSTD	Gruppe der Sowjetischen Streitkräfte in Deutschland
GÜZ	Gefechtsübungszentrum
GVT	Gefechtsfeld-Versuchsträger

H

HE-FRAG-T	*High Explosive Fragmentation Tracer* (Spreng-Splitter-Geschoss mit Leuchtspur)
HE SQ	*High Explosive Super Quick* (Hochgeschwindigkeits-Sprenggeschoss; Abart des HE-FRAG-T)
HEAT	*High Explosive Anti-Tank* (Panzerabwehr-Sprenggeschoss = Hohlladungsgeschoss)
HEAT-T	*High Explosive Anti Tank Tracer* (Panzerabwehr-Sprenggeschoss mit Leuchtspur = HL-Geschoss mit Leuchtspur)
HIL	Heeres-Instandsetzungs-Logistik
HL	Hohlladung
HZF	Hauptzielfernrohr

I

ICD	Interaktives Klassifikations-Dokument
IETD	Interaktive elektronische technische Dokumentation
IED	*Improvised Explosive Device* (Unkonventionelle Spreng- oder Brandvorrichtung, Sprengfalle)
IFIS	Integriertes Führungs- und Informationssystem
IFV	*Infantry Fighting Vehicle* (Infanterie-Gefechtsfahrzeug, Schützenpanzer)

K

KANAB	Kanonenabschussgerät
Kdt	Kommandant
KE	*Kinetic Energy* (d. h. Wuchtgeschoss, -munition)
Kf	Kraftfahrer
KI	Künstliche Intelligenz
KKM	Kombinierte Kühlraum- und ABC-Anlage
KMW	Krauss-Maffei-Wegmann
KNDS	KMW+NEXTER Defense Systems
KPz	Kampfpanzer
KVT	Komponentenversuchsträger
KWS	Kampfwertsteigerung

L

L a) Rohrlänge in Kalibern b) Lehr-...
LAKS Leitungs-, Auswertungs- und Kontrollstation
LEOBEN Leopard-Benutzerstaaten
LKE leistungsgesteigerte KE
LS Ladeschütze

M

MBT *Main Battle Tank* (Kampfpanzer)
MGCS *Main Ground Combat System* (Bodenhauptkampfsystem; d. h. geplanter Leopard-2-Nachfolger)
MK Maschinenkanone
MKK3 Modulare Kampfraum-Kühlanlage 3 kW
MKM Munitions-Kommunikations-Modul
MLC *Military Load Classification* (Militärische Lastenklasse)
MNBS Multinationale Brigade Süd
MoU *Memorandum of Understanding* (Absichtserklärung)
MV Mit Verzögerung
MWA Mehrfachwurfanlage
MZ Mehrzweckmunition

N

NAV Navigation
NG Neue Generation/*New Generation*
NGP Neue Gepanzerte Plattform(en)
NGVA *NATO generated vehicle architecture*
NLOS *NON-Line-of sight (indirekt)*
NZG Nachtziel- und Beobachtungsgerät

O

OEM *Original Equipment Manufacturer* (Erstausrüster)
OPZ Operationszentrale

P

PD a) Panzerdivision b) *Point Detonation* (Aufschlagzündung)
PDwD *Point Detonation with Delay* (Verzögerungszündung)
PERI Periskop
PF Plattform(-variante)
PiPz Pionierpanzer
PNZG Panzer-Nachtziel- und Beobachtungsgerät
PSO *Peace Support Operations* (friedenserhaltende Einsätze)
PT Prototyp, Versuchsmuster
PzAufklBtl Panzeraufklärungsbataillon
PzBrig Panzerbrigade
PzBtl Panzerbataillon
PzGrenBtl Panzergrenadierbataillon
PzKpfw Panzerkampfwagen
PzTrS Panzertruppenschule

R

RCH *Remote Controlled Howitzer* (ferngesteuerte Haubitze)
RfP *Request for Proposal* (Angebotsanfrage)

RHA *Rolled Homogeneous Armour* (homogener Walzstahl)
RME Rheinmetall Electronics
RPG *Rutschnoi Protiwotankowy Granatomjot* (Panzerfaust)
RPP Rechnergestütztes Panzerprüfsystem
RS Richtschütze
RS BG Richtschützen-Bediengerät

S

SBG Systembediengerät
SCBD *Surface Coated Double Base Propellant* (Oberflächen-beschichtetes zweibasiges Treibmittel)
SchÜbZ Schießübungszentrum
SMArt Suchzündermunition Artillerie
SPz Schützenpanzer
Strv *Stridsvagn* (Kampfpanzer)
SVT Seitenversuchsträger

T

TaK Taktisches Konzept
TF Taktische Forderung(en)
TIPS *Temperature Independent Propulsion System* (Temperaturunabhängiger Antrieb)
TNMBT *Turkish New Main Battle Tank* (Neuer türkischer Kampfpanzer)
TP-T *Target Practice – Tracer* (Zielübungsgeschoss mit Leuchtspur)
TVM Truppenversuchsmuster
TZF Turmzielfernrohr

U

UAV *Unmanned Aerial Vehicle* (unbemanntes Luftfahrzeug, Drohne)
UGV *Unmanned Ground Vehicle* (unbemanntes Landfahrzeug, Roboterfahrzeug)
UrbOps *Urban Operations* (Einsätze in bebautem Gelände)
USMC *United States Marine Corps* (US-Marineinfanteriekorps)

V

VBS *Virtual Battle Space* (Virtuelles Gefechtsfeld)
VT Versuchsträger

W

WBG Wärmebildgerät
WNA Waffennachführanlage
WTD Wehrtechnische Dienststelle

X

X *Experimental* (Versuchs-…)

Z

ZL/HV Zentrallogistik und Hauptversorgung

Literaturverzeichnis

Böhm, Walter: LEOPARD 2/2A5. Concord Publishing, 1998
Böhm, Walter: REFORGER-Manöver. Verlag J. Vollert, 2008
Böhm, Walter: Panzer im scharfen Schuss. Verlag J. Vollert, 2018
Böhm, Walter: Feuertaufe LEOPARD 2. Verlag J. Vollert, 2019
Böhm, Walter: Heeresübungen der 1970er-Jahre. Verlag J. Vollert, 2021
Freundeskreis Offiziere der Panzertruppe: 50 Jahre Panzertruppe der Bundeswehr. Schneider Armour Research, 2006
Krapke, Paul-Werner: LEOPARD 2 – sein Werden und seine Leistung. Miller & Sohn, 1986
Lobitz, Frank: LEOPARD 2 in der Bundeswehr. Verlag J. Vollert, 2023
Lobitz, Frank: LEOPARD 2 – Entwicklung und Einsatz in der Bundeswehr. Verlag J. Vollert, 2009
Lobitz, Frank: LEOPARD 2 – Internationaler Einsatz und Varianten. Verlag J. Vollert, 2009
Mazarrasa, Javier de: Leopard 2A4. Reserva Anticipada, 2001
Scheibert, Horst u. Schneider, Wolfgang: LEOPARD 2. (2. Bände). Podzun-Verlag, 1986
Schneider, Wolfgang: Panzertaktik. Leitsätze–Grundsätze–Einsätze seit 1935. Motorbuch Verlag, 2023
Schulze, Carl: LEOPARD 2A4M CAN. Verlag J. Vollert, 2015
Spielberger, Walter J.: Waffensysteme Leopard 1 und 2. Motorbuch Verlag, 1995
Stöcker, Wilhelm: LEOPARD 2A5 bei Übung und Einsatz. Bernard & Graefe, 2002
Vollert, Jochen: LEOPARD 2 Maintenance. Eigenverlag, 2013
Zwilling, Ralph: LEOPARD 2A4 Cold War Hero. Verlag J. Vollert, 2015
Zwilling, Ralph: Tankograd – Militärfahrzeug Spezial Nr. 5095, 5071, 5070, 5076, 5075, 5084, 5083
Zahlreiche Artikel der nationalen und internationalen Fachpresse sowie Firmenbroschüren.

LEOPARD 2 A8
BACKBONE OF EUROPE
DAS PANZERSYSTEMHAUS
www.knds.com
KNDS

WEITERE INTERESSANTE BÜCHER ZUM THEMA

Wolfgang Schneider dokumentiert in diesem Band die Einsatzgrundsätze der deutschen Panzerwaffe. Dabei geht er auf die Gefechtsarten und die Aufgaben im Gefecht, aber auch auf kampfentscheidende Elemente sowie das Leben der Besatzung im und mit dem Panzer ein.
336 Seiten, 628 Abb., 230 x 265 mm
ISBN 978-3-613-04602-3
€ 59,00 / € (A) 60,70

Leseproben zu allen Titeln auf unserer Internetseite

WEITERE INTERESSANTE BÜCHER ZUM THEMA

Alexander Lüdeke präsentiert in diesem großen Panzerbuch nach Nationen geordnet die wichtigsten, bekanntesten, folgenreichsten und spektakulärsten Panzerentwicklungen. Von Deutschland über China bis nach Argentinien finden sich Kampffahrzeug-Legenden von gestern bis heute.
224 Seiten, 500 Abb., Format 240 x 305 mm
ISBN 978-3-613-04134-9
€ 16,95 | € (A) 17,40

Marc Lenzin und Stefan Bühler erzählen die Geschichte der Schweizer Panzerwaffe von den Anfängen bis zur Gegenwart. Dabei porträtieren sie Kampf-, Schützen-, Aufklärungs- und Unterstützungspanzer sowie die Artillerie, die in diesen Jahren bei der Schweizer Armee zum Einsatz gekommen sind.
144 Seiten, 134 Abb., Format 210 x 280 mm
ISBN 978-3-613-04379-4
€ 19,95 | € (A) 20,60

Die Bemühungen um ein europäisches Artilleriesystem mündeten Ende der 80er-Jahre in die Entwicklung der Panzerhaubitze 2000. Mit diesem Band liefert Wolfgang Schneider ein umfassendes Porträt des High-Tech-Waffensystems. Dabei fördert er bislang unbekannte Details zu Tage.
240 Seiten, 390 Abb., Format 230 x 265 mm
ISBN: 978-3-613-04558-3
€ 39,90 | € (A) 41,10

Diese überarbeitete und erweiterte Neuauflage beschreibt die großen Panzerschlachten, angefangen von den ersten Einsätzen im Ersten Weltkrieg über die Hochphase der Panzerwaffe im Zweiten Weltkrieg bis hin zu kriegerischen Auseinandersetzungen im Fernen und Nahen Osten nach 1945.
200 Seiten, 250 Abb., Format 230 x 265 mm
ISBN 978-3-613-04450-0
€ 29,90 | € (A) 30,80

Leseproben zu allen Titeln auf unserer Internetseite

Stand März 2024
Änderungen in Preis und Lieferfähigkeit vorbehalten.

Überall, wo es Bücher gibt, oder unter
WWW.MOTORBUCH-VERSAND.DE
Service-Hotline: 0711 / 78 99 21 51

www.facebook.com/MotorbuchVerlag

Motor buch Verlag